人民防空工程设计丛书

人民防空工程智能化系统设计

邢建春　李建民　王平等　编著

中国计划出版社

图书在版编目（CIP）数据

人民防空工程智能化系统设计/邢建春等编著. —北京：中国计划出版社，2006.8

（人民防空工程设计丛书）

ISBN 7-80177-691-7

Ⅰ. 人… Ⅱ. 邢… Ⅲ. 人民防空－建筑工程－智能建筑－自动化系统－系统设计 Ⅳ. TU927

中国版本图书馆 CIP 数据核字（2006）第 099861 号

人民防空工程设计丛书

人民防空工程智能化系统设计

邢建春　李建民　王平等　编著

☆

中国计划出版社出版

（地址：北京市西城区木樨地北里甲 11 号国宏大厦 C 座 4 层）

（邮政编码：100038　电话：63906433　63906381）

新华书店北京发行所发行

三河富华印刷包装有限公司印刷

787×1092 毫米　1/16　19 印张　483 千字

2006 年 8 月第一版　2006 年 8 月第一次印刷

印数 1—3000 册

☆

ISBN 7-80177-691-7/TU·443

定价：50.00 元

《人民防空工程设计丛书》编审人员名单

主　　编： 李刻铭　李建民　吴　涛

编写人员：（按丛书顺序，排名不分先后）

杨延军　吴　涛　曹继勇　马吉民　丁志斌

方志刚　邢建春　周璧华　李建民　谢金容

张尚根　朱培根　任俊宏　石立华　王　平

耿世彬　崔陈华　王双庆　杨启亮　李刻铭

郭春信　刘　广　徐其威　王春明　梁德新

唐友怀　陈　彬　高　成　戴佑斌　顾建新

主　　审： 吴步旭　太史功勋　常守民

审查人员：（按丛书顺序，排名不分先后）

朱忠吉　王年桥　刘新宇　常守民　余有山

陈松华　吴步旭　袁正如　尧　勇　杨盛旭

刘凤田　杨腊梅　程宝义　缪小平　郭春信

郭海林　王金全　周璧华　石立华　太史功勋

李建民　吴　涛　丁志斌　邢建春　李刻铭

杨延军　曹继勇　马吉民　王　平　方志刚

编写单位： 解放军理工大学工程兵工程学院

协编单位： 江苏高科应用科学研究所

序

改革开放以来，城市地下空间的开发与利用越来越受到人们的重视，人们对城市综合防灾抗灾、防空袭能力的要求也越来越高。随着我国国民经济的高速持续发展，城市建设规模和建设水平不断地提高，作为与经济建设协调发展、与城市建设相结合的人民防空工程建设，尤其是人民防空地下室工程的建设将得到空前的发展。

由于种种原因，有关人民防空工程设计和管理方面的专业图书资料很少。在中国计划出版社的大力支持下，全国唯一培训人防工程专业人才的解放军理工大学工程兵工程学院，依靠自身优势和专业特点，结合当前人防工程建设发展的实际需要，以及近年来我国人防科研成果及相关文献资料，根据学院及相关单位长期从事人防工程教学、设计及工程实践所积累的经验和成果，从人民防空工程的概论、建筑、结构、通风空调、给水排水、电气、智能系统以及电磁脉冲防护等八个方面，全面系统地论述了人防工程的基本概念、设计原理、设计方法和设计要求，这是我国第一套有关人民防空工程设计方面的专业丛书。

相信这套丛书的出版对我国人防工程的建设将起到积极地推动作用，对人防工程设计、审查和管理的相关工程技术人员，是一套不可或缺的实用工具书，也是一套高校人防工程专业不可多得的实用设计教程。

中国工程院院士 钱七虎

二〇〇六年六月二十六日

前　言

近年来，随着我国国民经济高速、持续地发展，城市建设的规模和水平不断地提高，城市地下空间的利用越来越受到人们的重视。与此同时，人们对城市防灾抗灾、防空袭的认识也不断地增强，我国人民防空事业也进入了自二十世纪六七十年代以来的第二个蓬勃发展的高潮，作为人民防空事业物质基础的人民防空工程（简称人防工程），特别是作为城市人防工程重要组成部分的人民防空地下室的建设总量和规模不断地增大，建设水平也不断地提高。

由于人防工程设计的特殊性和专业性，要设计出“防护可靠、经济合理、平战两用”的人防工程就要求设计人员掌握必要的人防工程设计专业知识。由于历史的原因和涉密方面的限制，目前供从事人防工程设计和管理人员使用的专业图书资料很少，这也给防空地下室设计和设计审查管理人员带来了很大的困难和诸多不便。

根据建设部“2005 年工程建设标准规范制订、修订计划（第一批）”和国家人民防空办公室“人民防空科学技术研究第十个五年计划”的要求，按照 2003 年新修订的“人民防空工程战术技术要求”，人防工程设计规范进行了全面修订，《人民防空工程设计规范》GB 50225—2005 和《人民防空地下室设计规范》GB 50038—2005 自 2006 年 3 月 1 日正式颁布实施，它们代表了我国在人防工程建设方面的最新研究成果。

本套丛书以上述两本设计规范为主要依据，结合当前人防工程建设发展的实际需要，汲取了国内外先进的科研成果和有关文献资料，将解放军理工大学工程兵工程学院长期从事人防工程教学、科研、设计及工程实践的经验与体会加以整理归纳，从概论、建筑、结构、通风空调、给水排水、电气、智能系统以及电磁脉冲防护等八个方面，即《人民防空工程概论》、《人民防空地下室建筑设计》、《人民防空地下室结构设计》、《人民防空工程通风空调设计》、《人民防空工程给水排水设计》、《人民防空工程电气设计》、《人民防空工程智能化系统设计》和《人民防空工程核电磁脉冲防护设计》（该册已由国防工业出版社出版)，全面、系统地论述了人防工程的基本概念、设计原理、设计方法和设计要求。这套丛书的编写几乎是与上述两本规范的修订同步进行的，许多作者同时也是这两本规范的主编人员。丛书结构清晰，深入浅出，结合人防工程实例，重点阐述了设计原理与方法，所举工程实例都是常见的实际人防工程项目，具有一定的普遍性和针对性，是一套实用性很强的设计指导教程，也是我国出版的第一套有关人民防空工程设计方面的专业丛书。

本套丛书主要面向全国人防工程设计、审查、管理及其他相关工程技术人员，可作为人防工程设计、施工、监理及管理的培训教材，亦可作为人防工程相关专业的本科教材使用，对从事人防工程教学和科研人员具有一定的参考价值。

这套丛书的出版得到了工程兵工程学院许多教员尤其是一批老教授的指导和帮助，学院原院长李金勇少将、人防工程系原系主任金丰年教授给予了许多关心和鼓励，特别是中国工程院钱七虎院士为丛书欣然作序，在此表示由衷的谢意！

本书是《人民防空工程设计丛书》的智能化系统设计部分，主要按照现行的《人民防空工程设计规范》、《人民防空工程设计防火规范》等相关规范，结合工程实例阐述了人防工程智能化系统的设计原理与方法。本书由绪论、计算机控制及现场总线控制系统、893－LM 系列现场总线智能控制器、发电及供配电系统监控、通风空调系统及环境监控、给排水系统监控、三种防护通风方式转换控制、火灾自动报警及消防控制系统、安全技术防范系统、智能化系统软件及系统集成等10章内容组成。

本书由邢建春、李建民、王平等编著。具体分工：第1章由邢建春编写，第2章由李建民编写，第4、5章由王平编写，第3、7章由王双庆编写，第6章由杨启亮、唐友怀编写，第8章由李刻铭、徐其威编写，第9章由刘广编写，10章由杨启亮编写，全书由邢建春、王平统稿。另外，方忠华、高继霖等同志为本书的校对、插图编排等做了大量的工作，在此深表谢意。

由于编者水平有限，错误和疏漏之处在所难免，恳请广大读者批评指正。

编　者

2006年4月于南京

目 录

1 绪 论

人民防空（civil air defense）是国防建设的重要组成部分，是指国家根据国防需要，动员和组织群众采取防护措施，防范和减轻空袭灾害，简称“人防”。人民防空工程（以下简称人防工程）是战时掩蔽人员、物资，保护人民生命和财产安全的重要场所，是实施人民防空最重要的物质基础。

人防工程作为具有特殊结构形式和用途的地下建筑，其智能化系统与民用建筑智能化系统有许多相同之处，例如，都包括设备监控系统、火灾自动报警及联动系统、安全技术防范系统和各系统的一体化系统集成，采用的计算机自动监测和控制技术等也是基本相同的。但是，人防工程的智能化系统又有自己的特点和特殊要求，如三防报警监控和三种通风方式转换控制等。所以本章首先对智能建筑的一般情况作一简单的概述，然后介绍人防工程智能化系统的基本内容和总体要求。

1.1 智能建筑概论

传统建筑主要起着避风雨、御寒暑的作用。建筑技术的发展使建筑物内各种设备日益完善，改善了人类居住和工作的环境。现在，建筑物除了避风雨、御寒暑的作用以外，向办公、教育、商业、工业、行政、金融、医疗等多种功能发展。建筑物除了有内部各种信息交换外，与外部社会也有大量的信息交换。这些发展和新的要求使传统的建筑受到挑战。

随着社会信息化与经济国际化，智能建筑应运而生。智能建筑（IB，Intelligent Building）是计算机技术、电子技术、自动化技术和现代通信技术飞速发展，并与建筑技术有机结合，在建筑领域成功应用的产物，是信息时代的产物，是现代高科技的结晶。它完美地体现了建筑艺术和信息技术的结合。

智能建筑主要应注重达到下面几点：

1）安全：如供电的可靠性、电磁兼容性、电源的谐波影响等。

2）舒适和健康：如空调系统提供的舒适环境、对嘈杂声音的控制、空气污染控制、提供良好的视觉照明和光环境。

3）良好的环境：建筑物和周围环境的协调关系。

4）便于操作和维修：建筑物和它的设备应便于操作和维修。

5）便于计量和监视：如对主要电力设备的能耗计量、空调设备的能耗计量。

6）优化运行和管理：如通过对空调系统运行的优化控制降低运行和维护费用。

1.1.1 智能建筑的定义

只有对智能建筑正确的理解和认识，才能规划和设计出优秀的智能建筑。

可以说目前还没有关于智能建筑的统一定义，其主要原因是由于智能建筑的含义随着科技的发展在不断地发展、补充和完善。在智能建筑发展历程中，早期曾有过以下几种定义。

美国智能建筑学会（AIBI，American Intelligent Building Institute）的定义："智能建筑通过对建筑物的四个基本要素，即结构、系统、服务和管理以及它们之间内在关联的最优化考虑，提供一个投资合理、高效率、舒适、温馨、便利的建筑环境，并帮助建筑业主、物业管理人员和租用人员达到在费用、舒适、便利和安全等方面的目标，此外还要考虑长远的系统灵活性及市场能力。"

欧洲智能建筑组织（The European Intelligent Building Group）把智能建筑定义为："使其用户发挥最高效率，同时又以最低的保养成本、最高效率管理本身资源的建筑"。智能建筑应提供"反应快、效率高和支持有力的环境，使用户能达到其业务目标"。

日本关于智能建筑是从以下四个方面来定义的：①作为收发信息和辅助管理的工具；②确保在建筑里工作的人们满意和便利；③建筑管理合理化，以便用低廉的成本，提供更周到的管理服务；④针对变化的社会环境、复杂多样化的办公需求，以主动的经营策略，做出快速灵活和经济的响应。

新加坡规定智能建筑必须具备三个条件：①具有先进的自动化控制系统，能对建筑内的温度、湿度、灯光等进行自动调节，并具有消防、保安功能，以保证舒适、安全的环境；②具有良好的通信网络设施，保证数据在建筑内流通；③提供足够的对外通信设施与能力。

我国清华大学教授张瑞武认为："智能建筑系指利用系统集成方法，将智能型计算技术、通信技术、信息技术与建筑艺术有机结合，通过对设备的自动监控，对信息资源的管理和对使用者的信息服务及其与建筑的优化组合，所获得的投资合理，适合社会需要，且具有安全、高效、舒适、便利和灵活特点的建筑物。"

2000 年 7 月建设部正式颁布了智能建筑国家标准《智能建筑设计标准》GB/T 50314—2000，在标准中对智能建筑明确作了如下定义：智能建筑是以建筑为平台，兼备建筑设备、办公自动化及通信网络系统，集结构、系统、服务、管理及它们之间的最优化组合，向人们提供一个安全、高效、舒适、便利的建筑环境。其具体内涵是：以综合布线为基础，以计算机网络为桥梁，综合配置建筑内的各种功能子系统，全面实现对通信系统，办公自动化系统，建筑内各种设备（空调、供热、给排水、变配电、照明、电梯、消防、公共安全等）的综合管理。

尽管智能建筑的定义在国际上至今尚无一致的认同，但究其实质，所谓智能建筑，是以建筑环境为平台，运用系统工程、系统集成等先进的科学方法和技术，通过对建筑的结构（建筑环境结构）、系统（各应用系统）、服务（用户需求服务）、管理（物业管理）以及它们之间的内在联系进行优化设计，而获得的一个投资合理、便利快捷、高度安全的建筑（环境空间）。其智能化的实质是信息、资源和服务的综合共享与全局一体化管理。

1.1.2 智能建筑的基本内容

关于智能建筑的基本内容目前也没有明确的标准。通常认为建筑智能化系统应包括建筑设备自动化系统（BAS，Building Automation System）、火灾自动报警及联动控制系统（FAS，Fire Automation System）、安全技术防范系统（SAS，Security Automation System）、通信自动化系统（CAS，Communication Automation System）、办公自动化系统（OAS，Office Automation System）和智能化管理系统（IMS，Intelligent Management System）。

（1）建筑设备自动化系统（BAS）

建筑设备自动化系统是运用计算机数据处理、自动测量及控制技术，对智能建筑内的各种分散的机电设备、消防和保安设备装置进行自动控制和统一管理，充分体现“集中管理、分散控制”这一智能建筑的最新控制理念及节约能源、提高工效的目的。

1）建筑设备自动化系统的主要功能。

①中央空调系统的监控管理。

● 监视控制整个大厦的空调系统，包括风机盘管控制、冷热水泵旁通控制、冷却水塔进水控制等。

● 通过冷冻水的供/回水温度和流量测量，自动计算出空调系统的冷负荷，并在建筑设备自动化系统的 CRT 上显示。

● 根据实际的冷负荷通过空调冷冻机组自带的群控装置来决定冷冻机组的启停台数，以达到最佳的节能效果。

● 测量并自动控制冷冻水系统供/回水总管的差压，维持系统要求的差压值。

● 冷冻水泵/冷却水泵的联锁控制，当一台冷冻水泵发生故障时，自动投入备用水泵。

● 监控空调系统的如下设备：空调柜机、风机盘管、新风机组、排风机（含正压风机）、冷水机组、冷冻水泵、冷却水泵、冷却塔、集水器、冷冻水膨胀水箱。

②给排水系统的监控管理。

● 建筑设备自动化系统将监控给排水系统的所有水泵的运行状态。

● 建筑设备自动化系统将对给排水系统的设备运行时间、状态、水量、压力值进行记录。

● 当水泵出现故障时，建筑设备自动化系统会通过联锁控制备用泵自动投入运行。

● 监控给排水系统的如下设备：生活给水泵、消防给水泵、自动喷淋泵、稳压水泵、排污泵、屋顶水池、地下水池、污水池等。

③供配电系统监控。供配电系统正常运行、可靠供电是智能大厦安全使用的保证。因此，智能大厦的控制中心要控制、监视、记录供电系统的运行情况，主要包括：

● 高压系统：进线与联络断路器状态监测与控制，电压、电流、频率、有功功率、无功功率、变压器温度及故障状态显示与报警。

● 低压系统：进线与联络断路器状态监测与控制，电压、电流、功率因数、重要输出回路断路器状态监控、故障情况显示与报警。

● 直流系统：交流电源主进线断路器控制，直流输出、电压、电流及故障状态显示与报警。

● 发电机系统：发电机启动、供电、主断路器状态、电压、电流、频率、转速、油箱油位、水温等显示，故障报警、断路器状态控制。

● 照明系统：根据大厦内的使用功能，分成不同的区域照明，如办公室照明、走廊照明、大厦立面照明、航空障碍灯照明、室外环境照明等，按照时间顺序及使用需要，由中央监控系统控制开、关状态，故障显示。

④能量管理。建筑设备自动化系统将对整个大楼的用水量、用电量进行计量累计。

⑤各类参数超限时，进行声光报警。

2）建筑设备自动化系统硬件、软件的配置。

①建筑设备自动化系统的硬件组成：

● 监视控制主机：为操作、管理人员提供对整个系统的监视控制平台和人机界面。

● 现场控制器：目前建筑设备自动化系统一般采用分布式控制结构，这时监测控制设备就是各种现场控制器，或称为DDC控制器，它完成现场信号的采集及各种控制功能。各个现场控制器通过控制网络连接到控制室的监控主机，实现集中监控和管理。

● 现场传感器及执行器：实现各种信号检测功能，如环境温湿度、CO_2浓度、水池水位等，传感器信号送到DDC控制器。控制器实现信号的转换和控制运算，控制命令送到现场执行器完成各种控制功能，如温湿度调节、阀门控制等。

②建筑设备自动化系统软件配置：

● 实时监控软件：完成实时数据采集及控制功能，为操作人员提供多种形式的监视、操作画面，如工艺流程图、实时和历史趋势曲线、棒状图、测点成组显示等。

● 实时报警软件：将实时运行数据及设备状态与设定值进行比较，当满足预先设置的条件时，发出声、光报警信号，提示操作人员注意并进行处置。

● 历史数据记录及分析、报表软件：对设备运行数据进行记录，并提供数据浏览、处理、分析和报表功能。

● 优化控制软件：采用先进控制算法，进行设备的优化控制，以达到节省能源，降低运行费用的目的。

● 设备运行管理软件：建立设备的运行、操作及维修日志，对设备运行时间进行累计，当累计运行时间超过设定值时，进行报警，以实现预防性维修保养。

（2）火灾自动报警及联动控制系统（FAS）

火灾自动报警及联动控制系统是为了及早发现和通报火灾，并及时采取有效措施控制和扑灭火灾，设置在建筑物中或其他场所的一种自动消防设施。

火灾自动报警及联动控制系统由烟温及火焰探测器、火灾报警装置、消防控制器，以及具有其他辅助功能的装置组成，见图1-1。

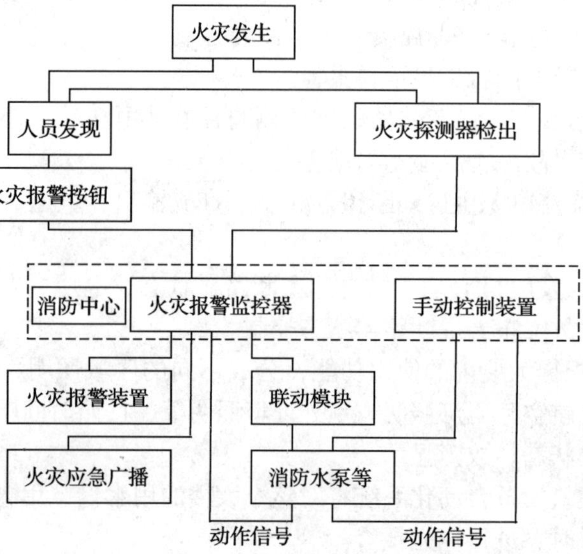

图1-1 火灾自动报警系统工作原理

火灾自动报警系统的主要工作方式为：当火灾发生时，火灾探测器（温、烟、火焰等）根据现场探测到的情况，给各自所在区域的报警显示器及消防控制室的系统主机发出警报信号；或当人员发现火灾时，用手动报警器或消防专用电话发出报警信号。消防系统主机在收到报警信号后，首先进行火情确认，当确定火情后，系统主机将根据火情及时发出一系列预定的动作指令，诸如开启着火楼层及上下关联层的消防广播，通知人员尽快疏散；同时打开着火层及上下关联层电梯前室、楼梯前室的正压送风机、走道内的排烟系统；在开启防排烟系统的同时，停止空调机的运行，同时启动消防泵、喷淋泵；开启应急照明灯；迫降电梯至底层，普通电梯停止运行，消防电梯投入紧急运行。

智能建筑火灾自动报警及联动控制系统在设计中多采用控制中心报警系统形式，并应满足如下要求：

1）火灾探测和报警功能有效，保证不漏报真实火灾。

2）克服环境因素对系统的影响，减少系统的误报率。

3）确保系统工作可靠稳定，信号传输准确及时。

4）要求系统具有设计灵活性，产品具有兼容性，适应工程需要。

5）要求系统适用性强，布线简单、灵活、方便。

6）要求系统功能组态灵活，工程调试、系统管理和维护方便。

7）要求系统的性能价格比高，联动逻辑完善、控制方式有效。

火灾自动报警系统应具有联动控制功能。消防联动控制的对象有灭火设施、排烟设施，防火卷帘、防火门、水幕，电梯、非消防电源的断电控制。消防联动控制的控制方式有集中控制、分散与集中相结合控制两种，应根据工程规模、管理体制、功能要求合理选定。

（3）安全技术防范系统（SAS）

该系统主要是提供不受外界干扰、避免人员受到伤害、避免财务受到损失的环境，防止不法事件发生，创造一个安全、便利、舒适的办公和生活环境。

根据系统应具备的功能，智能建筑的安全防范系统通常由入侵报警系统、电视监控系统、出入控制系统、巡更系统、停车场管理系统等组成，如图1-2所示。

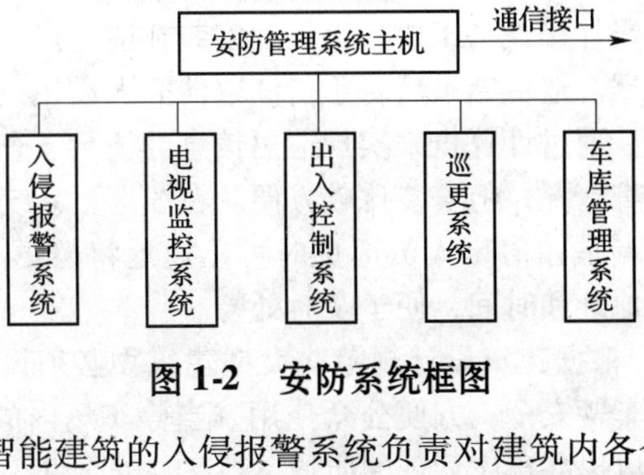

图1-2　安防系统框图

1）入侵报警系统。智能建筑的入侵报警系统负责对建筑内各个点、线、面和区域的侦测任务。它一般由探测器、区域控制器和报警控制中心三个部分组成。最底层是探测和执行设备，负责探测非法入侵，有异常情况时发出声光报警，同时向区域控制器发送消息。区域控制器负责下层设备的管理，同时向控制中心传送相关区域内的报警情况。一个区域控制器和一些探测器、声光报警器设备就可以组成一个简单的报警系统。在智能建筑中一般应设置监控中心，担负起对整个入侵报警系统的管理和系统集成任务。

2）电视监控系统。电视监控可让管理人员及时了解大楼内房间、通道或出入口等重点区域的情况，发现问题可及时处理。比如防盗区域有人入侵时，报警系统给出提示、同时监控系统自动切换显示并保存现场画面。此外，还可以通过电视监控来严格员工考勤。

电视监控系统主要由摄像、传输、控制、显示与记录四大部分构成，如图 1-3 所示。

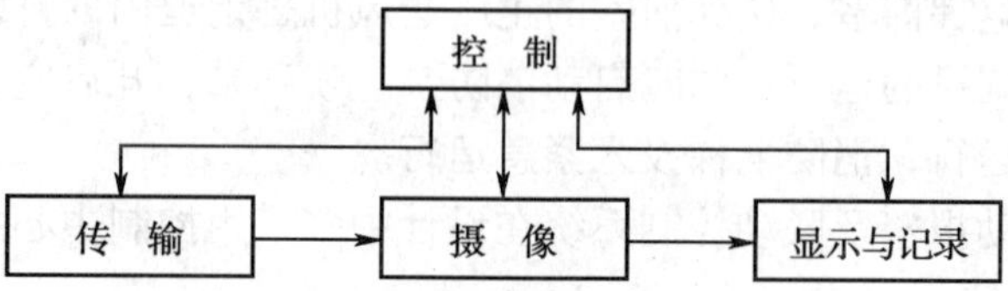

图 1-3　电视监控系统的组成

3）出入控制系统。出入控制系统又称为门禁系统，是指在建筑物内采用现代电子与信息技术，对进出建筑物或建筑物内特定区域的人员进行监控，对人员的进出实施放行、拒绝、记录和报警等操作的一种电子自动化系统。

为完成人员出入的监控，出入控制系统的首要目标是能识别进出人员的身份，进而根据存储系统中的信息，判断是否已授权该人员具有进出的权利，最后完成控制命令的传送与执行。为保证系统的安全可靠，每一次出入动作都应作为一个事件而加以存储记录。存储上述信息除可用于考勤等目的外，在消防与安全事件中，尚可通过对持卡人行踪的跟踪，提供有价值的数据与信息。

出入控制系统主要有中央管理机、控制器、读卡机、执行机构等四大部分组成。

4）巡更系统。目前任何一种先进的安防系统都不能做到百分之百的自动化。安防系统应强调技防与人防的结合，不能忽视保安人员的作用。为此，在智能大厦或智能小区中一般都设置巡更系统，由保安人员定期进行巡逻。

目前巡更系统分为在线通信方式和离线通信方式两种。在线巡更系统由计算机、网络收发器、前端控制器、巡更点等设备组成，保安值班人员到达巡更点并触发巡更点开关，巡更点将信号通过前端控制器及网络收发器立即传输给管理计算机。离线巡更系统由计算机、传送单元、手持读取器、编码片等设备组成。编码片安装在巡更点处代替巡更点，值班人员巡更时，手持读取器读取数据。巡更结束后将手持读取器插入设在机房的传送单元，将其存储的所有信息输入到计算机，通过计算机来实现巡更信息的记录、查询和打印。离线巡更系统不能在巡更时同步显示巡查情况，但安装比较方便。在线巡更系统需管线敷设，现场设有硬件，施工比较麻烦，其优点是在值班人员巡更时可迅速地将巡更点信息反映到安防控制中心，同步显示记录巡更的地址和时间，便于及时处警。

5）停车场管理系统。根据建筑设计规范，大型建筑物必须设置汽车停车场（库），以满足交通组织需要，保障车辆安全，方便公众使用。当停车场内的车位超过 50 个时，需考虑建立停车场管理系统，以提高车库管理的质量、效率与安全性。

停车场管理系统是将计算机技术、自动控制技术、智能卡技术和传统的机械技术结合起来对出入车库车辆的通行实施管理、监视及行车指示、停车计费等的综合管理系统。通常由入口管理系统、出口管理系统和管理中心等部分组成。入口管理系统包括读卡机、发卡机、控制器、车辆监测器、电动挡车器、满位指示器等；管理中心包括管理工作站、管理软件、计费、显示、收费等部分。

(4) 通信自动化（CAS）及办公自动化系统（OAS）

通信自动化系统是保证建筑物内语音、数据、图像传输的基础，同时与外部通信网（如电话公网、数据网络、卫星、广播电视网等）相连，与世界各地互通信息。

通信自动化系统能向使用者提供快捷、有效、安全和可靠的信息服务，包括语音、文本、图形、图像及计算机数据等多媒体的通信服务。

办公自动化系统是智能建筑的重要组成部分，利用先进的信息处理设备，以计算机为中心，采用传真机、复印机、电子邮件、国际互联网、局域网等一系列现代化办公及通信设施，最大限度地提高办公效率、改进办公质量、改善办公环境和条件、缩短办公周期、减轻劳动强度，同时减少人为的失误和差错。办公自动化技术将使办公活动向着数字化方向发展，最终实现无纸化办公。

办公自动化是多层次的技术、设备和系统的综合。一个完整的办公自动化系统应包括信息的生成与输入、信息的加工与处理、信息的存储与检索、信息的复制、信息的传输与交流以及信息安全管理等功能。利用计算机和网络技术使信息以数字化的形式在系统中存储和流动，通过软件系统来管理各种设备自动地按照协议配合工作，使人们能够高效率地进行信息处理、传输和利用。

(5) 智能化管理系统（IMS）

现代建筑物的智能化管理系统应该是一个智能化的综合管理系统。它能够运用先进的技术和方法使建筑的运行更有效、运行成本更低、竞争力更强。一个典型的智能大厦管理系统是以综合布线为基础，将大厦内建筑设备自动化系统、安全监控系统、消防自动监测与报警系统等，集成为一个中央信息系统。通过先进的网络技术、计算机技术和现代控制技术，对楼宇内部的所有对象（如设备、人们的活动等）进行集中监视、控制和管理，以提高整个大厦的管理水平。另一方面，智能化管理系统还应与建筑内的办公自动化系统、通信自动化系统集成，并提供开放的接口。

智能化管理系统是一体化集成的管理和控制系统，能够实现大厦内所有信息资源的采集、监视和共享。通过系统对信息的处理、优化、判断，为大厦的各部门、各级别管理人员提供决策依据，实现控制与管理的智能化，给大厦的使用者提供安全、舒适、快捷的优质服务。

智能化管理系统的基本功能如下：

1）实时监视各子系统的关键设备和关键点，这是 IMS 的基本功能。系统管理人员在工作站上可实时地看到所关心的任何一个子系统的任何一个关键设备或关键点的状态，这些信息在显示器屏幕上以图形、文字、动画的方式显示出来。与各独立子系统的监视画面不同，IMS 是将各独立子系统分散的信息集成起来，提供一个集中监视的手段。

2）执行上层下达的控制指令。根据需要，系统管理人员在页面上可以直接下达命令，控制任何一个设备的运行。

3）综合各个设备监控系统的状态信息，提供相关报告。当某个设备或关键点发生异常或其他重要事件时，系统会以报警、事件的形式，及时在页面上用图形、文字、动画、声音等方式表现出来。

4）提供实时的系统间联动功能。各子系统本身是独立工作的系统，通过 IMS 将它们集成起来，可以实现协同工作。

5）记录历史数据，提供综合信息管理功能。每个设备的运行状态、系统中发生的重要事件，都会以历史数据的形式保存到数据库中，从而可以实现综合信息管理以及数据分析、处理功能。

把所有的子系统有机地集成，才能构成真正意义上的智能建筑。

1.1.3 智能建筑的发展历史

智能建筑的兴起始于20世纪80年代。1984年，美国联合科技建筑系统公司（UTBS）在康涅狄格州对哈特福德城市广场大厦（City Place）进行改造，“智能建筑”（IB—Intelligent Building）一词出现在其宣传词中。该大楼以当时最先进的技术来控制空调设备、照明设备、防盗防灾系统、电梯系统、通信和办公设备等，舒适、安全又高效、经济。

自从第一座智能大厦诞生之后，智能建筑便在世界范围内蓬勃发展。智能建筑及“建筑智能化系统”蓬勃发展，以美国和日本最为突出。据有关统计，美国新建和改造的办公楼约70%为智能建筑，智能建筑超过万幢，典型的智能建筑有芝加哥西尔斯大厦、纽约世界贸易中心、纽约帝国大厦等。日本从1985年起开始建设智能大厦，新建大楼中60%以上是智能建筑，并制定了从智能设备、智能家庭到智能建筑、智能城市的发展计划，成立了“建设省国家智能建筑专业委员会”及“日本智能建筑研究会”。近年来日本相继建成了如东京箱崎大厦、大阪世界贸易中心、东京松下情报中心、横滨Land Mark大厦、横滨皇后大厦、东京国际展示场、东京日本电气公司总部大厦、东京新市政厅大厦等智能建筑。新加坡政府为推广智能建筑，拨巨资进行专项研究，计划将新加坡建设成“智能城市花园”。

此外，法国、瑞士、英国等欧洲国家和韩国、泰国、新加坡、马来西亚等国家和中国的香港、台湾地区的智能建筑也迅速发展。如英国伦敦劳埃德银行、韩国汉城幸运-金星国际商业中心、台湾高雄85国际广场、台北中国时报大厦、著名的101大厦以及香港汇丰银行大楼、香港中国银行大厦、香港中环广场等。韩国准备将其半岛建设成为“智能城市”。印度1995年起在加尔各答的盐城湖建设“智能城”。

我国智能建筑起步较晚，但近年来发展很快。在20世纪80年代末90年代初，随着改革开放的深入，国民经济持续发展，综合国力不断增强，安全、高效和舒适的工作和生活环境已成为人们的迫切需要；同时科技飞速发展，特别是微电子技术为基础的计算机技术、通信技术和控制技术的迅猛发展，为满足人们的这一需要提供了技术基础。这期间智能建筑才有了较大的发展，但其迅猛的发展势头令世人瞩目。1990年建成的北京发展大厦（18层）可认为是我国智能建筑的雏形，它已经开始采用“3A”系统，但并不完善，3个子系统没有实现统一控制。1993年建成的位于广州市的广东国际大厦可称为我国大陆首座智能化商务大厦。上海的金茂大厦、深圳天安数码城可认为是近年先进智能建筑的代表。

20世纪90年代中期，政府有关部门加强了对建筑智能化系统的管理和指导。1997年建设部颁布了《建筑智能化系统工程设计管理暂行规定》（建设［1997］290号），规定了承担智能建筑设计和系统集成必须具备的资格。2000年建设部颁布了国家标准《智能建筑设计标准》GB/T 50314—2000；同年信息产业部颁布了《建筑与建筑群综合布线工程设计规范》GB/T 50311—2000 和《建筑和建筑群综合布线工程验收规范》GB/T 50312—2000。2003 年建设部发布了《智能建筑工程质量验收规范》GB 50339—2003。2005 年建设部对国家智能建筑设计标准进行了修订，修订后的标准将于近期颁布执行。

此外，1995 年 7 月华东建筑设计研究院编制了上海市《智能建筑设计标准》DBJ 08—4—95，并于1996 年初由上海市建委作为上海市标准颁布实施。1996 年1 月建设部在上海市佘山召开了我国第一届智能建筑研讨会，对我国智能建筑的发展起到了积极的推广作用。1996 年 2 月国家建设部成立建设部科技委智能建筑技术开发推广中心，协助有关部门对全国智能建筑的建设进行协调和管理。1996 年 8 月和 1997 年 4 月，国家建设部科技委智能建筑技术开发推广中心和北京工业大学合作，先后举办了智能建筑设计技术培训班。1997 年 8 月建设部在北京召开了全国智能建筑技术专家研讨会，很好地总结了我国智能建筑研究和发展的经验，提出引进、消化、吸收国外先进技术，加快国产化步伐和科技队伍的建设，促进行业部门间的合作。

目前智能建筑犹如雨后春笋般出现在中国大地。据国外媒体预测，近期在中国兴建的大型建筑将占全球的一半，21 世纪全世界的智能建筑将有一半以上在中国建成。正在建设中的北京 2008 年奥运会场馆将是新型智能建筑的代表，它将带来巨大的社会效益和经济效益。

1.1.4 智能建筑的发展方向

目前智能建筑在向两个发展方向：建筑单元的智能化和建筑群体的智能化。前者主要是指智能家居，后者包括智能小区、数字城市、数字地球等。

（1）智能家居

近年来，随着“智能建筑”概念的普及和深入人心，“智能家居”也已经成为现实生活中的热门话题，它给住宅领域注入了新的概念，是业界关注的一个焦点。关于“智能家居”应包含哪些内容，提法比较多，一些专家认为其内涵是：在具有个性化的住宅家庭中实现多元网络信息、多样化的自动化控制以及将节能环保等功能整合到一体化的家庭智能信息管理与自动化监控平台上。通过统筹管理，让家居生活更加舒适、安全、有效。

智能家居的出现和普及，大大改变了人们的生活、工作方式，提高了人们的生活质量。人们将以家庭为中心进行各种活动，例如：电子交易、电子商务、电子购物、电子远程教育、电子娱乐、电子和远程保健（中心）、电子和远程保安（中心），甚至有更多我们今天都想象不到的活动。

（2）智能小区

由于建筑智能化技术在住宅中大量的应用，供人们居住的具有智能化、信息化、数字化功能的住宅小区不断涌现，智能化住宅（小区）动态地改变了“智能建筑”的原有含义，成为“智能建筑”的另一重要组成部分。智能化住宅（小区）的建设与发展，不仅已成为一个国家经济实力的体现，而且也是一个国家科学技术水平的综合标志之一，它也成为人类社会住宅建设发展的必然趋势。

1999 年建设部住宅产业化办公室召开了住宅小区智能化技术论证研讨会，制定了住宅小区智能化分级功能设置，并积极着手编制《住宅小区智能化技术准则》，组织实施住宅小区智能化示范工程。智能化技术在我国住宅小区中的应用将是一个技术创新，同时也为建设智能化城市提供必要的经验。因此智能建筑技术在住宅小区与家庭中的实际应用，具有深远的意义。

建设部住宅产业促进中心于1999年底颁布了《全国智能化住宅小区系统示范工程建设要点与技术导则》，导则计划用5年时间，组织实施全国智能化住宅小区系统示范工程，并以此带动和促进我国智能化住宅小区建设，以适应21世纪现代居住生活的需要。近年来智能住宅和小区正在各地兴建，在深圳、上海等地已经相继出现了智能住宅和小区。广州汇景新城、南京天地国际花园、南京聚福园、上海诒东花园、泉州金地花园、长沙梦泽园、沈阳亚太国际花园经建设部批准列入国家示范小区。

（3）数字城市

智能建筑已成为我国技术创新和经济发展的新增长点。继香港推出建设“数码港”、上海发展“信息港”、北京建设“数字城市”后，广州也进入了“数码城市”的试验阶段。数字化城市正在成为国内城市发展的新趋势。

在人类社会步入21世纪的今天，在现代化城市中，人们建设了越来越多的智能建筑（群），以及具备了“智能建筑”特点的现代化居住小区。虽然它们都建成了自己独具特色的综合“信息系统”，但从整个城市来讲，它们仍只是一个个功能齐全的“信息孤岛”（或称之为“信息单元”）。如何将这些“信息孤岛”有机地联系起来，更大地发挥它们的功能和作用，进而将整个城市推向现代化、信息化和智能化，“数字化城市”的概念应运而生。在某种意义上，可以认为“数字化城市”是“智能建筑”概念的一个具有特殊意义的扩展。可以设想，在将住宅、社区、医院、银行、学校、超市、购物中心等所有智能建筑通过信息网络连接，形成“数字化城市”信息平台之上的“智能建筑”、“智能住宅”或“智能小区”与现在的“智能建筑”、“智能住宅”或“智能小区”会有多大的区别。

数字城市将数字技术、信息技术、网络技术等要素渗透到城市生活的各个方面，是一项复杂的系统工程，它是城市发展和社会信息化的必然趋势，也是城市发展新的经济增长点。数字城市为城市可持续发展提供了重要的支撑工具，它的建设将推动全球实现工业经济向信息经济的转型，最终提供给人们一个可持续发展的、信息化的社会生活空间。据有关专家分析，就世界范围来看，以数字城市为长远目标，面向城市可持续发展的信息化建设，目前仍处于探索阶段。

数字城市建设正在成为我国城市现代化发展战略的重要组成部分。事实上，数字城市就是城市信息化，它牵涉到城市信息化建设的方方面面，不仅包括各种信息化基础设施（网络、数据库、信息系统、政策法规与保障体系等）的建设，还涉及信息化过程中所产生的社会经济关系和文化伦理观念的变化与调整。

随着时代的前进与发展，“智能建筑”也正在不断地发展与充实。从数字家庭、数字大厦到数字社区、数字城市再到数字国家、数字地球，这些不再是科学幻想，而是人类自己为未来的社会发展和生存方式描绘的蓝图和前景。

1.2 人民防空工程智能化系统的特点和设计要求

利用现代化科技手段，提高人民防空工程的运行和管理水平，是建设人防工程智能化系统的主要目的。人防工程智能化系统必须满足平时和战时两个不同环境下的运行和管理要求，在平时起到方便维护和管理的作用，将工程及其设备始终维护在随时能战的水平；在战时，必须满足工程战的技术指标，充分发挥人防工程的战斗保障功能。

1.2.1 人防工程进行智能化控制和管理的必要性

（1）人防工程智能化系统的定义

目前，关于“人防工程智能化系统”，还没有一个公认、权威的定义。我们结合实际工程经验及自己的理解给出如下的一个定义，意在描述“人防工程智能化系统”这一概念。

人防工程智能化系统是指符合人防工程技战术要求，包括人防工程设备自动化控制系统、火灾自动报警及联动控制系统和安全技术防范系统，并对它们进行一体化集成，从而实现整个工程的智能化运行和管理的信息系统。

也就是说，人防工程智能化系统可实现工程内部防护设备和发电站、高低压供配电系统、照明系统、通风空调系统、给排水系统、三防转换系统设备的集中监视和控制以及环境参数的在线监测，并通过与火灾自动报警及联动控制系统、安全技术防范系统的一体化系统集成，达到优化资源、方便管理、节约人力、节省能源、提高战时保障能力的目的。

人防工程智能化系统是实现人防工程设备控制和工程管理的一个综合信息化平台，是实现人防工程现代化管理的一个重要手段。

（2）建设人防工程智能化系统的必要性

人民防空工程是我国国防工程体系的重要组成部分，是国民经济和社会发展的重要方面，是现代化城市建设的重要内容。随着信息技术的迅速发展和广泛应用，采用先进的技术手段实现人防工程的智能化控制和管理，从而提高人防工程的保障能力和保障水平，降低工程运行管理费用，是非常有意义的。

在早期的人防工程中，由于当时计算机技术、自动化技术的限制，即使一些根据基本技战术要求必须实现自动控制的设备如进排风机、电动密闭阀门等都只能由简单的继电器控制来完成。这就无法可靠地保证人防工程效能的充分发挥。随着微电子技术的发展，计算机控制、现场总线技术的成熟和在工业自动化、楼宇智能化中的成功应用，人防工程的智能化控制和管理成为可能。而且面对未来信息化条件下高技术战争的迅猛发展，对防生化、防核、通风空调、给排水、发供电、火灾自动报警及联动、安全技术防范等都提出了更高的要求，人防工程必须能够满足新的技战术要求。这样对人防工程进行智能化控制和管理就成为必然。

首先，对人防工程进行智能化控制和管理能够有效提高人防工程的工程保障能力，高效地管理人防工程中的设备，大大提高工作效率，降低人防工程的运行成本，使得建设节约型人防工程成为可能。而且智能化系统通过逻辑严密的保护措施，也可大大降低因操作人员操作不当而引起的人为故障的发生概率。

其次，基于现场总线的智能化控制和管理系统不仅解决了工程中必要的设备智能化控制问题，更重要的是通过有效的系统集成，真正实现了各种监控子系统、智能设备的信息集成和信息共享，极大地发挥了这些系统和设备的功能，把人防工程的信息化提高到一个新的台阶，为人防工程的运行、管理、维护提供一个先进的平台，从而更好地发挥人防工程的功能。

1.2.2 人防工程智能化系统的特点

人防工程作为一种具有特殊功能和特殊结构形式的地下建筑，其智能化系统与一般地面建筑的智能化系统有许多不同之处。人防工程智能化系统的特点可归纳如下：

1）人防工程作为特殊的地下建筑，在战时具有特定的功能要求。智能化系统的实施，就是为了提高工程的快速反应能力和保障能力，更好地实现工程的战术技术要求。因此，人防工程智能化系统必须满足工程的战术技术要求。

2）人防工程作为国家战时防护体系的组成部分，起着战时保障人民生命安全及指挥稳定的重要作用。这就要求对作为生命保障系统的人防工程防护设备、内部设备及环境进行稳定、可靠、精确的监视和控制。因此，人防工程智能化系统的构建必须把系统可靠性作为首要的技术指标。

3）为了保证智能化系统的战时可靠稳定运行，人防工程智能化系统必须具有防核电磁脉冲和常规电磁脉冲武器毁伤及干扰的能力。电磁脉冲干扰已成为现代信息化战争条件下重要的和常用的打击手段，而现代高科技的智能控制器、传感器和内部设备对电磁脉冲干扰非常敏感，因此人防工程智能化系统应把对电磁脉冲干扰的防护作为一个重要的设计内容，在设备选型、线缆敷设时设备安装应给予充分的重视。

4）人防工程作为地下建筑，空气潮湿是一个重要特点。虽然为了保障内部环境质量，工程中都安装了除湿和空调设备，但为了节省运行维护成本，大多数工程内部环境仍比较潮湿，长期处于这种环境下，通常的民用和工业控制设备的开关接点、触头、接线端子、电路板、元器件管脚等就会生锈、腐蚀，影响设备及系统的可靠性。多年实际应用的经验也证明，人防工程智能化系统应把防潮作为一个重要内容加以考虑，在设备选型、安装等方面应采取有效的防潮措施。

1.2.3 人防工程智能化系统的设计要求

人防工程的智能化系统与民用建筑智能化系统不完全相同。人防工程一般位于地下，自然环境相对恶劣，包括设备监控系统在内的所有系统的建设要考虑这些不利因素。另外，人防工程设备监控系统，不仅要实现平时人防工程内各种设备的监视、控制和测量，还要满足战时对工程战斗力的功能保障。人防工程智能化系统的设计要求体现在以下几个方面。

（1）可靠性和稳定性

设备选择时要考虑人防工程的特点，务必使设计选用的设备运行可靠、稳定。根据设备的功能及重要性等不同要求，分别采用热备、冗余、容错等技术，确保设备的可靠稳定运行。

智能化系统网络结构设计时务求简单清晰，必要时考虑冗余、容错等技术，确保网络通信正常。结合实际的网络拓扑结构和布线特点，选择合适的网络辅助设备，如网络分支器、中继器、终端器等。

设计阶段，不仅要对监控系统的软件尤其是应用软件提出功能要求，还要提出可靠性等相关要求，必要时由设计人员指定系统的组态软件，以保证监控系统的长期可靠稳定运行。

（2）安全性和实用性

智能化系统的监控对象是风机、水泵等各种设备，设备的操作必须遵循一定的操作规程，尤其电动防护门等设备，不能随便由人操控。因此设备监控系统要满足一定的安全性，即采取相应的防范措施，使得非操作人员不能进入设备监控系统，或者不能进行相关操作。还应该设置操作级别和权限，不同级别有不同的操作权限，进入相应的级别需要对应的密码。安全性还体现在设备监控系统局部受破坏或故障时，不会对被控设备误操作，不会出现设备危险运行状况。当监控系统处于正常运行状态时，如果发生突然的设备故障，监控系统应该能够控制相应的联锁设备，防止事故的发生及故障范围的进一步扩大。

设计还要考虑系统的实用性，即系统的功能实用和性能实用。系统的功能实用指系统的功能要满足人防工程设备管理的要求，满足战时对战斗力的功能保障需求，但不是越完善、越先进的系统就越好。系统设计要考虑到操作人员水平，在功能满足要求的前提下，尽量简化系统功能，简化功能实现的操作过程。系统的性能实用指系统的性能要满足一定的战术技术要求，但不能追求某些性能的理想化。

（3）功能完整性和技术先进性

智能化系统中有一项基本功能，即三种防护通风方式转换控制（以下简称三防控制）。三防控制系统是人防工程特有的一种系统，是战时为保障工程在遭受各种方式打击下仍能生存并继续发挥战斗力而进行的快速防护通风方式切换的控制系统。三防控制系统主要针对通风系统中进行防护通风方式切换的相关风机和阀门的控制、毒剂和射线报警主机的数据采集、电动防护（密闭）门的监控以及三防切换时的报警指示。在设备监控系统设计时，必须将三防控制作为其基本功能考虑。

计算机技术、通信技术和自动控制技术发展日新月异，各种新技术、新材料和新设备不断涌现，因此在智能化系统的设计和选型阶段要格外重视技术的先进性。设计时如未采纳新技术，则必然导致安装阶段的技术落伍，从而增加维护的复杂程度和资源消耗。

技术先进并不是说越先进的技术越要采用，智能化系统的技术先进性必须以可靠、稳定、安全为前提。在设计时，必须选择技术先进、成熟可靠的技术和设备。

由于人防工程建筑结构的特殊性，智能化系统的需要预埋和预留管线又特别多，某些功能如果在设计阶段没有考虑，则在以后要想再进行改造或增加某些项目几乎是不可能的。所以对于初期经费比较紧张的人防工程，在设计阶段可采取全功能、适当超前的设计思路，而工程建设可采用分期、分步的方式进行实施。

（4）系统开放性和互操作性

智能化系统相对而言技术复杂，涉及的专业和范围较多，构建时必须考虑系统的开放性和互操作性，从而保证系统的更低运行费用和维护成本。进行系统和设备选择时，要考虑技术和产品的开放性，与其他产品的互操作性。应该尽量选择国际上主流的、标准的技术。在地方楼宇领域使用较多的两种标准是 BACnet 和 LonWorks，这两种标准同样适用于人防工程。

（5）防水防潮及防核电磁脉冲能力

人防工程设备监控系统的设计必须要考虑到人防工程的特殊环境和特殊要求。

人防工程一般位于地下，相对湿度较高，而设备监控系统使用的控制器、传感器等设备，一般都由高精密的电子元器件构成，因此要求这些设备必须具有一定的防水防潮能力，一般要求防护等级达到 IP65 以上。如果达不到，则要求这些设备必须安装在具有相应防水防潮能力的防护控制箱内。

人防工程设备监控系统还必须满足战时核电磁脉冲恶劣干扰下的防护要求。战时工程周围有高功率的电磁场存在，这很容易干扰或损伤以微电子技术为基础的设备监控系统，因此设备监控系统的设备、网络等均需要具备一定的防核电磁脉冲能力。

（6）平战结合

人防工程智能化系统不仅仅只满足战时的工程保障功能，平时维护阶段所需要的功能，如节能、节省人力及工程安全等也应在设计时一并考虑，比如构建“人防工程设备管理信息系统”等。

1.3 人民防空工程智能化系统的内容和实现方法

人防工程智能化系统是指符合人防工程技战术要求，集成了人防工程中的防护设备、通风空调设备、给排水设备、供配电设备的智能化控制与管理系统、火灾自动报警及联动控制系统和安全技术防范系统于一体的，具有整个工程的运行、维护、管理功能的信息化系统。

1.3.1 人防工程智能化系统的基本内容

（1）设备监控系统

人防工程中的设备，包括防护设备、通风空调设备、给排水设备、发电及供配电系统设备等，通过对这些设备的智能化监测和控制，可以提高工程的运行管理水平，降低工程平时的运行维护费用，提高战时的保障能力、防护能力和生存能力。人防工程设备监控系统主要包括以下内容：

1）防护设备监控。在人防工程中，防护设备主要指防护（密闭）门及与之有关的进门申请防爆按钮，监测生化武器和核武器袭击的三防报警设备，内容虽然不多，但在人防工程中却是非常重要的设备。

①三防报警主机。目前，人防工程中用到的三防报警装置，主要是毒剂报警器和射线报警器，这是人防工程监视是否有核武器和生化武器袭击的“眼睛”。关于这些设备本身的选型以及在工程中布置，是防化专业的内容，这里不再叙述。因为工程的三防状态需要通过设备自动化系统与通风空调、水等设备进行联动，所以下面介绍一下三防报警主机与设备自动化系统的接口问题。

三防报警主机（毒剂报警器和射线报警器）与设备自动化的接口，一般通过两种方式进行：IO 接口方式和主机联网方式。

IO 接口方式：三防报警主机一般都有报警输出接点，一旦检测到敌人相关武器袭击，相应的报警接点闭合。自动化系统的控制器通过检测这些报警输出接点的状态，来自动实现工程三防状态的控制。这种方式的结构最直接、简单，在工程中用得较多。

主机联网方式：新型三防报警主机通常具有 RS232 或以太网联网功能，对于具有 RS232 接口的三防报警主机可以通过协议转换器连接到自动控制系统的控制网络上或直接连接到自控系统的主机上（如果两者之间的距离在 15m 内）；具有以太网接口的三防报警主机，可以采用五类线或光纤通过交换机联网。

主机联网方式除了以上的物理连接要求以外，三防报警主机供货时还必须提供网络通信协议，以便自动化系统中进行软件集成。该方式的优点是可以提供更详细的信息，比如有多个毒剂探头时，可以准确知道是哪个探头报警，当前剂量是多少；缺点是对于目前的人防工程的现状，一般在工程建设的时候只是预留三防报警主机，并没有安装设备，如果没有一个统一、固定的通信协议，到战前再安装设备的话，很难实现与自动化系统的通信。

②电动防护（密闭）门。在新建、改建的人防工程中，为了实现快速反应和自动控制需要，主要出入口的防护（密闭）门一般都采用电动防护（密闭）门。从自动化的角度来讲，电动防护（密闭）门的自动化，就是在战争中敌人采用核生化武器袭击时，以最快的响应速度、最有效的手段使进入工程内部的污染达到最少，并具有远程开关门和监视门的开关状态的功能。

电动防护（密闭）门的控制逻辑包括：遇到突然袭击时候，自动化系统自动转入隔绝状态，关闭所有的电动防护（密闭）门，不需要人的干预，并自动给电动防护（密闭）门上锁，禁止任何人员的出入；在滤毒状态，只有通过中央控制室允许方可出入人防工程，并且在人员出入后迅速关闭防护（密闭）门，保证工程的安全；在滤毒状态下人员进出时，控制只允许同时打开一道防护（密闭）门，减少由核生化武器袭击所造成的污染空气进入工程内部的几率。

③进门申请防爆按钮。进门申请防爆按钮功能虽然简单，但通过自动化系统实现安全、有效的出入口控制却非常有必要。对于人防工程，一个工程可能有 4 个或 4 个以上的出入口，不可能每个出入口都有人员值班。假设在滤毒状态下，为了控制口部人员随意出入，电动防护（密闭）门都上锁了（这里的锁相当于电子锁，而不一定是传统的门锁）。这时，某个口部有人希望进入工程内部，按下了进门申请防爆按钮，门口安装的电铃也响了，由于工程值班的房间可能远离口部，可能听不到电铃的声音，即使听到了，也不容易分辨出是哪一个口部的按钮在申请，这时值班人员的工作就很被动。

如果将防爆按钮接入自动化系统监控，口部防爆按钮一动作，计算机屏幕上自动弹出提示窗口，提示是哪一个口部有人希望进入，值班人员立即就掌握情况，并根据工程内部的情况，选择解开电动防护门的锁允许其进入或拒绝进入，值班人员只需要在屏幕上点击鼠标就能完成这些工作。

2）通风空调设备及环境监控。通风空调系统需要自动控制的设备包括：口部的电动密闭风阀、进排风机、空调机组等，其中电动密闭风阀、进排风机是与工程的三防控制密切相关的设备，必须实现自动控制和远程监视。空调机组一般本身是自动化机组，纳入自动化系统中的目的，一是为了在更大范围内的温湿度协调控制，二是为了实现空调机组的远程控制和管理。此外，对人防工程中的空气品质参数的在线监测已经正式纳入了新的人防工程标准中，监测的主要参数包括温湿度、二氧化碳浓度等。

①风机。风机包括清洁进风机、滤毒风机、排风机，对风机控制的主要目的是根据工程的三防状态进行通风方式切换并实现远程控制和集中监视。其实现方式也非常简单，一般通过智能控制器的开关量输出接点就能实现风机启停控制，重要的是要严格按照通风专业的控制逻辑进行控制。

②电动密闭通风阀门。在人防工程中，为了实现通风方式切换和三防的需要，每个口部的进排风系统中都安装了数量不等的电动密闭通风阀门。电动密闭通风阀门由于存在一个正、反转问题，在接口上比风机的控制要复杂一些，占用的IO资源也多一些。在控制逻辑上跟风机一样，主要是根据三防通风的要求进行控制。

③除湿空调机。这里的除湿空调机包括通风系统中各种空气调节的设备，这些设备在不同的地方也可能有不同的名称，如除湿机、调温除湿机、冷风机等。

现代新型的除湿空调机组，一般都是自动化机组，空调机上自带一个控制器，根据回风管道上的温湿度和用户的设定值来自动控制机组的运行，其中还包括压缩机、加热器和送风机的工作时序的控制。但在订货不作要求的情况下，厂家一般未考虑循环水泵的控制。

由于压缩机、加热器、送风机、回风机、循环水泵等设备构成一个区域空气调节的整体，因此我们建议，在设计的时候，要求由空调机自身的控制器完成所有相关设备的控制，这样空调机组在任何时候都可以独立工作。但是这不等于说自动控制系统就不需要对空调机组进行控制，而是完成更高层次的控制：协调控制、节能控制。

在空调机组的控制器已经完成了相关设备控制的情况下，自动控制系统可以通过其机组控制器的智能通信口进行空调机及其附属设备的控制。具体实现方法可以通过一个协议转换器，将空调机组的控制接到现场总线网络中，达到上层协调控制和远程监控的目的。

由于空调机组的控制器是直接通过检测其回风口的温湿度进行控制，所以其服务的区域是否真正达到设计的控制目标就得不到保证。这时候需要通过自动化系统，对其服务的区域重要目标位置的温湿度进行检测，如果仅仅是空调机回风口的平均温湿度达到了要求，而重要目标位置未达到，这时上层的自动化系统就需要根据情况，适当调整空调机组的控制参数。

另一个需要上层协调控制的意义就是节能的需要。自动化系统可以在满足人员舒适和特殊设备对运行环境要求的前提下，根据季节和室外温湿度的变化，自动改变室内全年温湿度的设定值，从而达到节能的目的。要注意的是这个设定值的调整，一定是要经过科学的计算，才能达到节能的目的，否则反而造成能源的浪费。比如：在夏季，如果把设定温度下调1℃，将增加9%的能耗；在冬季，把设定温度上调1℃，将增加12%的能耗。据统计，在人防工程的运行费用中，能源费用是最主要的开支。而整个工程中，空调机的能耗占60%以上，所以如果将空调协调控制得好，在能源节约上将产生巨大的效益。

通过将空调机组接入自动控制系统网络，不仅可以实现上述上层的优化控制，达到节约能源的目的。同时，由于在中央控制室的计算机上点击鼠标就可以实现对空调机组完全的手动控制，就如在空调机房直接对其控制一样方便，不再需要到空调机组上进行操作，达到减轻劳动强度、节约劳动力的目的（过去，特别是坑道式工程，有的空调机房附近设置专门值班室的做法就再也没有必要了)。

在中央控制室对空调机组的远程监控功能包括:

- 空调机组的启停远程控制;
- 空调机组的相关设备送风机、回风机、空调循环泵的单独控制;
- 空调机组的温度和湿度的远程设定;
- 空调机组进风温湿度监视;
- 空调机组及其附属设备运行状态、报警状态的监视。

④超压控制。为了保证防毒通道的安全,在要求比较高的人防工程的口部排风系统中,设计了超压控制系统。通过切换通风系统中的风机和电动通风密闭阀来保证口部工程内外的差压。

压差的检测,一般设计采用压差继电器或压差变送器,自动控制系统通过检测压差继电器的状态或变送器的压差值,根据通风系统的调节方案实现超压控制。

⑤环境参数检测。在功能大厅、重要首长房间等位置设置温湿度和二氧化碳传感器;在口部及重要区域设置温湿度传感器,监视这些地方的温湿度情况,为工程运行和维护提供准确、科学的依据。

例如在中央控制室检测到某区域的湿度非常大,在开了除湿机仍然降不下来的情况下,工程运行人员应考虑添加移动除湿机。

3)给排水设备监控。水系统需要自动控制的设备主要是给水和污水排放的控制。

①给水系统自动控制。给水的自动控制包括坑道式工程的外水源给水泵或掘开式工程的深井泵到各水库的水位控制,以及水库到各用水设备的生活供水设备的控制。

从水源到水库的控制,通常采用水位控制。在掘开式工程中,水位控制一般较简单,因为系统相对集中,水库的个数较少;在坑道式工程中由于系统分散、水库多,每个水库都要与水源水泵联动,控制逻辑相对要复杂一些。水位控制的基础是要对水库的水位进行测量,其中一个是目标水库的水位测量,一个是水源水位的测量,水位的测量可以采用连续式水位变送器或用节点式水位开关来检测水位,但水位的控制一般采用定点水位控制。采用连续式水位变送器的优点是随时可以掌握水库的具体水位,一般用于重要水库的水位测量,如生活水库的水位。

水库水位的定点控制一般要求采用四定点控制:超高水位报警、超低水位报警、低水位启动给水泵、高水位停止给水泵。

工程中的多个水库通过一个水源进行供水时,任何一个水库水位低都应启动供水水泵。

除了水泵的控制外,水泵的运行状态、故障状态、手自动状态的监视也是自动化系统中的一个重要内容,为设备管理和故障诊断服务。

从水库到用水设备这一过程中的水系统控制对象包括:消防给水泵、生活给水泵、空调循环泵、电站冷却水泵的控制。其中消防给水泵一般直接由消防自动化系统控制,设备自动化系统最多只检测其状态;空调循环泵一般由空调机联锁控制,设备自动化系统只通过空调机的通信口对其进行监控;电站柴油机的冷却水泵直接由发电机组的控制器控制,设备自动化系统也是通过发电机组控制器的通信口进行监控,所以一般情况下设备自动化系统需要直接进行监控的主要是生活给水泵。

对于通过变频控制直接供水的工程,自动化系统一般不直接控制供水水泵,而是通过变频给水系统的PLC进行控制，控制的功能包括供水系统的启动和停止、给水系统的压力设定等。

对于有高位水库的工程，主要是控制从生活水库给高位水库供水，实现方法同样是通过测量高位水库的水位，根据高位水库水位的高低决定是否启停供水水泵。高位水库水位的测量建议采用连续式水位变送器。

在从水库为各用水设备供水的控制中，注意水库水位与各给水水泵的联锁控制，这是采用设备自动化系统后的一个高级应用，比如空调水库的水位低，就不能让空调循环泵启动，循环泵不能启动，空调机就不能启动，智能化系统应能给出不能启动的原因提示。

②污水排水系统自动控制。污水池的水位控制本身比较简单，传统的控制装置都能完成。但设备自动化系统对污水排水系统的监控，体现在满足三防控制的要求及污水池的水位及报警状态和污水泵的运行状态、故障状态的监视。

根据现有的规范，要求工程在隔绝或滤毒状态下，必须强制停止污水泵，即使水位高也不能启动。目的就是防止污水池抽干后，外部污染通过排污管道侵入工程内部。据最新的设计要求，如果污水池的排气管道安装有电动阀门的话，也必须进行联锁控制，但是目前的规范中还没有这一条。

对于采用传统控制装置的污水池，要求污水泵的电控箱必须提供强制停泵的控制接点和污水泵状态的反馈接点。污水泵的控制也可以通过自动控制系统的控制器的IO进行控制，直接控制污水泵的启停，控制方式类似于水库水位的控制，区别在于控制逻辑相反，即污水控制的控制逻辑是高水位起泵、低水位停泵。如果采用自动控制系统的控制污水泵，就不再需要传统的污水控制装置。

污水泵的控制一般应采用三定点水位控制：高位启泵、低位停泵、超高水位报警。

此外人防工程中的污水泵，由于平时的使用率极低，通过自动化系统实行定期的巡检，可以保证设备不会长期不用而锈死，从这个角度来考虑，应该尽量采用智能控制器进行控制，包括启停控制，而采用传统的污水控制装置是不能达到此功能的。

4）发电及供配电系统监控。鉴于发电及供配电系统在人防工程的重要地位，一般都建有专门的电站监控子系统，并设置有值班人员的监控站，从最近的发展方向上看，发电和供配电系统的参数监视将更加全面并可控，而且向地方先进的智能建筑一样，向无人值守的电站发展。目前无人值守的变配电系统在技术上已经非常成熟，将这些技术适当发展，增加人防工程的一些特殊要求，就能实现人防工程的电站及变配电的无人值守，但在目前人防领域中，这一观念还未被接受和接纳。

发电及供配电系统监控的内容包括：发电机组及相关设备、高压配电系统、变压器、低压配电系统等设备。

①发电机组。对于目前新上的人防工程项目，无一例外地都采用了全自动化的发电机组，因此设备自动控制系统对发电机组系统直接控制的设备相对较少，但为了实现发电机组的安全运行和对故障的快速反应能力，所需要进行监视的运行状态和参数的确增加了许多。

发电机组的自动化一般由机组本身的控制器完成，其控制器应提供一个用于系统集成的智能通信接口，便于将发电机的参数和状态集成到计算机系统中，实现电站计算机和中央控制室计算机的参数监视、记录以及控制。监视和记录的参数应该包括：油压、油温、冷却水温度、蓄电池电压、转速以及发电机的频率、电压、电流、功率等参数和各种报警状态、故障状态。

如果工程需要，并且发电机组控制器能够支持，自动化系统可以通过安装在电站控制室的显示屏上进行隔室操作，甚至通过中央控制室进行远程的启停控制。

设备自动化系统对于发电机组的监控，实际上只需要非常低的成本就能实现。因为所有的参数实际上已经在发电机组的控制器上了，在订货时只要求厂商提供一个用于系统集成的通信接口和详细的通信协议就可以实现。

不同的发电机组的控制器的形式有区别，有的是采用安装在发电机组本体上的一体化控制器，控制器完成内燃机和发电机的所有的设备控制和参数检测；有的是采用一个综合参数表完成内燃机的参数检测，另外由一个电参数表完成电参数的检测和控制。为了完成机组所有参数的系统集成，前者需要一个协议转换器，后者需要两个协议转换器。如果机房的发电机组台数超过3台，建议不使用协议转换器，而使用RS232或RS485串口服务器完成与各发电机组控制器的通信，由串口服务器再与电站主计算机（有可能是嵌入式计算机或一体化工作站）相连。

②油箱油位。对于发电机的两个日用油箱的油位，除了设置就地连续油位显示装置外，还宜采用连续液位变送器，送电站计算机和中央控制室计算机，使工程保障人员能够随时掌握油箱油位情况。

采用连续液位变送器的目的，是让中央控制室的值班人员及时掌握油箱的储油情况，为决策者提供一个准确的依据。

③高压进出线。人防工程一般有两条高压进线回路，高压配电系统中，每条高压进线回路的高压进线柜和出线柜的主开关状态、故障状态以及接地刀闸状态应进行监测。

检测开关状态只知道开关是否合闸，而并不知道开关上是否有电，更不知道电源的具体参数。因此还需要对每个高压进线回路的电压、电流、功率等参数进行监视，并将这些参数送电站监控主机和中央控制室监控主机进行远程监视和记录，以便全面掌握供电的质量情况。

新的高、低压配电柜在订货的时候可以要求其提供带智能通信口的综合数字电参数表，一个综合数字电参数表就能完成一个供电回路的电压、电流、有功、无功、功率因素等所有参数的检测。综合数字电表可通过协议转换器接到现场总线网络（或者综合数字电参数表接到串口服务器上）进行系统集成，这是一种非常简洁的监视供电回路的电气参数形式。电参数检测的另一个方法是对主要的电参数加一个变送器，比如电压变送器、电流变送器，然后使用具有模拟量测量功能的智能控制器进行测量。

④变压器。目前人防工程中的变压器一般都采用干式变压器，这种变压器往往自带温控器，所以对变压器的监控宜通过系统集成的方法实现。在订货时要求变压器温控器提供一个用于系统集成的通信接口和通信协议，利用通信协议转换器就可以将其集成到现场总线系统中，完成变压器的各相铁芯温度和报警状态的远程监视以及冷却风机的运行状态、故障状态的监视。如果温度控制器不带智能通信口，则宜通过监测温控器的输出节点来监视变压器的报警状态、工作状态，这时监视的参数就不是非常全面，还需要增加额外的控制器。

⑤低压进出线。低压配电系统包括低压进线柜和母线联络开关柜以及低压出线开关柜。首先低压进线柜和母线联络开关柜的主开关运行状态、故障状态应进行监视，其次所有低压出线柜的全部（或主要的）负荷开关的运行状态应进行监测，以便于在中央控制室和电站的监控站上随时掌握低压配电系统的运行状态和运行方式。

同高压配电系统一样，每个低压进线回路的电参数也应进行全面的监测，以便掌握到低压供电的电源质量，其实现方法可参考高压进线回路的电参数的监控实现方法。

⑥照明系统的监控。实现照明监控的主要目的是节约能源和照明的集中管理。一般的人防工程，非工作时间很多照明都可以关掉，上班时间再打开，如果由人去完成，工作量非常大，而由设备自动化系统去完成，只需要点鼠标即可完成，或者干脆由设备自动化系统自动定时完成。照明控制应实现就地和中控室可以同时进行控制，而不需要设置手动/自动开关。

对于大中型人防工程，除了就地的照明控制外，宜做到在中央控室能够对走道、办公区域的照明进行远程监控，实现照明的就地和中控室远程同时控制。对办公区域的照明，实现分区、分片控制；对走道照明，按区域实现开关和照度控制。

（2）火灾自动报警及联动控制系统

人防工程作为具有特定功能的地下工程，地位重要。同时由于工程内部空间狭小，发生火灾时人员疏散困难。因此人防工程的火灾自动报警及联动控制系统就显得更为重要。

与地面建筑一样，人防工程火灾自动报警及联动控制系统的内容一般应包括火灾自动报警系统、自动灭火控制系统、消防联动控制系统、消防广播和专用通信系统、事故照明系统等。

（3）安全技术防范系统

人防工程的安全技术防范系统对于防止非法侵入、保证工程的安全、实现工程的现代化和信息化管理具有重要意义。采用先进的安全技术防范系统，提高工程的安全保障水平和工程管理水平，是人防工程智能化系统的重要内容。

人防工程的安全技术防范系统一般应包括视频监控系统、门禁系统和入侵报警控制系统。其相关的建设内容参见第9章。

（4）系统集成和智能化管理系统

通过良好的系统集成，实现人防工程中各种功能监控子系统的数据集成和数据共享，消除信息孤岛，从而实现整个工程的集中监视、控制和管理，进而实现全工程内的优化控制和智能化管理，降低工程的运行维护费用和维护管理人员，是建设人防工程智能化系统的根本目的。

人防工程的系统集成包括系统级的集成和设备级的集成两个方面的内容。系统级集成完成工程中设备监控、火灾自动报警及联动控制、安全技术防范等子系统的集成，为实现工程的智能化管理提供信息基础。设备级的集成是指工程中各种智能设备（如发电机组、空调除湿机组、变压器等）的运行数据集成到设备监控系统中，实现工程中各种设备运行的集中监视和控制，为工程的全面自动化、智能化控制提供基础。

功能完善的智能化管理软件，除了集中监视和控制的功能外，一般还应包括设备运行信息管理、设备维护辅助管理、系统优化运行调度控制等功能。目前，由于各种因素的限制，至少应做到所有工程设备的集中监视和控制。

1.3.2 人防工程智能化系统的实现方法

(1) CDIS2000 智能化控制系统

1）传统控制方式的缺陷。在早期的人防工程，由于当时科技发展水平的限制，基本上不存在人防工程自动化、智能化的概念，即使一些根据技战术要求必须实现的自动控制功能，如三种通风方式转换控制等也是由传统的继电器控制来完成的。这种由继电器组成的最基本的控制系统，由于系统结构复杂、可靠性差、维护工作量大等原因在后来的技术改造中逐渐被淘汰，取而代之的是基于 PLC 的控制系统。基于 PLC 的控制系统用软件逻辑来简化复杂的控制逻辑电路，简化了系统结构，提高了可靠性。但基于 PLC 的控制系统仍是局部集中的控制系统，信号电缆仍比较多，这种控制信号、控制逻辑的集中带来的问题就是危险的集中，也是集中式控制系统中最致命的弱点。同时，PLC 是针对一般工业控制开发的控制设备，应用于潮湿的地下工程环境中长期可靠性差，也不具备人防工程所要求的抗核电磁脉冲干扰能力，不能保证人防工程智能化系统所需要的可靠性。

2）现场总线技术及其优势。随着微电子技术和计算机网络通信技术的发展，高可靠的现场总线技术逐渐成熟，并在工业控制系统和楼宇自控等领域成功地应用，为人防工程的智能化控制提供了先进的技术手段。现场总线系统的突出特点是：全数字化通信，系统中所有数据及控制命令传输均为数字信号，与传统的模拟信号传输相比具有更好的抗干扰能力；开放式互联网络，网络通信协议符合 ISO 关于开放系统互联的七层参考模型，系统具有良好的开放性；对现场环境的适应性强，支持多种网络传输媒介。

采用现场总线技术的优势在于：

①降低费用，现场总线采用一根总线连接所有现场设备，相对于集中式控制系统，减少了大量的信号电缆，这使电缆的配线、安装、操作及维修费用减少 60% 以上；

②互操作性好，遵循一定互操作规范，相同功能的不同厂商产品可以相互替代，各个厂商设备可相互通信，从而为用户提供了更多的选择；

③控制更加可靠灵活，智能化的现场设备可就地完成复杂的检测控制功能，不需要上层计算机的干预，在上位机可通过网络方便地对设备进行功能组态；

④提高系统可靠性和可用性，智能化的现场设备具有自诊断和自校验功能，操作人员可通过网络检查设备的诊断和状态信息，可以快速地进行故障定位和排除故障。

现场总线支持灵活的网络拓扑结构，例如自由拓扑结构等，而人防工程中设备布局灵活、网络结构自由、监控区域分散。现场总线布线工艺简单、电缆数量减少，一方面节省了电缆费用开支，节约布线空间，同时也利于电磁防护的实现。

3）LonWorks 现场总线。在各种现场总线技术中技术成熟的 LonWorks 具有网络功能完善、网络结构灵活、通信可靠、维护方便、成本低等优点，特别适合于建筑智能化系统。2003 年底，美国陆军工程兵发布了以 ANSI/EIA709.1 为核心的楼宇自动化规范草案，规范的文件 UFGS13801 和 UFGS15951 设计用于解决复杂的楼宇自动化问题。在国内，2000 年的国家智能建筑设计标准也将 LonWorks 作为楼宇自动化系统的推荐标准。

LonWorks（Local Control Networks——局部控制网络）分布式智能控制网络技术，是美国 Echelon 公司投入 1.5 亿美元、700 人及数十万工程小时开发的计算机控制网络技术，于

1990 年 12 月向全世界推出。LonWorks 技术可应用于各行各业的自动化监控系统，为实现智能控制网络提供了完整的解决方案。迄今已有 3000 多家生产厂商使用 LonWorks 技术开发各种自动化设备，全世界范围内已安装了超过 5000 万个节点。

LonWorks 控制网络是一种通用的、开放式的测控网络，可将多家厂商的产品集成在一个网络平台中，提供可靠的通信及网络管理服务。LonWorks 技术已成为当今全球控制设备领域中得到公认的通用开放的工业标准。

LonWorks 技术是通用总线，可同时应用在 Sensor Bus、Device Bus、Field Bus 等任何一层总线中。除总线式网络结构外，LonWorks 技术还支持自由拓扑结构。

LonWorks 技术所使用的通信协议称为 LonTalk 协议。LonTalk 协议遵循由国际标准化组织（ISO）定义的开放系统互联（OSI）模型，提供了 OSI 参考模型的全部七层服务。这是 LonTalk 协议区别于其他各种协议的重要特点。

LonTalk 协议支持以不同通信介质分段的网络，包括双绞线、电力线、光纤、无线、红外线等。LonWorks 网络可在同一个网络中混合使用上述各种介质。

LonWorks 有许多突出的技术特点：①LonWorks 技术的基本元件 Neuron 芯片同时具备了通信与控制功能，并且固化了 ISO/OSI 的全部七层通信协议，以及 34 种常见的 I/O 控制对象，简化了应用的外围结构。②改善了 CSMA（载波监听多路访问），LonWorks 称之为可预测 P－坚持 CSMA。这样，在网络负载很重时，不会导致网络瘫痪。③网络通信协议采用了面向对象的设计方法，LonWorks 技术将其称之为“网络变量”，使网络通信的设计简化为参数设计。这样，不但节省了大量的设计工作量，同时增加了通信的可靠性。

LonWorks 网络在通信速度 78kbps 时直接通信距离可达到 2700m，最高通信速度可达 1.25Mbps，此时通信距离为 130m。

LonWorks 网络采用域、子网和节点的寻址结构，一个域中最多可有 255 个子网，每个子网可容纳 127 个节点。因此，一个 LonWorks 网络的域中最多可有 32385 个节点。

在很多国家，LonWorks 技术已经成为家庭自动化、楼宇自控、工厂自动化和交通运输监控系统的标准。LonWorks 设备之间采用一种开放的、标准的协议或通信语言 LonTalk，这就是 ANSI/EIA709.1－B。这个通信协议已经被许多其他标准组织所采纳，这包括 IEEE1473（列车控制）、SEMI（半导体制造设备）和 IFSF（欧洲加油站）等。

LonWorks 网络是基于开放标准的测控网络，它是目前最具发展前途的现场总线之一。LonWorks 现场总线技术的一系列优点特别适合人防工程的设备监控系统。其灵活的自由拓扑网络结构使得在设备分散布置的人防工程中构建控制网络非常灵活、方便。分布式的控制网络结构也使得智能化系统的电磁脉冲防护较易实现。

4）CDIS 2000 智能化控制系统。CDIS 2000 系统是由解放军理工大学工程兵工程学院全军国防工程智能化技术研究中心开发的基于 LonWorks 现场总线技术的人防工程专用设备监控系统。该系统特别针对各类人防工程的特点和要求研制，技术先进、性能可靠，现场智能监控模块具有防水、防潮、防核电磁脉冲干扰等特殊性能。该系统已成功应用于我国多个人防工程。

CDIS2000 人防工程智能化系统可实现工程内部发电站、高低压供配电系统、照明系统、通风空调系统、给排水系统以及三防控制系统的集中监视和控制，其网络拓扑结构如图 1-4 所示。

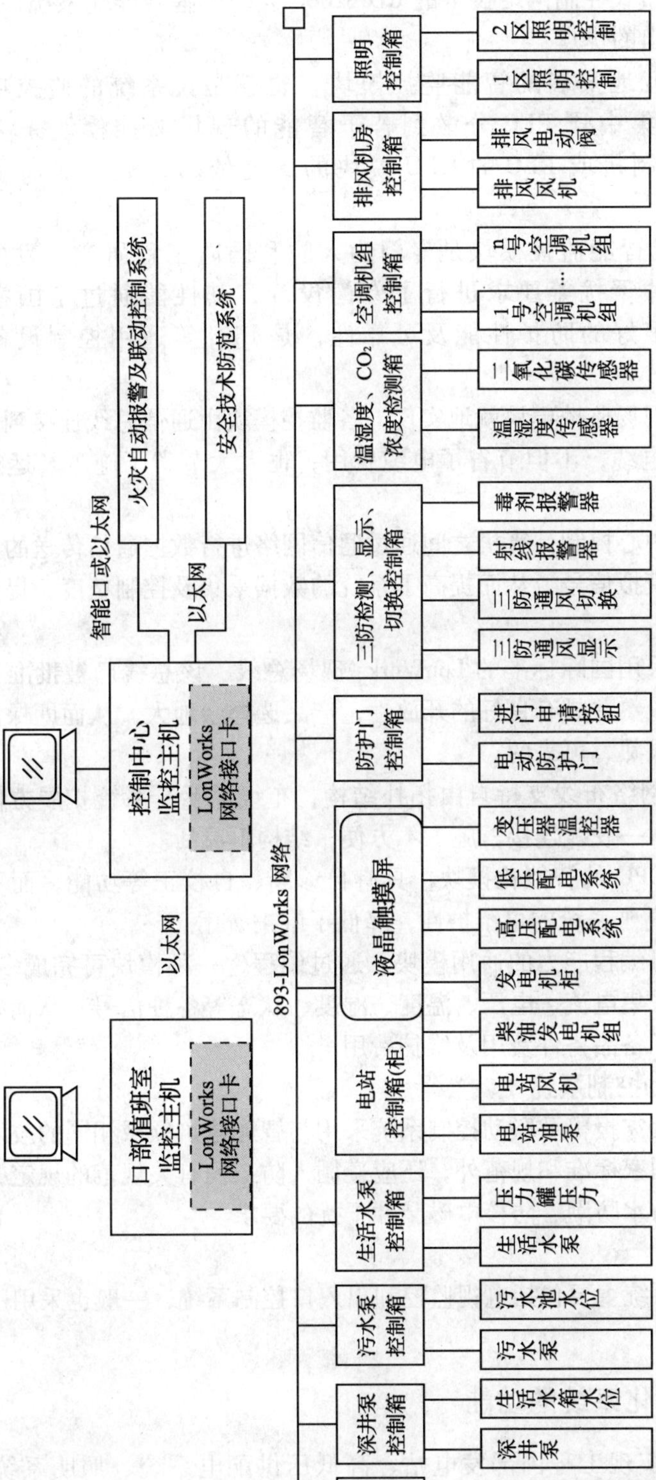

图 1-4 CDIS2000 设备监控系统网络图

采用先进的现场总线分布式控制网络技术的CDIS2000人防工程智能化系统，相对于传统的三防控制系统有以下突出的优点：

①监控设备为分布式就地安装的智能监控模块，也就是说系统的监控功能由传统的中心控制室计算机或集中式PLC分散到若干智能的现场监控模块来完成，避免了系统可靠性对中心控制机或PLC的CPU模块的高度依赖，大大提高了系统的可靠性。

②现场安装的现场总线智能监控模块是专门为人防和国防工程研究开发的，针对防水、防潮、防核电磁脉冲干扰等要求进行了专门设计，其性能通过了国家权威检测机构的严格测试，具有很好的防护性能及可靠性，是PLC等通用控制设备无法比拟的。

③系统监控任务分散到现场监控模块就地实现，各监控模块由通信总线连接到中心控制室，从而节省了大量的信号电缆，不但节省了电缆费用，也大大节省了施工及运行维护费用。

④现场智能监控模块与中心控制计算机之间通过通信网络进行数据通信传送的是数字信号，其抗干扰能力大大高于模拟信号，从而提高了系统的数据采集及控制精度，提高了抗电磁脉冲干扰能力和可靠性。

⑤系统中网络数据通信采用国际标准的LonWorks现场总线，该总线已被批准为国内智能建筑系统的标准，其技术成熟并具有良好的开放性，产品选择余地大，从而即保证了技术的先进性，又保证了系统是成熟、可靠的。

⑥LonWorks现场总线的网络布线支持自由拓扑结构，布线灵活、系统扩展方便。而传统的集中控制系统，采用一对一硬线连接，施工不方便，结构不灵活。

⑦现场的监控模块为带CPU的智能化模块，具有自诊断、自校正等功能，而不是传统的“哑”设备，从而大大提高了系统的可维护性，降低了维护费用。

⑧智能监控模块为具有可编程能力的通用模块，通过编程，一种模块可完成多种功能，如通用模拟量测量模块，可采集电流、电压、温度、湿度、状态等各种信号，从而减少了系统中监控模块的种类，降低了备品备件费用及维护费用。

（2）火灾自动报警及联动控制系统

人防工程智能化系统中火灾报警及联动控制系统采用与智能建筑领域相同的技术。在系统设计中除了应遵循相关的国家标准和规范外，还应遵循人防工程有关规范的规定，同时还应考虑人防工程的特点，如防水防潮、防核电磁脉冲干扰的要求。

（3）安全技术防范系统

人防工程安全技术防范系统主要包括电视监控和出入口控制系统，一般也采用民用智能建筑中相同的技术来实现。

1.3.3 人防工程智能化系统的功能

人防工程智能化系统可实现工程内部发电站、高低压供配电系统、照明系统、通风空调系统、给排水系统以及三防系统的集中监视和控制，并通过与火灾自动报警及联动控制系统、安全技术防范系统的一体化系统集成，实现工程的智能化运行管理和维护。系统提供了丰富、友好的监控画面，为工程的运行提供了功能强大、直观高效的信息化监控手段。

（1）设备的自动控制和远程遥控

采用现场总线智能监控模块可实现发电、供配电、照明、防护门、电动阀、空调机组、口部进排风机、水泵等内部设备的自动控制；实现环境温湿度、CO_2浓度及水库、油库液位的实时监测及控制；完成工程三种通风方式的自动转换等功能。同时，也可在监控主机对现场设备进行远程遥控，如设备的远程启停、空调机和除湿机运行参数的远程设置等。

（2）丰富的监控画面进行集中监视

在监控主机可通过工艺流程图、趋势图、棒状图、数据表等多种监控画面，对工程中各种内部设备运行状态、环境参数以及三防报警信号、消防信号等进行集中监视，人机界面友好、直观，操作方便、快捷。

（3）实时报警处理

监控主机自动对各种设备的运行状态及运行数据进行判断，按战术技术要求进行处理；发出必要的报警信号，并自动进行相应的设备控制操作，如三防报警传感器动作时，发出警报信号并自动进行通风方式的切换。

（4）历史数据库管理

监控系统中所有测点的数据均可保存到历史数据库中，为系统中设备的故障分析等提供依据。系统还提供进行历史数据浏览、查询及打印的工具软件。

（5）报警历史数据库管理

系统产生的报警状态及报警时间等信息被保存到历史报警数据库中，对重要事件进行记录，系统还提供进行报警历史浏览、查询及打印的工具软件。

（6）操作日志数据库管理

智能化系统自动记录操作人员在计算机上对设备的所有操作事件，形成操作日志数据库，并提供查询和打印工具，为促进操作人员的责任心、保证系统安全运行提供有力的手段。

（7）报表打印

智能化系统提供丰富的打印功能，包括定时（班报表、日报表等）报表打印，实时报警打印，随机的曲线、屏幕画面打印等功能，可以实现重要资料的存档。

（8）设备运行及维护数据库

系统能够记录工程中各种设备启动、停机时间、累计运行时间等运行情况，还可以记录各防护门、防护密闭门的打开、关闭时间，建立设备运行日志，为设备的维护、管理提供科学的依据。

（9）系统优化调度运行

内部设备如空调机组、风机、照明系统等可以按照自动运行调度程序自动启停，也可以按照工程内外环境条件等实现设备的自动优化经济运行，从而降低工程平时的运行维护费用。

（10）火灾报警及消防控制

人防工程的火灾报警控制系统实现工程中火灾的自动报警及设备联动控制功能。

(11) 安全防范系统

安全防范系统通过电视监控、入侵报警监控及门禁控制等先进的技术手段，确保人防工程的安全可靠，不被非法入侵。

(12) 系统集成和集中管理

人防工程智能化系统通过对设备监控系统、火灾报警系统及安全防范系统的一体化系统集成，实现各子系统信息的集成和共享，从而实现工程的集中监控、集中管理，提高管理效率、减少管理人员、降低工程运行和维护费用。

2 计算机控制及现场总线控制系统

计算机控制系统是自动控制技术与计算机技术相结合的产物，它以自动控制理论、计算机控制技术和计算机网络技术的发展为基础。随着计算机技术、自动控制技术、检测与传感技术、数字显示技术、通信与网络技术以及微电子技术的高速发展，计算机控制系统的水平得到了极大的提高。

2.1 自动控制简史

自瓦特1769年发明飞球离心调速器并用于蒸汽机转速调节之后，一直到1868年麦克斯韦尔对飞球离心调速器的稳定性问题进行了研究，才开始出现了自动控制理论。随后，斯伯利发明了利用陀螺仪的自动控制装置，使控制理论向实际应用方面迈出了第一步。

在二次世界大战之前，自动控制理论及应用在美国和西欧的发展与在俄国和东欧的发展采取了不同的途径。前者采用频域方法，促进了反馈控制系统的应用，后者采用了时域方法，主导了控制理论的发展。二战期间，自动控制理论及应用得到了巨大发展。经典控制理论（反馈控制理论）发展日臻成熟，奈魁斯特、伯德提出的频率响应法与伊文斯提出的根轨迹法，至今仍是分析与设计自动控制系统的基本方法。

1948年美国著名科学家诺伯特·维纳首次提出了《控制论》，他是控制论的奠基人。20世纪40、50年代以后，自动控制理论在工程系统上开始广泛应用，其主要标志是我国著名科学家钱学森、宋健所著的《工程控制论》。

伴随着计算机技术的发展出现了现代控制理论。其主要标志是最优控制形成理论体系，卡尔曼应用状态空间法解决了多输入多输出系统的描述以及系统的可观性、可控性、极点配置和线性二次型最优问题，卡尔曼递推滤波使状态估计实现成为可能。贝尔曼等人证明了许多设计问题都可以形式化为最优化问题。20世纪60年代初，随机控制理论的发展，引出了所谓线性二次型高斯理论；代数系统理论对线性系统理论有了更好的理解，并应用多项式方法解决了一些特殊问题，这样就逐步形成了现代控制理论。

现代控制理论的产生，弥补了经典控制理论对时变系统、非线性系统和随机系统的控制无能为力的缺陷，但对复杂的不确定性系统的控制，仍然缺乏有效的方法。这是因为经典控制理论与现代控制理论存在以下几个问题：

第一，控制是按程序的串行处理过程，对那些大规模复杂系统来说，即使找到了数学模型和算法，由于结构庞大、可靠性差、经济性差，使人们望而生畏。

第二，现代控制理论的研究方法本质上是一种时域法，而经典控制理论的研究方法是频域法，两者均需建立系统精确的数学模型。这正是在许多非线性、复杂的不确定性系统的控制中难以做到的。

第三，信息的获取、处理和利用不灵活。为了解决系统不确定性和非线性问题，人们很早就提出了自适应控制，后来又提出了变结构控制。但是，由于它们在认识问题和解决问题的方法上过于依赖现代控制理论，至今未能从根本上解决问题。奥斯特隆姆等人在系统辨识与自适应控制方面作出了重要贡献，形成了自适应控制理论。因此，奥斯特隆姆也被公认为自适应控制理论的奠基人。奥尔登伯格等人对于采样系统理论做出了最早的贡献；奈奎斯特证明了，要把正弦信号从它的采样值中复现出来，每周期至少必须采样两次；香农 1949 年在他的重要论文中完全解决了这个问题，这就是著名的香农采样定理。由于当时的拉氏变换理论已经成功地应用于连续时间系统中，人们很自然试图为采样系统建立一种类似的变换理论。霍尔维兹首先对序列｛f（kT)｝引进了一个变换，拉格兹尼和扎德将这个变换定义为 Z 变换。从此建立了采样系统理论，形成了计算机控制理论。

总之，经典控制理论、现代控制理论和大系统理论在应用中遇到不少难题。首先，这些基于控制理论的设计和分析都建立在控制系统精确数学模型的基础上，而实际系统一般无法获得精确的数学模型；其次，为了提高控制性能，整个控制系统变得极其复杂，增加了设备的投资，降低了系统的可靠性。20 世纪 70 年代末以来，在系统论、信息论、计算机科学、仿生学、心理学和人工智能等学科发展的基础上，自动控制理论逐步向智能控制理论发展，形成了当今最为先进的智能控制理论。著名美籍华裔科学家傅京孙教授是国际上公认的智能控制的先行者和奠基人。

2.2 计算机控制系统的发展概况及趋势

在生产过程控制中采用数字计算机的思想出现在 20 世纪 50 年代中期。直接数字控制技术为计算机控制技术的发展奠定了基础，20 世纪 80 年代后期，随着超大规模集成电路中的微处理器、PLC 和单片机等的出现，计算机控制系统获得了迅速广泛的发展。

2.2.1 计算机控制技术的发展

早期的计算机使用电子管，体积庞大、价格昂贵、可靠性差，所以它只能从事一些操作指导和设定值控制。操作指导或设定值控制系统主要使用常规的模拟控制装置。

生产过程的控制向计算机提出了许多特殊的要求，需要它对各种过程命令做出迅速响应，从而导致中断技术的发明，使计算机能够对更紧迫的过程任务及时做出反映。对于操作指导或设定值控制仍需要常规的模拟控制装置，而利用计算机直接控制过程变量，则完全取代了原来的模拟控制，这就是直接数字控制，简称 DDC（Direct Digital Control）。

采用 DDC 系统一次投资较大，而增加一个控制回路并不需要增加很多费用。灵活性是 DDC 系统的又一个特点，改变模拟控制系统需要改变线路，而改变计算机控制系统只需要改变程序即可。DDC 是计算机控制技术发展方向上的重大变革，为以后计算机控制系统的发展奠定了基础。

20 世纪 60 年代计算机技术有了很大的发展，主要特点是它的体积更小、速度更快、工作可靠、价格更便宜。到了 60 年代后半期，微型计算机的出现和发展，使计算机控制技术进入了崭新的阶段。

20 世纪 80 年代，微电子学由于出现了超大规模集成电路技术而获得急剧发展，出现了各种类型的计算机和计算机控制系统。多媒体计算机的出现则更是推动了计算机控制技术的进一步发展。采用微处理器、可编程控制器、单片机以及高性能微型计算机等器件，制造出了大量的分级递阶控制系统、集散型控制系统和专用控制器等，对计算机控制系统的发展起到了巨大促进作用。

20 世纪 90 年代由于微电子技术、通信网络技术、计算机技术的飞速发展，使控制网络更加广泛地应用于生产实践中。人们在 DCS 的基础之上开发了一种适用于工业环境的网络结构和网络协议，并实现传感器、控制器层的通信，即现场总线。这样，自动控制系统由原来单一、独立的控制系统发展到复杂、集成的控制网，从模拟控制到数字控制，从 DDC 到 PLC，从集散控制 DCS 到现场总线控制 FCS，特别是近年来发展起来的现场总线技术，以其灵活的控制方式、信息共享和低成本等特点，被广泛用于复杂的控制系统中，构成了多层的、开放的自动化系统结构。现场总线技术逐渐成为计算机控制系统的发展趋势。

今天，控制系统的概念已不是从前的由一个控制对象和一个控制器组成的系统。随着控制对象的多元化和生产工艺复杂化，众多的控制单元必须相互配合并协调运行，因而要求控制系统进一步向网络化、智能化的方向发展，由此形成了网络控制系统（NCS），出现了强调开放性的网络控制系统结构。特别是现场总线技术的广泛应用，把底层控制设备充分融入控制系统的网络控制技术中。在控制系统应用中，人们对系统的开放性、柔性、集成性、控制性以及易于安装和维护方面提出了更多更高的要求。

现场总线技术自 20 世纪 80 年代诞生至今，由于它适应了工业控制系统向分散化、网络化和智能化的发展方向，并且减少了系统线缆，简化了系统安装、维护和管理，降低了系统投资和运行成本，增强了系统综合性能，进而导致了传统控制系统体系结构的变革。当今的计算机控制系统以网络为主要特征，一方面是在自动化与工业控制中需要更深层次地渗透计算机通信与网络技术，另一方面是在通信网络的管理与控制中也要求更多地采用控制理论与策略。“网上控制”和“控制入网”成了 21 世纪初自动化与工业控制的一个动向。

就控制网络系统而言，学科交叉的重点包括网络环境下的集成自动化与控制，就是将网络技术渗透到控制中，以及控制理论下的企业网络，即将控制理论应用于解决网络的控制问题。解决这些问题的关键是解决现场设备与网络的连接和管控问题，最有效的方法之一就是采用现场总线技术。现场总线控制技术是目前计算机控制系统中的最新技术，它可靠性高、系统稳定性好、抗干扰能力强、通信速率快、系统安全符合环境保护要求、造价低廉和系统维护成本低。

2.2.2 计算机控制系统的发展趋势

根据目前计算机控制技术的发展情况，未来要发展计算机控制系统，必须对生产过程、测量技术、计算机技术和控制理论等领域进行广泛深入地研究。计算机控制系统的发展趋势主要表现在以下两个方面：

（1）推广应用成熟的先进技术

1）普及应用可编程序控制器（PLC）。近年来，由于开发了具有智能 I/O 模块的 PLC，它可以将顺序控制和过程控制结合起来，实现对生产过程的控制，并具有高可靠性。

2）广泛使用智能调节器。智能调节器不仅可以接受 4~20mA 的电流信号，还具有 RS-232

或 RS－422/485 异步串行通信接口，可与上位机连成主从式测控网络。

3）采用新型的 DCS 和 FCS。发展以位总线（Bitbus）技术、现场总线（Fieldbus）技术等先进网络通信技术为基础的 DCS 和 FCS 控制结构，并采用先进的控制策略，向低成本综合自动化系统的方向发展，实现计算机集成制造系统（CIMS）。

4）开发研制网络控制系统（NCS）。开发研制基于以太网的现场网络控制系统 NCS，使其具有成本低、结构简单、可靠性高、控制分散，可实现真正的“E 网到底”控制等特点，彻底克服以往 DCS 和 FCS 的局限性，大大降低控制系统的成本、提高控制系统的性能，真正组成一个开放式的自动化控制系统。因此，开展基于以太网的现场网络控制系统 NCS 的研究与开发，具有重大的现实意义。

（2）大力研究和发展智能控制系统

人工智能的出现和发展，促进自动控制向更高的层次发展，即智能控制。智能控制是一类无需人的干预就能够自主地驱动智能机器实现其目标的过程，也是用机器模拟人类智能的又一重要领域。智能控制系统目前主要有如下五个方面：

1）分层递阶智能控制系统。分层递阶智能控制系统是在研究学习控制系统的基础上，并从工程控制论的角度，总结人工智能与自适应、自学习和自组织控制的关系之后而逐渐形成的。分层递阶智能控制方法，作为一种认知和控制系统的统一方法论，其控制智能是根据分级管理系统中十分重要的“精度随智能提高而降低”的原理而分级分配的。这种分层递阶智能控制系统是由组织级、协调级、执行级三级构成的。

2）模糊控制系统。模糊控制是一类应用模糊集合理论的控制方法。一方面模糊控制提供了一种实现基于知识（规则）的甚至语言描述的控制规律的新机理；另一方面，模糊控制提供了一种改进非线性控制器的替代方法，这种非线性控制器一般适用于含有不确定性的被控对象或者难以采用传统非线性控制理论来解决控制问题的被控对象。

3）专家控制系统。专家控制系统所研究的问题一般都具有不确定性，它是建立在以模仿人类智能为基础上的控制系统。工程控制论与专家系统的结合，形成了专家控制系统。

4）学习控制系统。学习是人类的主要智能之一，用机器来代替人类从事体力和脑力劳动，就是用机器代替人的思维。学习控制系统是一个能在其运行过程中逐步获得被控对象及环境的非预知信息，积累控制经验，并在一定的评价标准下进行估值、分类、决策和不断改善系统品质的自动控制系统。

5）神经控制系统。基于人工神经网络的控制简称神经控制，是智能控制的一个崭新研究方向。尽管尚无法肯定神经网络控制理论及其应用研究将会有多么大的突破性成果，但是，可以确信，神经控制是一个很有希望的研究方向。这不仅是由于神经网络技术和计算机技术的发展为神经控制提供了基础，而且还由于神经网络具有一些适合于控制的特性和能力。现在神经控制的硬件尚未真正解决，对实用神经控制系统的研究，也有待继续开展与加强。

随着多媒体计算机和人工智能计算机的发展，应用自动控制理论和智能控制技术来实现先进的计算机控制系统，必将极大地推动科学技术的进步和提高工业、农业、国防及其他国民经济领域中自动控制系统的水平。

2.2.3 计算机控制系统的辅助设计及数字仿真

随着科学技术的发展，自动控制理论和自动控制系统的研究显得越来越重要。自动控制理论在作为一门独立的学科出现以前，已经得到了迅速的发展。开始时控制系统的设计可以由纸笔等工具容易地计算出来，譬如根据 PID 经验公式就可以比较容易地设计出 PID 控制器的参数来。随着控制理论的迅速发展，控制效果的要求越来越高，控制算法越来越复杂，控制器的设计也越来越困难，这样利用纸笔以及计算器等简单的运算工具难以达到预期的效果，由于计算机技术的迅速发展，很自然地出现了控制系统的计算机辅助设计（CACSD，Computer - Aided Control System Design）方法。

控制系统的计算机辅助设计技术的发展目前已达到了相当高的水平，并一直受到控制界的普遍重视。随着计算机技术的飞速发展，控制系统的计算机辅助设计领域出现了很多的优秀应用软件，在国际控制界广泛使用的这类软件就有几十种之多。1980 年美国学者 Cleve Moler 等人推出的交互式 MATLAB 语言受到了控制界研究者的普遍重视，对后来的控制系统理论及计算机辅助设计技术起到了巨大的推动作用。继而陆续出现了许多专门用于控制理论及其 CAD 的工具箱。图形交互式的模型输入计算机仿真环境 SIMULINK 的出现为 MATLAB 应用的进一步推广起到了积极的推动作用。目前 MATLAB 已经成为国际控制界最流行的语言，其功能日益强大，成为控制系统研究人员所不可缺少的有力工具，MATLAB 语言的出现标志着计算机控制系统的辅助设计技术进入了一个崭新的阶段。

2.3 计算机控制系统的构成形式

计算机控制系统所采用的形式与它所控制的生产过程的复杂程度密切相关，不同的被控对象和不同的要求，应有不同的控制方案。计算机控制系统大致可分为以下几种典型的形式。

2.3.1 操作指导控制系统

操作指导控制系统是指计算机的输出不直接用来控制生产对象，而只是对系统过程参数进行收集、加工处理，然后输出数据。操作人员根据这些数据进行必要的操作，其系统构成如图 2-1 所示。

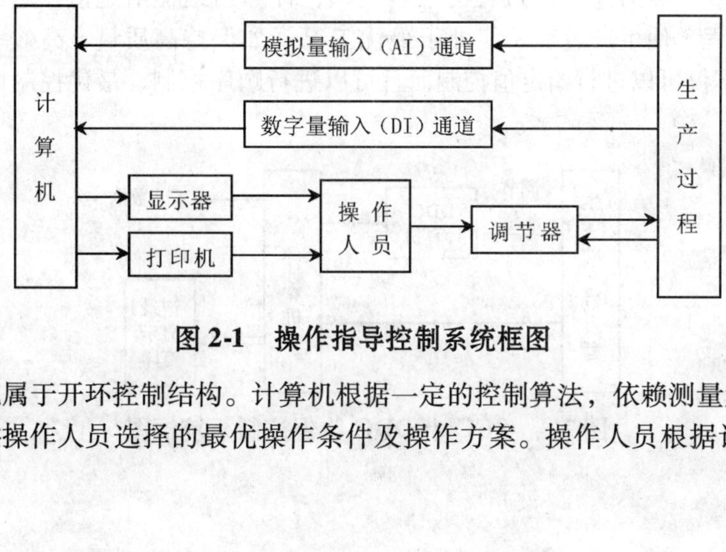

图 2-1 操作指导控制系统框图

该控制系统属于开环控制结构。计算机根据一定的控制算法，依赖测量元件测得的信号数据，计算出供操作人员选择的最优操作条件及操作方案。操作人员根据计算机的输出信息，改变调节器的给定值或直接操作执行机构。其优点是结构简单，控制灵活、安全；缺点是仍要由人工操作，速度受到限制，不能同时控制多个对象。

2.3.2 直接数字控制系统（DDC）

直接数字控制（Direct Digital Control）系统的构成如图2-2所示。DDC也称集中控制系统，是最早被采用的一种计算机控制技术，其结构也是非常简单和明确的，计算机首先通过输入通道AI和DI实时采集数据，然后按照一定的控制规律进行计算，发出控制信息，通过输出通道AO和DO直接控制生产过程。

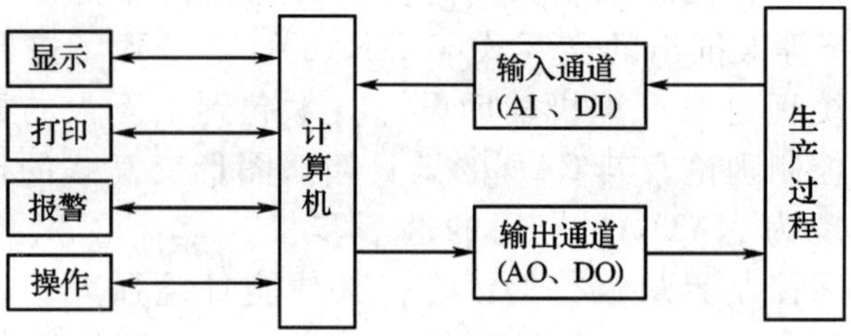

图2-2 DDC直接数字控制系统框图

DDC系统属于闭环控制系统，是计算机控制系统最普遍的一种应用方式。由于计算机在系统中直接承担控制任务，所以要求实时性好、可靠性高和适应性强。为了充分发挥计算机的利用率，一台计算机通常要控制几个或几十个回路，那就要合理地设计应用软件，使之不失时机地完成所有功能。

DDC可靠性高、控制功能强、可编写程序，既能独立监控有关设备，又可以联网并通过计算机接受统一控制与优化管理。但是DDC的每个控制对象，都是独立地连接到计算机上的，这需要大量的连接线缆，这样占用了大量资金和施工时间，同时给系统调试与维护增加了难度，这就是DDC的明显缺点所在。

2.3.3 监督控制系统（SCC）

计算机监督控制系统（Supervisory Computer Control）如图2-3所示。SCC系统通常采用两级计算机，SCC按照描述生产过程的数学模型，计算出最佳给定值，送给DDC计算机，由其控制生产过程，使生产过程始终处于最优工况（如保持高质量、高效率、低消耗、低成本等）。SCC不仅可以进行给定值控制而且可以进行顺序控制、最优控制以及自适应控制等。

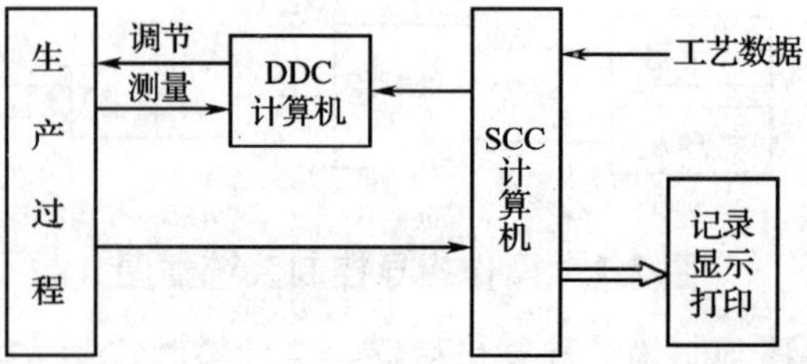

图2-3 SCC十DDC监督控制系统框图

2.3.4 集散型控制系统（DCS）

集散型控制系统（Distributed Control System），采用分散控制、集中操作、分级管理、分而自治和综合协调的设计原则，将系统分为分散过程控制层、集中操作监控层、综合信息管理层，形成分级分布式控制，即将系统分为现场控制层、监控层和管理层，其结构如图2-4所示。

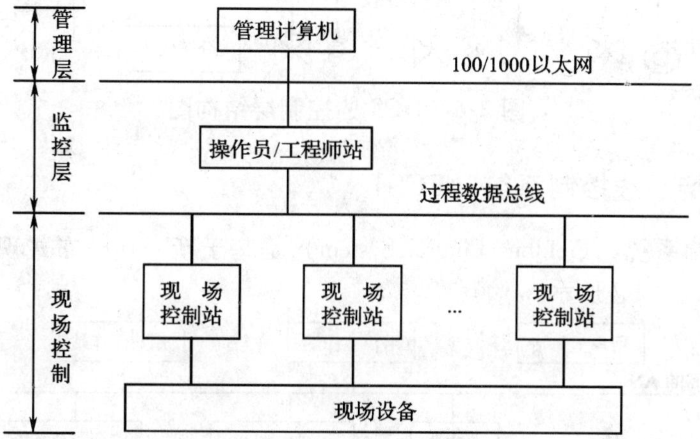

图2-4 DCS集散型控制系统结构示意图

现场控制层主要完成DDC的功能，监控层完成SCC的功能，而管理层则完成范围更广泛、更高层的管理控制功能等。集散型控制系统（DCS）主要由中央管理计算机、设备的现场控制站和计算机通信网络等三大部分组成。DCS的现场控制站的构成如图2-5所示，其控制层的通信网络结构如图2-6所示。这样，DCS可以做到系统资源（硬件设备、软件、信息）共享，控制灵活、合理调度负荷，并且操作简便、易于系统维护，过程管理采用组态软件，用户界面友好。

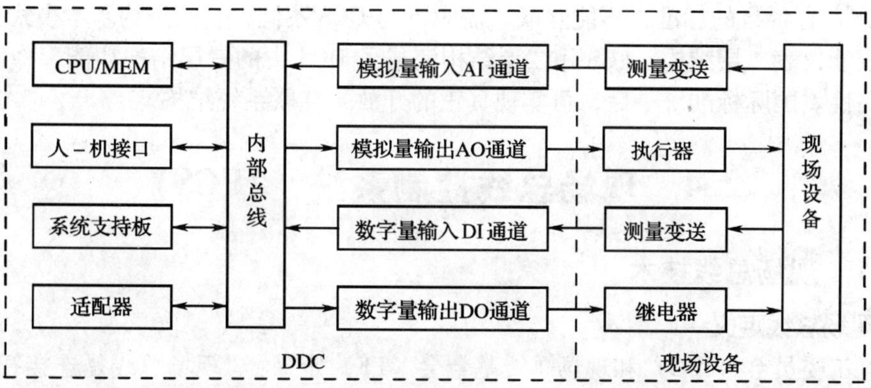

图2-5 DCS现场控制站的构成框图

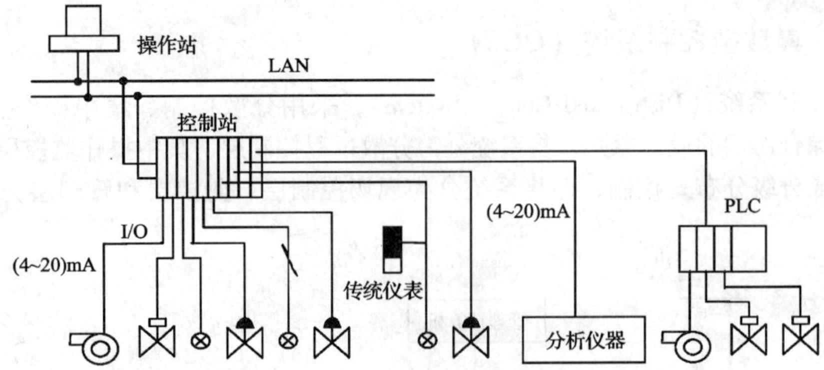

图 2-6 DCS 的控制层结构图

2.3.5 现场总线控制系统（FCS）

现场总线控制系统（Fieldbus Control System）是基于新一代分布式现场总线的控制系统，其系统结构如图 2-7 所示。

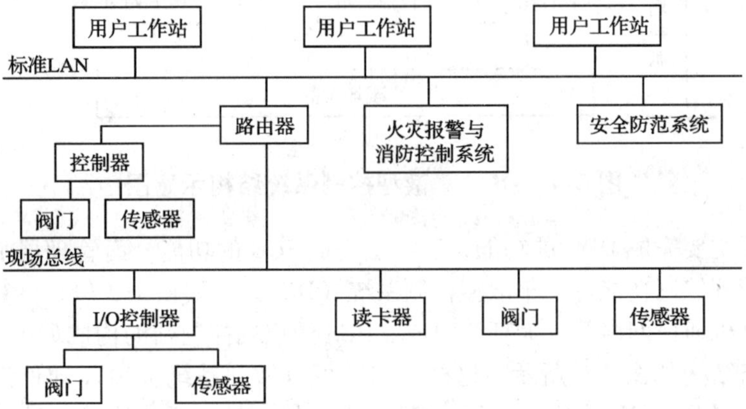

图 2-7 FCS 现场总线控制系统结构图

由于 DCS 的结构模式为操作站——控制站——现场仪表三层结构，系统成本较高，且各厂商的 DCS 有各自的标准，不能互联。而 FCS 与 DCS 不同，它的结构基本模式为工作站、现场总线智能仪表二层结构，FCS 用二层结构完成了 DCS 中的三层结构功能，降低了成本，提高了可靠性。国际标准统一后，可实现真正的开放式互联系统结构。

2.4 现场总线控制系统 （FCS）

2.4.1 现场总线技术

（1）现场总线定义

国际电工委员会（IEC）和现场总线基金会（FF）定义："现场总线是连接智能现场设备和自动化系统的数字式、双向传输、多分支结构的通信网络"。

现场总线的基本内容包括：以串行通信方式取代传统的 4 ~ 20mA 模拟信号，一条现场总线可为众多的可寻址现场设备实现多点连接，支持底层的现场智能设备与高层的系统利用共用传输介质交换信息。它是一种开放式、全分布式的网络控制技术，控制过程直接面向现场，现场各智能节点相互独立，又可相互组态，构成一个开放式、全分布式、可扩展的网络控制系统，其构成框图如图 2-8 所示。

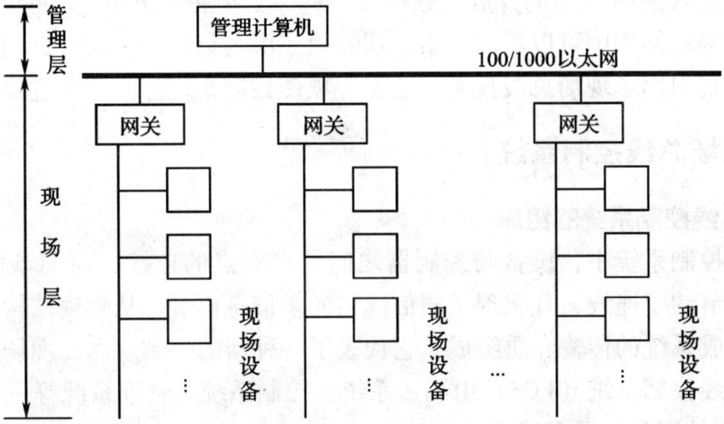

图 2-8 FCS 现场总线控制系统构成框图

(2) 现场总线网络结构

基于现场总线的网络结构一般由 DeviceNet（设备层）、ControlNet（控制层）、Ethernet（信息层）三层网络组成，其网络结构如图 2-9 所示。

在设备层，基于 CAN 的 DeviceNet 网络可以不经过 I/O 模块接口而直接通过单一缆线将底层设备与控制器连接，也可以在不切断网络电源的条件下自由地接入或移去设备。通过 DeviceNet 网络，可以连接许多其他厂商的设备，因而网络具有极大的开放性。

在控制层，ControlNet 也是在 CAN 的基础上产生和发展起来的，ControlNet 网络将 I/O 网络和对等关系信息网络的功能结合起来。通过连接 PLC 处理器、I/O、计算机、操作器接口和其他智能设备，ControlNet 可以满足实时要求高的应用需要，也可以兼容许多产品。如图 2-10 所示。

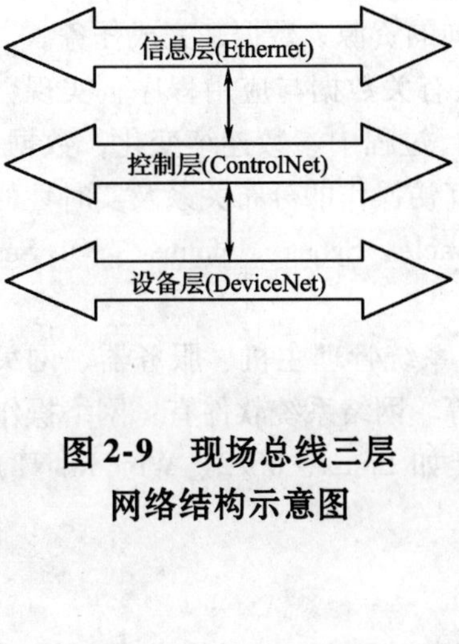

图 2-9 现场总线三层网络结构示意图

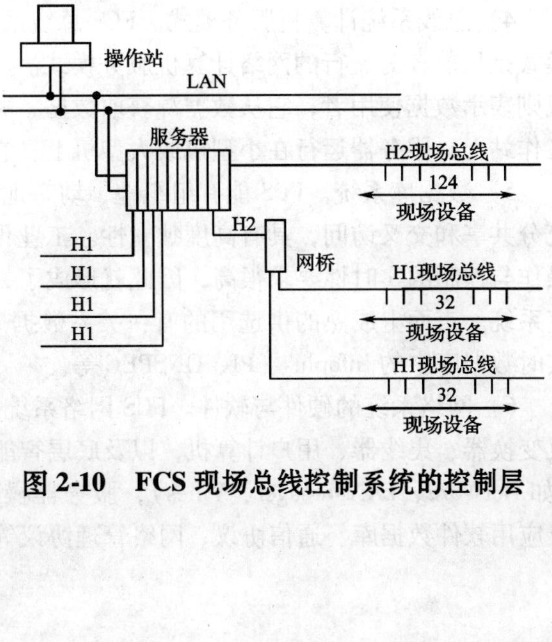

图 2-10 FCS 现场总线控制系统的控制层

在信息层，通过采用TCP/IP协议的Ethernet网络，高层的计算机系统可以直接获取底层数据。通过将TCP/IP协议植入Ethernet处理器，可以将处理器直接连入Ethernet而不需要特殊的模块或网络组件。在信息层，可以进行如数据获取、控制管理、编程管理、维护管理等功能，还可进入使用SQL的开放式数据库，进一步扩展系统功能。

从上述三层网络结构中可以看出，第二层和第三层是最具有控制特点的。其中为实现控制设备的网络控制引用了现场总线技术，这是一项使控制系统产生巨大进步的技术。

2.4.2 现场总线控制系统

（1）现场总线控制系统的组成

传统的过程控制系统中，设备与控制器之间是点对点的连接，而FCS中现场设备多点共享总线，不仅节约了连线，且实现了通信链路的多信息传输。从物理结构来说，FCS主要由现场设备与形成系统的传输介质组成，它代表了一种新的控制观念：现场控制。从系统功能来说，现场总线控制系统（FCS）由测量系统、控制系统、管理系统等三大部分组成，而通信部分的硬/软件则是它最有特色的部分。

1）控制系统。控制系统的软件是系统的重要组成部分，它包括组态软件、维护软件、仿真软件、设备控制软件和实时监控软件等。人们在构建FCS时首先需要考虑的就是，选择开发组态软件、控制操作人机接口软件MMI。系统通过组态软件完成功能块之间的连接，选定功能块参数、进行网络组态。在网络运行过程中对系统实时采集数据、进行数据处理和计算分析等，同时优化控制及逻辑控制报警、监视、显示和报表等。

2）测量系统。FCS的测量系统具有多变量高性能的测量，使测量仪表具有计算能力等更多功能。由于采用数字信号，因此系统具有高分辨率、准确性高、抗干扰和抗畸变能力强；同时系统具有测量仪表的状态信息，可以随时对处理过程进行调整。

3）管理系统。FCS的管理系统可以提供设备自身及过程的诊断信息、管理信息、设备运行状态信息（包括下层的智能仪表）、厂商提供的设备制造信息等。这样就实现了过去被动的管理模式改变为可预测性的主动管理维护模式。

4）总线系统计算机服务模式。FCS总线系统计算机服务模式为客户机/服务器模式，该模式是目前较为流行的网络计算机服务模式。服务器表示数据源（信息提供者），应用客户机则表示数据使用者，它从数据源获取数据，并进一步进行处理。客户机运行在PC机上或工作站上，服务器运行在小型机或大型机上，它使用双向的资源、数据来完成任务。

5）数据库系统。FCS能有组织地、动态地存储大量有关数据与应用程序，实现数据的充分共享和交叉访问，具有高度独立性。工业设备在运行过程中参数连续变化，数据量大，操作与控制的实时性要求很高，因此就形成了一个可以互访操作的分布关系及实时性的数据库系统。市面上成熟的供选用的有：关系数据库中的Oracle、Sybas、Infomix、SQL Sever及实时数据库中的Infoplus、PI、ONSPEC等。

6）网络系统的硬件与软件。FCS网络系统硬件有：系统管理主机、服务器、网关、协议变换器、集线器、用户计算机，以及底层智能化仪表等。网络系统软件有：网络操作软件（如NetWare、LANManager、Vines），服务器操作软件（如Linux、0S/2、WindowsNT），以及应用软件数据库、通信协议、网络管理协议等。

（2）现场总线控制系统的特点

1）系统开放性。开放系统是指通信协议公开，各不同厂家的设备之间可互联为系统并实现信息交换。现场总线开发者就是要致力于建立统一的工厂底层网络的开放系统。这里的开放是指对相关标准的一致性、公开性，强调对标准的共识和遵从。一个开放系统，是指它可以与世界上任何地方遵守相同标准的其他设备或系统连接。一个具有总线功能的现场总线网络，系统必须是开放的，开放系统把系统集成的权力交给了用户，用户可按自己的考虑和需要把来自不同供应商的产品组成大小随意的系统。现场总线型控制系统就是自动化领域的开放互联系统。

2）互操作性和互用性。互操作性是指实现互联设备间、系统间的信息传送与沟通；而互用性则意味着，对不同生产厂家的性能类似的设备，可进行更换而实现相互替换。

3）现场设备的智能化与功能自治性。它将传感测量、补偿计算、工程量处理与控制等功能分散到现场设备中完成，仅靠现场设备即可完成自动控制的基本功能，并可随时诊断设备的运行状态。

4）系统结构的高度分散性。现场总线已构成一种新的全分散性控制系统的体系结构，从根本上改变了现有 DCS 集中与分散相结合的集散型控制系统，简化了系统结构，提高了系统可靠性和系统对现场环境的适应性。工作在现场设备前端，作为网络底层的现场总线，是专为在现场环境设计的，可支持双绞线、同轴电缆、光缆、射频、红外线、电力线等多种传输介质，具有较强的抗干扰能力，能采用两线制实现送电与通信，并可满足本征安全防爆要求等。

（3）现场总线控制系统的优点

现场总线控制系统使生产过程控制发生了根本性的变化，或者说是革命性的变化，它具有如下一些优点：

1）现场总线使得智能变送器中的微处理器能够直接与数字控制系统通信，而不需要I/O转换，这就大大节约了系统的投资费用。

2）现场总线可以取代每个传感器到控制器的单独布线，大大减少了通信线缆费用。

3）现场总线可以将一些先进功能，如线性化、工程量转换以及报警处理等赋予现场仪表，从而提高了现场仪表的精度和可靠性。

4）现场总线提高了控制精度，这意味着应用数字信号所受到的限制将主要来自于传感器的精度。

5）现场总线可提供控制装置与传感器、执行器之间的双向通信，方便了操作员与被控设备之间的交互。

6）现场总线使得专门根据现场总线开发的现场仪表的使用成为可能，并将最终取代单变量模拟仪表，减少了仪表的购置、安装与保修费用。

7）现场总线的开放性将使用户有可能对各仪表厂商的产品任意进行选择，并组成系统，而不必考虑接口是否匹配的问题。

2.4.3 几种流行的现场总线技术

现场总线技术是在 20 世纪 80 年代末、90 年代初发展起来的，它在过程自动化、制造自动化、现场智能控制等领域充当了互联通信网络的角色。现场总线控制系统既是一个开放的通信网络，又是一种新型的网络集成自动化系统。它集数字通信、智能控制、微机技术、网络技术于一身，从根本上突破了传统的“点对点”式的模拟信号或数字－模拟信号控制的局限性，为真正的“分散控制，集中管理”提供了技术保证。现场总线为设备层的通信提供了网络支持，它具有协议简单、安全性好、容错能力强等特点，对要求实时响应好的系统特别适用。

现场总线通信协议，根据工业控制的特点，多数采用了物理层、通信层和应用层三层结构。目前在这一领域中，较为流行的现场总线主要有以下4种：基金会现场总线（FF）、控制器局域网络（CAN）、过程现场总线（ProfiBus）、局部操作网络（LonWorks），另外，Interbus，ControlNet等也有相当广泛的应用。目前国际上流行的现场总线有40多种，在现场总线国际标准（IEC61158）中，纳入了8种类型现场总线：IEC61158技术规范、ControlNet、ProfiBus、P－Net、FFHSE、SwiftNet、WorldFIP、Interbus等。目前我国正在制订自己的现场总线标准。

应用于建筑工程智能化系统的现场总线控制技术，在国际上最流行的通常有LonWorks和BACnet两个现场总线标准。其中LonWorks技术的通信协议称为LonTalk，该通信协议固化在Smart I/O模块中的神经元芯片中。LonWorks技术使互操作性变成即插即用的具体手段，它常被设计用于实时控制应用，涉及领域非常宽，包括工业过程控制、工厂自动化、交通运输以及智能建筑自动化等。由于采用了LonWorks技术使得未来的控制进一步分散，实现现场总线的联网控制。

（1）FF总线

FF基金会总线（Foundation Fieldbus）由现场总线基金会推出，是唯一不属于任何企业或国家的现场总线技术。FF的体系结构为物理层、数据链路层和应用层，另外增加了用户层。

FF的特点与优势在于：

1）设备的互操作性。在具有互操作性条件下，同一现场总线网络中一个设备可以被来自不同供应商的具有增加功能的相似设备所取代，而仍保持规定的操作，这就允许用户混合和搭配不同供应商的现场设备和主系统。单个现场总线设备也可以传输和接收多参数信息，在一段公共现场总线上相互直接通信，能够使新设备添加到总线而不必中断正在进行的控制。

2）改善过程数据。在FF现场总线上，从每个设备上得到的多个参数可以传至车间控制系统来进行存档、趋势分析、过程优化研究和报表生成。获得高精度数据，把过程精确调整到更大的生产产出量和减少工厂停工时间。

3）对进程有更多的了解。具有强大的、基于微控制器的通信功能的现代现场总线设备，允许更快、更准确地识别出过程错误，有利于工厂操作人员对反常情况的及时掌握以及预防维护。

4）改善工厂安全。现场总线技术有利于制造厂家及时跟上日益严格的安全要求。通过向操作人员提供早期报告和警告即将出现和已出现的危险情况，现场总线及时地在没有准备的切断之前采取纠正措施。提高故障诊断能力，降低了接近危险区域的频度，从而使现场作业遇到的危险降到最小。

5）更早的预测维护。较强的设备诊断能力使监视和报告设备状况成为可能。工厂员工可以不必等到计划中的停工就进行预测维护，从而避免或减少停工时间。

6）减少线缆和安装费用。FF 现场总线通过利用已有的线缆和其他设备大大减少了网络安装费用。构建和启动网络所需的时间也相应减少了，以及利用内置于现场总线设备中的软件控制模块进行编程控制所花费的时间也少了，从而进一步地降低了成本。

（2）CAN 总线

CAN（Control Area Network）控制局域网，最初设计目的是为汽车和车间级设备提供数据通路，而后由于 Intel 公司的加入，使得 CAN 在技术上更加成熟。

CAN 具有可靠性强、支持多处理器、链路简单、支持优先级处理等优点。CAN 的通信速率为 lMbps（40m）和 5kbps（10km），节点数达到 110 个，传输介质为双绞线和光纤。此外 CAN 还具有以下特点：①其物理层类似于 RS－485；②有效字长不超过 8 字节，传输快；③有很强的容错能力，抗干扰性强，传输安全性高；④提供多种接口标准，适应广泛。

由于以上优点，CAN 已在火力发电、石油化工、冶金等领域有了广泛的应用。CAN 也是最早在我国得到应用的现场总线之一。基于 CAN 协议，现在又开发出了新一代的现场总线，如 DeviceNet、SDS 总线等，都具有良好而又独特的性能。

（3）LonWorks 总线

Local Operation Network 是 1993 年推出的网络技术。LonWorks 网络技术是一个完整的平台，它包括节点、路由器和网络适配器。节点的核心器件是神经元芯片 Neuron，目前有 MCl43120 和 MC143150 两种芯片，节点之间通信所采用的协议是 LonTalk，它是开放式的网络协议，具有完整的七层协议结构。Neuron C 语言是开发 Neuron 芯片应用程序的主要语言。

LonWorks 具有以下特点：

1）LonWorks 网络结构多样化，包括总线型、环型、星型和复合型。其传输速率视不同媒体速度可从 10kbps～1.5Mbps，传输距离视不同媒体可从 50～2700m，可接入 2～32000 个节点。

2）LonWorks 结构简单，成本低。它不需要专门的网络服务器，无需使用专门的网络电缆。可通过路由器连接不同的传输媒体。这些媒体可以是电源线、双绞线、有源信号线和无线电台 4 种。每个 LonTalk 适配器可接 256 个路由器，每个路由器可接 64 个节点。

3）LonTalk 通信协议公开。只要采用 Neuron 芯片都可接入网络，互换性很强。它还提供了功能完善的开发工具 LonBuilder 和软件，为用户开发组态网络提供了方便。

（4）Profibus 总线

Profibus（process fieldbus）是一种开放、独立的总线标准，在机械制造、工业过程自动化、智能楼宇中充当着通信系统的角色。通常用于多 PLC 控制系统。它的传输速率是上述几种现场总线中最高的，可达到 12Mbps，它也是一种比较成熟的现场总线。

从更广泛的技术角度讲，以上这些现场总线都具有以下几个共同的特征：①用一条连接所有设备的电缆进行通信，减少了导线数量，采用插拔式连接，使得扩展或修改系统变得更简单；②使得来自不同厂商的工厂级设备可以进行通信；③促使其他厂商开发可被网络兼容的设备，如智能传感器和执行器。

对现有众多的现场总线按通信数据的类型（位型、字节型或块型）可分为三种类型，即：①传感器总线网络（Sensor bus）——位型数据；②设备总线网络（Device bus）——字节型数据；③现场总线网络（Field bus）——块型数据。

位型网络传输包括简单开关状态在内的离散数据，字节型网络包括离散数据和模拟信息，块型网络可传输不同长度的数据包，数据包可以保存 I/O 设备需要的任何类型的数据。

现场总线是计算机、通信、控制技术（3C 技术）的融合，它的优点来源于它的三大特点：数字化、标准统一开放、控制分散。数字化意味着数据传输更为便利、信息传输量增加，提供了数据的可共享性；标准的统一开放同样利于共享，为不同网络的互联扫清了道路，提供了可互操作性；分散的控制简化了网络体系结构，使互联更加便利。所以，现场总线技术顺应了信息化、网络化的潮流，这决定了它与从前的自动化系统相比，有本质的先进性。

现场总线技术的应用日益完善和广泛，它作为底层数据采集通道，实现了数据的高速传递和共享，把它与高层网络如 Intranet 连接，可以实现全厂数据共享和远程数据传递，为分布式控制系统提供了技术和设备保证，现场总线控制系统已成为工业现场智能控制的主要形式。

2.4.4 网络控制系统（NCS）

（1）网络控制系统（NCS）概念的提出

集散型控制系统（DCS）的广泛使用，大大地提高了工业控制系统的自动化水平和生产效率。但 DCS 在现场实际运行过程中的缺点也是明显的，DCS 不仅结构复杂，而且成本较高，通常不具备可兼容性，用户在初期选用了某家 DCS 产品后，其备件供应和以后的 DCS 系统维护等，只能依靠该家产品。因此，系统升级和再次开发就难以实现。

现场总线控制系统（FCS）的开放性、分散性和互操作性，使它正成为新型工业控制系统的发展方向之一。自从美国 Intel 公司推出 Bitbus 标准以来，现场总线经历了近二十年的发展历程，其间产生了几十种现场总线。虽然现场总线控制系统，克服了集散控制系统 DCS 所存在的缺点，而且其产品具有可靠性高、可自由选择性及产品性能价格比较好、同类不同品牌的产品具有“即插即用”功能以及可将不同品牌的产品集成到一起进行组态等特点，但现场总线控制系统，也存在着如下不能忽视的问题：①现场总线标准过多，未能统一到单一标准上来；②各类现场总线之间不能兼容，不能实现直接与互联网进行信息互访；③现场总线的速度较低，支持的应用范围有限；④现场总线需要专用实时通信网络，系统成本显著增加。

由于以上问题，使得目前国际上现场总线控制系统技术的发展陷入困境，进展缓慢。为了较好地解决上述问题，人们提出了网络控制系统（NCS，Networked Control System）的概念。NCS 充分利用计算机网络的特点，使分布在不同地域的控制节点和控制系统有机地连接成一体，可方便实现宽广地域的远程监视与控制。

随着自动化技术和网络技术的高度融合，传统的工业生产控制模式正在发生巨大的变革，表现为生产过程高度计算机化、网络化，尤其是生产过程控制及远程监控、信息管理和网络通信融为一体，实现总体优化。企业的信息管理系统也不再像以前那样只具有静态的管理信息，而是加入了生产过程中的许多生产实时动态信息，使管理者不必亲临现场，就能够及时了解现场设备的实时运行工况和生产数据，为生产调度决策提供了可靠的依据，同时也有利于统计和决策分析。网络控制已受到了国际控制界的极大关注，在 2002 年召开的 IFAC 世界大会上，网络控制已被视为将来最主要的控制研究方向之一，用网络控制系统 NCS，实现局域乃至全球范围内的监视与控制，这是工业控制系统的发展趋势和奋斗目标。

（2）基于以太网的现场网络控制系统

随着互联网技术的发展，以太网（Ethernet）已逐渐垄断了商用计算机的通信领域。过程控制领域中上层的信息管理与通信，也已经逐步统一到以太网上来，并且有进一步直接应用到现场底层控制的趋势，如工业过程控制、机器人控制和实时控制系统等。

与目前的现场总线相比，以太网有以下明显的优点：

1）应用广。以太网是目前应用最为广泛的计算机网络技术，几乎所有的编程语言都支持 Ethernet 的应用开发。如果采用以太网作为现场总线控制单元之间的通信网络，可以保证多种开发工具、开发环境供选择。

2）成本低。由于以太网的应用极广，有多种硬件产品供用户选择，而且硬件价格也相对低廉，目前以太网卡的价格只有 Profibus、FF 等现场总线的 1/10，其价格还会进一步降低。

3）速率高。常用以太网的通信速率为 10 兆，百兆的快速以太网也已开始广泛应用，千兆高速以太网技术也逐渐成熟。可见以太网速率比目前的现场总线高得多，可以满足对带宽有更高要求的场合。

4）潜力大。在信息时代，信息技术与通信技术随着社会需求的迅猛增加，其发展将更加迅速和趋于成熟，工业控制领域和建筑智能化系统领域，广泛采用以太网作为现场设备之间的通信网络平台，将保证以太网技术也将不断地持续向前发展。在这一发展过程中，以太网的应用将会从 PC、PLC、DCS 等高层设备，深入到智能化的底层现场设备中，如驱动器、伺服控制器、过程回路控制器、查验系统以及识别系统等；同时也会越来越多的应用到数据采集、能源管理和基于工业 PC 机的小型控制系统中去。

（3）智能现场网络控制器的开发

在工业自动化系统中，现场底层设备的控制器对系统正常运行起着非常重要的作用。针对现场网络控制系统的要求，智能现场网络控制器应由高性能单片机或 DSP 作为核心处理器，并具有如下特点：采用以太网通信技术、完成 TCP/IP 通信协议、实现“E 网到底”的数据通信；同时该智能控制器可自动识别 I /O 模块类型，实现即插即用功能、控制器的本征安全性和抗干扰性能；智能现场网络控制器应带有模拟量输入/输出模块和数字量输入/输出模块。这样一来，传统仪表和现场控制设备，无需改造就可以通过智能现场网络控制器，直接挂接到局域网和互联网中。智能现场网络控制器，通常采用插槽结构，以便用户根据工程需要进行灵活的配置。一般该智能现场网络控制器适用于工业过程控制、楼宇自动化系统、环境污染监控、系统远程监视和控制等。

（4）现场网络可视监控组态平台的开发

整个现场网络控制系统的监控功能，通常由这样两部分来完成：一是现场底层的数据采集与处理程序模块，它由智能现场网络控制器来完成；二是监控计算机上所运行的可视监控组态（VSC）平台，该平台在 Visual C_{++} 开发环境下，运用数据库开发工具，并结合 REAL－TIME－WORKSHOP 所提供的数据结构来实现。为了能开发出适合于工业应用的现场网络控制系统可视图形化监控组态软件平台，目前需要进行的工作有以下几个方面：

1）可视化的监控画面绘制程序模块。该程序将包含一个控制系统现场图元控件库，提供各种各样的图形编辑功能，可在计算机屏幕上直观地再现工业现场的运行状态。

2）数据管理模块。将历史数据定期转到数据库，并可对历史数据进行分析，数据管理模块的建立主要采用面向对象的数据库访问技术。

3）报表曲线模块。报表生成是指对历史数据进行查询、统计后生成数据报表，曲线图包括实时动态曲线和历史趋势曲线。

4）报警处理模块。该模块设置报警类型、上下限，并将通过报警画面及声音提醒操作人员，对重要的报警事件采用弹出式报警窗口。

5）远程控制和调整模块。该模块主要是通过以太网建立与现场网络控制器的实时通信连接，并实现远程控制（包括参数优化控制和过程优化控制等）和远程实时调试（包括控制器整定和控制性能分析等）的功能。

综上所述，基于以太网的现场网络控制系统（包括技术及产品），经过业界科研人员和大量工程技术人员的不懈努力，可以说已经成功地应用于工业过程控制领域，尤其在建筑智能化系统领域已出现成功应用的实例。

未来网络将越来越普及，它已成为人们生活、工作、生产不可缺少的部分，而现场总线技术也逐渐走向成熟，向智能化和集成化的方向发展。FF 已经提出了一种基于以太网的高速总线 HSE。可以肯定，现场总线与 Intranet 和 Internet 的结合将是必然的发展趋势。

3 893 – LM 系列现场总线智能控制器

CDIS2000 系统对现场信号的采集及现场设备的控制通过 893 – LM 系列现场总线智能控制器完成，本章简要介绍 893 – LM 系列现场总线智能控制器的特点及性能参数，以便在设计阶段根据需要选型，关于其详细的使用方法请参考《893 – LM 系列现场总线智能控制器用户手册》。根据用途，893 – LM 系列现场总线智能控制器大致可分成四类：智能监控模块、DDC 控制器、网络接口模块和其他特殊功能模块。

3.1 893 – LM 系列智能监控模块

893 – LM 系列智能监控模块包括数字量监控模块、模拟量监控模块和其他特殊监控模块。

3.1.1 数字量监控模块

893 – LM 系列数字量（又称为开关量）监控模块主要有 LM1201、LM1202、LM1203 和 LM1204。LM1201 为 16 路开关量状态测量模块，LM1202 为 4 路开关量输入、4 路开关量输出监控模块，LM1203 为 8 路开关量输入、8 路开关量输出监控模块，LM1204 为 16 路开关量输入、16 路开关量输出监控模块。表 3-1 为数字量监控模块的主要技术参数。

表 3-1　893 – LM 系列数字量监控模块主要技术参数

序号	项目名称	LM1201	LM1202	LM1203	LM1204
1	开关量输入通道数	16 路	4 路	8 路	16 路
2	开关量输出通道数	—	4 路	8 路	16 路
3	输入信号类型	干接点（主开关的辅助接点等）、TTL、24VDC			
4	输出通道接点容量	250VAC/3A，30VDC/3A			
5	输入输出通道隔离电压	2500V			
6	组态程序步数限制	—	≤256 步	≤512 步	≤512 步

需要说明的是，数字量监控模块（LM1201 除外）不仅仅具有开关量输入和输出的基本功能，还具有逻辑编程控制能力。数字量监控模块相对于 DDC 智能控制器来说控制功能较弱，一般可用于需要进行简单逻辑控制的场合。数字量监控模块的不同型号适用于不同用户需求。模块设计紧凑，无需另外的 IO 扩展就能实现各种控制逻辑。功能丰富的指令集可以满足各类设备的控制要求。模块的逻辑编程软件符合 IEC61131-3 标准，支持指令表和梯形

图编程语言。

893 – LM 系列数字量监控模块具备逻辑编程控制功能，这是一般监控模块所不能的，这种功能创新，为用户提供高回报的附加值，对于人防工程来说这是一类理想的设备。人防工程设备监控系统需要的多数控制功能，均可以通过数字量监控模块的逻辑编程控制能力，得到经济而方便地实现。

由于采用了 LonWorks 现场总线，因此可利用网络管理工具的网络变量捆绑功能，实现不同监控模块之间的通信。这样，三防报警信息可以广播到所有具备控制任务的模块，实现三防的快速转换。而网络变量的捆绑仅要在系统调试阶段进行，系统正常运行后不需要维护或管理人员的任何干预，实现了三防转换的自动化。

在逻辑编程时，893 – LM 系列数字量监控模块内部用户程序可用的数据类型主要有：位、字节、字、单字节整数（短整数）、双字节整数（长整数）、浮点数和时间类型。各种数据类型使用的字节数目、取值范围及用户可用的变量数量限制见表 3-2。

表 3-2　893 – LM 系列数字量监控模块逻辑编程可使用的数据类型及限制

项目 类型	使用资源（字节）	取值范围	变量数量最大限制
位	1/8	0，1	128
字节	1	0 ~ 255	128
字	2	0 ~ 65535	64
短整数	1	– 128 ~ 127	128
长整数	2	– 32768 ~ 32767	64
浮点数	4	$-1\times10^{38}\sim1\times10^{38}$	32
时间类型数	5	（0，0，0，0）~（23，59，59，999）	8

用户程序中使用的常数也需要指定数据类型，需要常数时必须使用“C（）”关键符，将常数放置在括号中即可。数字量监控模块特殊功能寄存器及常数的数量限制见表 3-3。

表 3-3　数字量监控模块特殊功能寄存器及常数的数量限制

序号	类型	数量	序号	类型	数量
1	定时器	32	4	双稳触发器	32
2	计数器	16	5	时间类型常数	8
3	边沿触发器	32	6	浮点类型常数	32

注：时间类型常数的格式为“C（H，MI，S，MS）”，其中 H 的取值 0 ~ 23，表示小时；MI 的取值 0 ~ 59，表示分钟；S 的取值 0 ~ 59，表示秒；MS 的取值 0 ~ 999，表示毫秒。其中的逗号“，”分割符不能少，当有参数为 0 时，0 可以省略。如 C（1，12，，），表示 1 小时 12 分钟 0 秒 0 毫秒。

数字量监控模块的型号不同，提供给用户的可编程资源也不同，如表 3-4 所示。

表 3-4 数字量监控模块的可编程资源

类型 \ 项目		LM1202	LM1203	LM1204
其他类型常数数量限制①		128	255	255
程序最多步骤数目		256	512	512
变量	数字输入	4	8	16
	数字输出	4	8	16
	虚拟数字输入②	8	8	8
	虚拟数字输出②	8	8	8
	虚拟模拟量输入②	8	8	8
	虚拟模拟量输出②	8	8	8

注：①其他类型包括位、字节、字、短整型、长整型。

②标明“虚拟”的输入、输出表明并非对应真正的输入输出通道，而是内存变量，同时也是网络变量，可以和其他模块的网络变量通过网络变量捆绑器连接一起。

3.1.2 模拟量监控模块

893－LM 系列模拟量监控模块主要有 LM1101 和 LM1102。LM1101 为 4 路模拟量输入、4 路开关量输出模块，LM1102 为 8 路模拟量输入模块。表 3-5 为模拟量监控模块的主要技术参数。需要说明，温湿度变送器、微压差变送器、液位变送器等需要 24V 直流电源供电，因此表 3-5 也列出了配套的变送器电源模块型号（LM1801 和 LM1802）。

表 3-5 893－LM 系列模拟量监控模块技术参数

序号	项目名称	LM1101	LM1102
1	模拟量输入通道数	4 路	8 路
2	开关量输出通道数	4 路	—
3	输入信号类型	直流电流：0～20mA；直流电压：0～5V 热电阻：Pt100、Pt1000、Cu50、Ni1000、NTC 等 热电偶：B、E、J、K、R、S、T、EA－2 等 干接点、TTL 电平或 24VDC 开关状态信号	
4	输入通道隔离	隔离电压：400V（峰－峰值）	
5	A/D 分辨率	16 位	
6	测量精度	±0.1%	
7	共模抑制比	≥120dB	
8	串模抑制比	≥70dB	

续表 3-5

序号	项目名称	LM1101	LM1102
9	输出通道接点容量	250VAC/3A，30VDC/3A	—
10	输出通道隔离	2500V	—
11	应用场合	温度、湿度等监测与报警 其他任何直流信号的监测 水库水位等独立设备的就地监控	温度、湿度等监测 其他直流信号的监测
12	推荐的变送器电源模块	LM1802（4 路隔离 24VDC 电源）	LM1801（8 路隔离 24VDC 电源）

需要说明的是，LM1101 类型有一种派生类型 LM1101P，该模块的性能参数与 LM1101 完全相同，但和数字量监控模块一样，具备逻辑编程能力，其可用的数据类型及限制见表 3-6及表 3-7 所示。

表 3-6　LM1101P 的用户编程数据类型及限制

项目 类型	使用资源（字节）	取值范围	变量数据最大限制
位	1/8	0，1	128
浮点数	4	$-1\times10^{38}\sim1\times10^{38}$	32

表 3-7　LM1001P 的常数类型数据数量限制

序　号	类　型	数量最大限制
1	字节及字类型常数	16
2	浮点类型常数	32

3.1.3　其他监控模块

893 – LM 系列还包括一些特殊的监控模块，主要有脉冲信号输入模块、交流开关量状态输入模块、交流参数测量模块等，具体参数见表 3-8 ~ 表 3-10 所示。

表 3-8　4 路脉冲信号输入模块 LM1205 技术参数

序号	项目名称	内　容
1	输入通道数	4 路脉冲量输入
2	信号频率	≤100kHz
3	通道隔离电压	2500V
4	输入信号类型	脉冲信号、干接点（主开关的辅助接点等）、TTL、24VDC
5	功能	测频、计数、开关状态
6	应用场合	转速信号的测量，脉冲计数，电度计量，流量计量等

表 3-9 4 路交流开关量状态输入模块 LM1206 技术参数

序号	项目名称	内 容
1	输入通道数	4 路
2	输入信号类型	220VAC/380VAC
3	功能	测量电压是否正常，监测设备运行状态
4	应用场合	低压开关柜、配电箱及用电设备的远程监视

表 3-10 交流参数测量模块 LM1301 技术参数

序号	项目名称	内 容
1	交流输入信号	一个三相三线制或三相四线制回路
2	交流信号类型	电压：100VAC、220VAC、380VAC；电流：5AAC
3	开关量输入通道	4 路
4	开关量输出通道	2 路
5	测量精度	电压、电流为 ±0.2%；功率、电度为 ±0.5%
6	应用场合	低压开关柜、配电箱、线路的远程监视及控制
7	功能	三相相电压、相电流，三相线电压、线电流； 有功功率、无功功率、有功电度、无功电度； 断路器、接触器状态；开关控制、报警输出

3.2 893－LM 系列 DDC 智能控制器

893－LM 系列 DDC 智能控制器是 893－LM 系列现场总线智能控制器中提供复杂逻辑控制及调节功能的智能模块，具备 LonWorks 网络通信接口，支持分布式就地安装，一般应用于要求复杂控制功能的场合，如除湿机、空压机、通风调节阀等的控制。

3.2.1 DDC 控制器主要技术特点

893－LM 系列 DDC 智能控制器具有以下主要技术特点：

1）严格、有效地抗干扰措施。DDC 控制器内部隔离电源能够有效地消除来自供电电源的干扰；开关量输入通道的光耦隔离电压达到 2500V，模拟量输入通道的采用光继电器实现通道与通道之间的隔离，控制器的共模抑制比大于 120dB，串模抑制比大于 70dB；LonWorks 通信收发器采用变压器隔离，有效隔离电压达到连续 277Vrms 或者 60s 1000Vrms；用于扩展模块的 RS－485 通信接口采用高速光耦进行隔离，确保控制器能够抵制来自通信线路上的干扰。

2）完善的自诊断、自校验功能。通过上位机软件可以方便地监视控制器的内部工作状态，及时发现问题、解决问题。自校验功能确保控制器能够长期保证给定的精度而不需要用户的定期校验，减少用户维护工作量。

3）丰富的 IO 资源。DDC 控制器可同时提供 DI、DO、AI、AO 等多种信号通道，在一般情况下控制器本身就能完成一个较复杂设备的控制和调节。如果控制器本身 IO 资源不够，还可以通过 DDC 控制器上的 2 个 RS－485 通信口连接 IO 扩展模块进行 IO 扩展。

4）功能完善的控制算法和灵活方便的编程功能。控制器的逻辑编程支持梯形图和指令表两种编程语言，符合 IEC61131-3 标准，编程简单，具有一般控制器编程经验的人员无需培训即可使用。可以实现对空气压缩机、空调机组等各种较复杂应用的逻辑控制，以及对通风调节阀等设备的调节。

DDC 控制器根据其 IO 资源不同，可分为 LM1401、LM1402 和 LM1403 三种类型，另外还有 LM1411、LM1412、LM1421 和 LM1422 四种扩展模块。

3.2.2 DDC 控制器技术参数

893－LM 系列 DDC 智能控制器可编程能力强，作为智能型可编程通用 DDC 控制器，用于空调、通风机组、热泵、风机盘管、工业阀门等设备的调节和控制，通过软件编程可实现各种控制方式，如 PID 控制、串级、前馈控制等，还可实现复杂的控制功能。表 3-11 和表 3－12 列出了 DDC 控制器的各种技术参数。

893－LM 系列 DDC 智能控制器扩展模块的数量（所有的型号）最多为 8 个。

表 3-11 DDC 控制器技术参数

<table>
<tr><th>序号</th><th colspan="2">项目名称</th><th>LM1401</th><th>LM1403</th><th>LM1402</th></tr>
<tr><td>1</td><td colspan="2">模拟量输入通道</td><td>6 路</td><td>4 路</td><td>8 路</td></tr>
<tr><td>2</td><td colspan="2">模拟量输出通道</td><td>2 路</td><td>2 路</td><td>—</td></tr>
<tr><td>3</td><td colspan="2">开关量输入通道</td><td>4 路</td><td>24 路</td><td>16 路</td></tr>
<tr><td>4</td><td colspan="2">开关量输出通道</td><td>6 路</td><td>16 路</td><td>8 路</td></tr>
<tr><td>5</td><td rowspan="6">模拟量输入</td><td>信号类型</td><td colspan="2">直流电流：0～20mA；直流电压：0～5V
热电阻：Pt100、Pt1000、Cu50 等
热电偶：B、E、J、K、R、S 等
干接点、TTL 或 24VDC 开关状态信号</td><td>1～4 通道可测量0～20mA 或 0～5V；5～8 通道可测量热电阻</td></tr>
<tr><td>6</td><td>A/D 分辨率</td><td colspan="3">16 位</td></tr>
<tr><td>7</td><td>测量精度</td><td colspan="3">±0.1%</td></tr>
<tr><td>8</td><td>共模抑制比</td><td colspan="3">≥120dB</td></tr>
<tr><td>9</td><td>串模抑制比</td><td colspan="3">≥70dB</td></tr>
<tr><td>10</td><td>隔离电压</td><td colspan="2">通道之间隔离电压：400V（峰－峰值）</td><td>1～4 通道不隔离
5～8 通道隔离</td></tr>
<tr><td>11</td><td rowspan="2">模拟量输出</td><td>信号类型</td><td colspan="2">4～20mA，0～10V</td><td>—</td></tr>
<tr><td>12</td><td>输出精度</td><td colspan="2">±0.2%</td><td>—</td></tr>
<tr><td>13</td><td colspan="2">开关量输入</td><td colspan="3">隔离电压 2500V</td></tr>
<tr><td>14</td><td colspan="2">开关量输出</td><td colspan="2">接点容量 250VAC/3A，30VDC/3A</td><td>可提供常闭接点</td></tr>
<tr><td>15</td><td colspan="2">网络隔离电压</td><td colspan="3">0～60Hz，60s：1000Vrms；0～60Hz，连续：277Vrms</td></tr>
<tr><td>16</td><td colspan="2">组态程序步数限制</td><td colspan="3">2048 步</td></tr>
<tr><td>17</td><td colspan="2">应用场合</td><td colspan="3">风机盘管、空调、空压机、阀门等设备控制</td></tr>
</table>

表 3-12 DDC 智能控制器 IO 资源

控制器型号	控制器自身有的 IO 资源				还能扩展的 IO 资源			
	DI	DO	AI	AO	DI	DO	AI	AO
LM1401	4	6	6	2	60	26	26	0
LM1402	16	8	8	0	48	24	24	2
LM1403	24	16	4	2	40	16	28	0

3.2.3 DDC 控制器扩展模块技术参数

DDC 控制器常用的扩展模块包括 4 路通用模拟量输入扩展模块 LM1411，8 路通用模拟量输入扩展模块 LM1412，8 路数字量输入扩展模块 LM1421 和 8 路继电器输出扩展模块 LM1422，其具体参数见表 3-13～表 3-16 所示。

表 3-13 4 路通用模拟量输入扩展模块 LM1411 技术参数

序号	项目名称	内 容
1	通道数	4 路模拟量输入
2	信号类型	直流电流：0～20mA；直流电压：0～5V 热电阻：Pt100、Pt1000、Cu50、Cu100、Ni1000、NTC、BA1-3 热电偶：B、E、J、K、R、S、T、EA-2
3	通道之间隔离	400V（峰-峰值）
4	其他参数	与 LM1401 模拟量输入通道相同

表 3-14 8 路通用模拟量输入扩展模块 LM1412 技术参数

序号	项目名称	内 容
1	通道数	8 路模拟量输入
2	信号类型	直流电流：0～20mA；直流电压：0～5V
3	通道之间隔离	不隔离
4	其他参数	与 LM1401 模拟量输入通道相同

表 3-15 8 路数字量输入扩展模块 LM1421 技术参数

序号	项目名称	内 容
1	通道数	8 路数字量输入
2	信号类型	干接点、T T L 电平或 24VDC 开关状态信号
3	通道之间隔离	隔离电压：2500V

表 3-16 8 路继电器输出扩展模块 LM1422 技术参数

序号	项目名称	内　容
1	通道数	8 路数字量输出
2	接点容量	250VAC/3A，30VDC/3A

3.3 893-LM 系列网络接口模块

893-LM 系列网络接口模块包括 LM1001（LonWorks 现场总线网络接口卡）、LM1002A（LonWorks 现场总线通用串行网络接口模块）和 LM1002B（智能协议转换器）。

3.3.1 LM1001 LonWorks 现场总线网络接口卡

LM1001 网络接口卡是基于 ISA 或 PCI 总线的 LonWorks 网络接口卡，安装于监控主机内，用于 LonWorks 网络与上位机的连接，如图 3-1 所示。LM1001 网络接口卡的技术参数见表 3-17 所示。

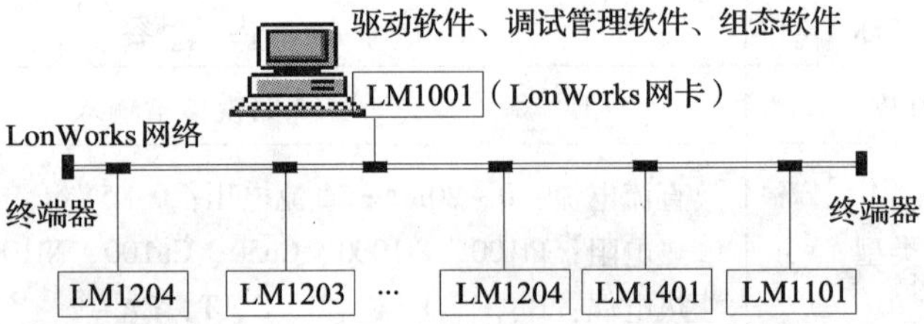

图 3-1 893-LM 系列模块连网示意图

表 3-17 LM1001 网络接口卡技术参数

序号	项目名称	内　容
1	与主机接口类型	ISA 总线或 PCI 总线
2	LonWorks 通信速率	78kbps
3	LonWorks 通信距离	无中继器情况下：78kbps 时，总线型拓扑 2700m，自由拓扑 500m
4	网络隔离电压	0~60Hz，60s：1000Vrms；0~60Hz，连续：277Vrms
5	网络模块数量	32（无中继器）
6	功耗	≤1W
7	应用场合	用作监控计算机与 LonWorks 现场总线网络的通信接口

LM1001 网卡在安装前，需要设置口地址。口地址的设置通过改变网卡正面口地址设置短路环完成，出厂时的默认地址为 1C0。用户可以修改为 100、120、140、160、180、1A0 及 1C0 七种地址中的任何一个。LM1001 提供两个 DB9 型 LonWorks 物理接口，两个接口在内部电路上直接相连，因此其功能相同。

当网络线距离较长或者挂接的模块分布较复杂，且网卡需作为终端使用时，为防止信号的反射，提高网络通信质量，需设置网卡上的终端器。终端器的设置是通过网卡正面网络通信口附近的三个跳线柱完成。靠近通信口的一对跳线柱表示非终端情况，也是出厂时的默认设置。其他的两对跳线柱都表示加入终端器，但终端电阻不同，用户可根据需要设置。

3.3.2 LM1002A LonWorks 现场总线通用串行网络接口模块

LM1002A 是一类具备通用串行接口的 LonWorks 现场总线接口模块，该通用串行接口一般为 RS-485 或 RS-232 接口，其主要用于带 RS-232 接口的计算机与 LonWorks 现场总线网络连接。该设备对于没有安装 LM1001 网络接口卡的上位计算机或笔记本电脑来说非常适合，可非常方便地连入 LonWorks 现场总线网络，其主要技术参数见表 3-18。

表 3-18 LM1002A LonWorks 现场总线通用串行网络接口模块技术参数

序号	项目名称	内 容
1	现场总线接口	LonWorks
2	通用串行接口	RS-232 或 RS-485（DB9 型或端子组）
3	隔离电压	现场总线：0~60Hz，60s：1000Vrms；0~60Hz，连续：277Vrms RS-232 或 RS-485 接口与内部 CPU 间 1500Vp-p
4	供电电源	220VAC
5	功耗	≤2W
6	应用场合	可用作上位计算机与 LonWorks 现场总线的网络接口

笔记本电脑可通过 LM1002A 连接到 LonWorks 网络，可实现就地的系统调试和网络监控，这为系统的维护和调试提供了一种非常方便的手段。

3.3.3 LM1002B 智能协议转换器

LM1002B 主要用于具有 RS-232/RS-485 接口的智能设备与 LonWorks 现场总线网络的集成，相当于智能设备到 LonWorks 网络的网关，其主要技术参数见表 3-19。

表 3-19 LM1002B 智能协议转换器技术参数

序号	项目名称	内 容
1	现场总线接口	LonWorks
2	串行接口	RS-232 或 RS-485（DB9 型或端子组） 通信协议为 Modbus 等标准协议或自定义协议
3	隔离电压	现场总线：0~60Hz，60s：1000Vrms；0~60Hz，连续：277Vrms RS-485 接口与内部电路间 1500Vp-p
4	应用场合	其他智能设备与 LonWorks 现场总线网络的协议网关

对于带 RS-232 或 RS-485 接口的智能设备，如发电机组、空调机组、冷风机组、变频水泵等，传统的做法是为每一个智能设备拉一根通信电缆到监控主机，在监控主机内安装

接口服务器，为每个智能设备准备一个 RS－232 或 RS－485 接口（说明：RS－485 虽然可以联网后再接到主机，但前提条件是必须采用相同的通信协议，一般情况下，只有同一个厂家的产品才能满足此要求，所以在这里暂不考虑 RS－485 智能设备的联网）。这种做法很不经济，而且 RS－232 接口很容易引入干扰，且通信距离短，在许多应用场合里，智能设备无法与监控系统相连，成为孤立设备。如果采用 LM1002B 作为智能设备与 LonWorks 网络协议转换接口，则智能设备可直接接入现场总线网络，不再需要敷设专门的通信电缆，监控主机中也不需要 RS－232 或 RS－485 接口卡和专门的通信接口程序，从而大大简化工程施工和软件调试，非常经济地实现智能设备的远程监控。

通过 LonWorks 网络，可在线向 LM1002B 协议转换器下载任意的协议转换软件。任何智能设备，只要其协议格式公开或标准，都可以通过该协议转换器实现系统集成。人防工程中的常见智能设备，如发电机组、空调机组、毒剂报警装置、变压器温度控制器等，一般采用 RS－485 接口，上层多采用 Modbus 或自定义协议。将这些协议转换程序组合成协议库，根据不同接口协议下载不同的协议转换程序，可将所有智能设备就地连入 LonWorks 网络，极大地降低系统集成难度，节省工程建设费用。利用 LM1002B 智能协议转换器进行协议转换和系统集成，具有很高的实际应用价值。

3.4 893－LM 系列其他模块

除了上面介绍的数字量监控模块、模拟量监控模块、DDC 智能控制器和网络接口模块外，还有一些特殊功能模块，它们一起构成了功能完善的拥有自主知识产权的系列产品。这些特殊功能模块有：LM1502（嵌入式智能区域控制器）、TDP－1（高可靠三防显示灯箱）、DDP－1（数字三防信息显示屏）和 IDP－1（智能三防信息显示屏）等。

3.4.1 LM1502 嵌入式智能区域控制器

LM1502 嵌入式智能区域控制器是一种标准开放的、拥有丰富控制功能和先进数据采集技术的小型嵌入式工业控制计算机，其同样是针对人防工程的使用特点而精心设计开发，具有高可靠性和高稳定性，适合人防工程的恶劣环境使用。

区域控制器由嵌入式主板、嵌入式 LonWorks 网卡、液晶触摸屏及嵌入式实时操作系统、监控软件等部分组成。图 3-2 为控制器的基本软硬件组成示意图。

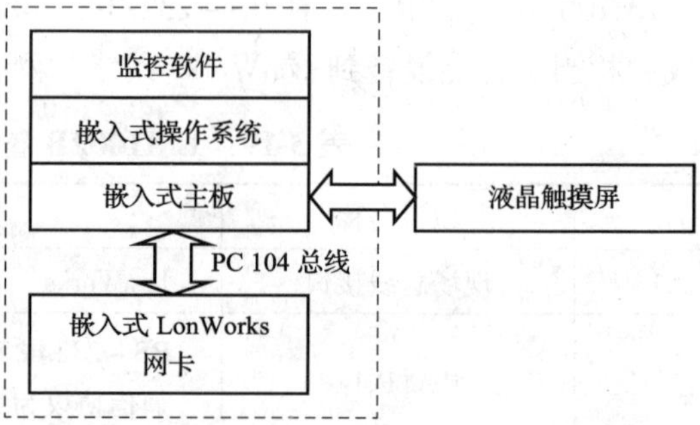

图 3-2 嵌入式控制器的基本组成

LM1502 嵌入式智能区域控制器具有以下功能和特点：

1）开放程度高，支持当前通用的标准和技术。在硬件上支持 USB 口、以太网口等标准的接口，操作系统是标准的嵌入式实时 Windows 系统，支持 WIN 32API 的全集，在软件实现上支持 OPC、WinSock 等通信标准，能非常方便地集成到自动控制系统中。

2）控制功能丰富，控制手段多样。对于复杂应用场合，控制器提供 KingACT 实时控制软件，符合 IEC61131－3 国际编程标准，能实现复杂的控制逻辑，并能允许用户自定义算法；对于简单的开关量控制，控制器提供简单控制软件，实现了简单的控制逻辑和友好的操作界面，有效节省了成本。

3）先进的数据采集技术。区域控制器可配备嵌入式 LonWorks 总线通信网卡，连接两个 LonWorks 网络，在区域控制器上可安装 893－LM 的 OPC 服务器，不用编程就可实现与组态软件的数据交换。

4）嵌入式智能区域控制器引入到设备监控系统，能分担监控主机的部分监控任务，同时也分担了监控主机所承担的风险，从而提高系统的可靠性。

LM1502 嵌入式智能区域控制器非常适合于工程中某一区域的设备监控。如果将工程内设备按地理位置划分为若干区域，每个区域配置一台智能区域控制器，负责本区域内的设备监控，所有的区域控制器通过以太网集中监控。这样维护人员在巡视过程中可通过区域控制设备及时了解其所在区域的设备运行状况和参数信息，从而提高工程维护人员应对突发事件的反应能力。另外 LM1502 采用嵌入式结构，可安装于防护控制箱中，不占用人防工程宝贵的空间资源，是一种方便节约的配置方案。区域监控站承担部分监控任务，还可避免监控主机任务繁重、故障时可能导致整个系统瘫痪并丧失监控能力的严重后果。表 3-20 为 LM1502 嵌入式智能区域控制器的技术参数。

表 3-20　LM1502 嵌入式智能区域控制器技术参数

序号	项目名称	内　容
1	现场总线接口	LonWorks 现场总线接口，可内置 1 块嵌入式通信接口卡
2	联网能力	双 TCP/IP 网络，RJ45 形式接口，10M/100M 自适应
3	其他接口	2 个 USB 口，1 个 RS232 接口
4	显示	标准 VGA 接口，支持 CRT 和 LCD 监视器
5	可靠性	硬件看门狗，软件可编程，1～255s 系统重启
6	操作系统	实时多任务（嵌入式 Windows XP），兼容 Windows XP
7	功耗	220VAC ±15%　25W
8	尺寸	长×宽×高：220×140×48
9	重量	≤2kg
10	应用场合	在大型工程中可作为区域监控主机，采用液晶触摸屏作为人机界面；也可作为大型分布式控制系统的现场级控制器；或作为 LonWorks 网络和以太网之间的通信网关

3.4.2　三防指示与报警设备

三防转换控制是人防工程智能化系统的基本功能，根据规范要求，在工程的出入口、风机室等重要位置必须安装三防状态指示与报警装置。893－LM 系列产品中的三防指示与报警装置有：TDP－1（高可靠三防显示灯箱）、DDP－1（数字三防显示屏）和 IDP－1（智能三防信息显示屏）三个类别，可根据实际情况进行选用。

（1）TDP－1 三防灯箱

高可靠三防灯箱突破传统三防显示灯箱的设计，使用高可靠、强亮度、长寿命、低功耗的发光二极管（LED）替代普通的白炽灯作为发光器件，使得 TDP－1 灯箱的平均无故障时间高达几万小时。普通白炽灯制作的三防灯箱典型平均无故障时间是几千小时，这取决于灯的额定工作电流及电源状况。除了以上特点外，LED 发光源绿色环保，显示信息突出醒目，其器件尺寸小、驱动简单、易于集成、发光密度均匀、耐冲击且性能稳定。TDP－1 型高可靠三防灯箱采用特殊的防护设计，具备防尘、防潮、防盐雾和防霉菌等能力。

（2）DDP－1 数字三防显示屏

DDP－1 型数字三防显示屏同样采用 LED 作为发光器件，但其内部集成一块专用 CPU，实时判断通风方式开关量信号（清洁、滤毒或隔绝），CPU 还进行 LED 显示处理，包括字模存储的编译译码、字模的读取、显示的驱动等。可显示的信息内容事先存入寄存器，当需要时提取出来。实际支持的显示字库为 GB 2312 标准字库。可显示文字信息丰富、显示内容醒目。当三防转换时，显示信息跳动，提示人员三防切换状态。DDP－1 型数字三防显示屏经过精心的防护设计，不仅仅具有防尘、防潮等能力，还具有核电磁脉冲防护能力。

（3）IDP－1 智能三防信息显示屏

IDP－1 型智能三防信息显示屏是一款技术先进、稳定可靠的智能三防指示与转换报警装置。其内部带 LonWorks 接口，可直接挂于设备监控网络，实现集中管理，并接收上位机下载的显示内容。发光元器件也采用 LED，满足可靠稳定运行的需求。以下是其主要功能特点：

1）显示信息多样化。包括核化生威胁及污染指数报警信息、防化设备运行故障信息、工程内部空气质量报警信息、人员进出允许/禁止指示、火灾报警指示及疏散信息，弥补了以往的三防信号箱显示内容单一的不足。

2）警示作用明显。选择 LED 作为显示器件，亮度比白炽灯等显示器件高得多。具备绿色、黄色和红色三种显示颜色，多达 16 种的移动方式（左移、右移等），并可预设停留时间（1s、2s 等）。

3）管理维护方便。智能三防显示屏本身是一个智能设备，具有自诊断、故障自恢复功能。提供 LonWorks 网络接口，上位机通过现场总线网络即可对其进行远程维护，可远程修改设定，传送显示信息，丰富显示内容，并增加显示灵活性。

4）满足人防工程的恶劣环境应用需求。通过充分的软件和硬件设计，智能三防信息显示屏具备高可靠性，具有防水防潮及防盐雾，以及防核电磁脉冲能力。

3.5 893－LM 系列智能控制器工具软件

893－LM 系列控制器的配套工具软件界面友好，使用方便，功能完善。本节主要介绍 893－LM 系列控制器的两个工具软件：网络管理软件和控制器逻辑编程软件。

3.5.1 893－LM 网络管理软件 LM－Manager

893－LM 网络管理软件 LM－Manager 是针对 893－LM 系列智能控制器开发的网络调试及管理软件。可以监视网络节点（节点是网络中具备网络接口并完成一定功能的模块，如 893－LM 智能模块）的工作状态，查看节点上各网络变量的数值，也可以完成节点间的网络变量绑定。该软件是一个自主研发的 LonWorks 网络管理及网络节点调试工具。

美国 ECHELON 公司提供的 LonWorks 网络管理软件 LonMaker for Windows 是一个英文版本的软件，功能复杂庞大，但只有很少功能被用户使用。这样一个软件需要用户花费大量的时间来摸索掌握，同时需要负担昂贵的软件费用，且该网管工具包含了 64 点的限制，当节点数目超过 64 个时，需要为每个超过的节点购买许可协议，即需要另外付费。

利用网络管理和诊断报文开发的 LonWorks 网络管理工具，能够较好地完成网络管理功能，且操作简单，特别适合于人防工程使用。由于基于标准的 XIF 文件和 LonWorks 网络管理诊断报文，因此该软件具有通用性，可应用于其他厂商的 LonWorks 节点。该软件遵循模块化设计思想，将相对独立的功能单独实现，并组织成功能模块，便于软件维护和功能升级。系统的信息组织采用 Microsoft Access 数据库，使得数据组织规矩有序而且管理方便。

LM－Manager 软件是工程调试阶段软件，系统调试完毕后可脱离该软件正常运行。该软件可以完成以下主要功能：①网卡口地址设置（仅 Win9X 操作系统需要）；②网络搜索及刷新；③外部接口文件（XIF）管理；④模块操作管理（包括属性管理、通道数据监视、通道模式设置、网络变量监视）；⑤工程数据库中模块管理；⑥网络变量连接相关操作；⑦模块的命令串发送；⑧模块参数设置；⑨网络模块管理。

（1）893－LM 系列控制器管理及调试

LM－Manager 软件是 MDI（多文档界面）应用程序。在工作窗口中可以同时打开多个子功能界面。用户可以灵活高效地进行网络各种功能管理或设置。在配置窗口中，以树型控件列出了目前系统中所有的控制器及网络变量连接信息。点击相应列表项，在工作窗口会弹出相应的功能界面。该管理软件的大部分功能均与该树型窗口相关。右边的工作窗口中，会根据用户的操作弹出相应的功能子窗口，完成具体功能。用户通过点击树型窗口中具体的控制器，触发单节点管理功能。图 3-3 为该软件进行控制器属性查询时的运行界面。

该软件对控制器的管理功能主要包括控制器属性查询修改，控制器通道数据监视，控制器通道模式设置以及控制器的网络变量监视。

LonWorks 现场总线提出了节点连接"对象"的概念，即网络变量（NV－Network Variable）。一个网络变量即是节点的一个对象，LonWorks 网络节点之间的联系主要是通过网络变量的联系实现。"网络变量"的概念是 LonWorks 现场总线的一个非常优秀而且突出的特点，网络变量的监视是网络管理工具的一项基本功能。

软件以固定的采集时间间隔（1s），循环地采集当前选定的网络变量。

图 3-3　LM－Manager 网络软件进行节点属性查询的界面

（2）LonWorks 网络管理

LM－Manager 软件的网络管理功能包括网络节点刷新、库节点管理和网络变量连接。

当 LonWorks 网络上出现节点增加、更换或删除的情况时，应进行网络刷新。网络刷新将重新搜索网络上在线节点并更新工程数据库。目前未在线的节点并未在工程数据库中删除，如需要删除需要在库节点管理部分解决。网络刷新后，所有在线的模块可以在树型窗口中看到。该功能不单纯只支持 893－LM 模块，适用于所有 LonWorks 模块。

LonWorks 系统的可互操作性体现在多个方面，网络变量即是其中的一个重要方面。网络变量连接是 LonWorks 系统节点间通信的最简单、最直接的方法。网络变量通过提供节点相互之间明确的网络接口而极大地提高了产品的适应性，不同产品可以应用于同一个系统。网络变量使得系统的组态编程和节点的安装运行非常方便，并且能有效地节省用户程序存储空间，还可以将用户从通信程序的编写中解放出来，专心于具体的应用。网络变量可以定义为输出或者输入类型。当输出网络变量被节点应用赋值后，LonTalk 协议将此修改后的新值自动加上地址信息，构成隐式报文，透明地传递到与之共享数据的其他节点（赋值给节点上的输入网络变量），所以网络变量又称隐式消息。由于网络变量传输时的低层信息处理对用户而言是看不到的，因此可以将节点间的数据通信理解为应用层数据的通信。用户应用程序无需考虑发送和接收问题。

网络变量的连接由网管工具的捆绑器来实现。捆绑器首先辨别节点输入、输出网络变量的类型，然后找到具有共享网络变量的所有节点，再对这些节点的相应网络变量配置表及地址表进行修改，即确定信息流的正确流向，从而完成网络变量的捆绑。

每个 LonWorks 设备必须有一个外部接口文件（XIF 文件），XIF 文件与节点程序 ID 一一对应。XIF 文件包含了此种类型节点的所有外部接口信息，即网络变量和报文标签的所有详细信息。对于网络变量，这些信息包括名称、索引、数组大小、是否可绑定、方向、服务类型、认证、优先级、数据类型、元素数目及各元素的详细信息等，通过此信息才能正确分析节点的网络变量。在程序开始前，应读入所有节点使用的 XIF 文件，以便网管程序的正确运行。LM-Manager 软件提供 XIF 文件操作功能，包括读出 XIF 文件中内容并进行查询、XIF 信息导入工程数据库以及 XIF 信息从库中删除。

3.5.2 893-LM 控制器编程软件 LM-Prog

893-LM 系列控制器中，有一些模块具备逻辑编程能力，包括 893-LM 系列数字量监控模块、LM1101P 模拟量监控模块、893-LM 系列 DDC 控制器等。前两种模块可通过简洁灵活的编程和组态，实现较简单的逻辑控制。DDC 控制器不仅具有数字量模块的技术特点，同时提供功能完善的逻辑算法和调节功能，可以实现对空气压缩机、空调机组等较复杂应用的控制。

893-LM 系列控制器的逻辑编程功能由 LM 逻辑组态软件 LM-Prog 实现，可对各种智能监控模块及 DDC 控制器通过 LonWorks 网络远程组态。该软件是自主开发的基于 IEC61131-3 标准的逻辑组态工具，目前提供梯形图和指令表两种组态编程语言，软件界面友好，编程方法简单，具有一般控制器编程经验的工作人员无需培训即可使用。

IEC61131 标准是可编程控制器的硬件设计及软件编程标准，是 PLC 发展需求的反映。其中的第 3 部分提供一套统一的应用于 PLC 的语法和语义，规范了编程语言、PLC 与编程系统的接口、字符集和工程管理，使所有 PLC 使用相同概念，从而整体降低自动控制系统的成本。迄今为止，IEC61131-3 已经成为自动控制领域的一种通用编程标准。

组态时可以选择现场工作人员广泛使用和熟悉的梯形图（LD）编程方法，通过图形界面编程可以降低编程的难度，提高编程的速度，减少用户培训的费用开支。熟练的程序员可以选择指令表（IL）编程方法，可以实现许多不能或不容易用 LD 编程实现的逻辑功能。

软件预先定义了各种类型变量的关键字，用户可以方便使用而无需提前声明。如 DI 表示数字量输入变量，DIX 表示数字量第 X 通道输入。提出了虚拟变量的概念，虚拟变量与组态模块的网络变量一一对应，用于该模块与其他 LonWorks 模块的通信联系。这样可以省去实际中的物理连线，远程模块可以位于 LonWorks 网络的任何位置。

LM-Prog 软件主要包括以下逻辑指令：累加器指令、寄存器/堆栈指令、位逻辑指令（触点指令、取反指令、输出指令、边沿触发指令、双稳触发指令）、比较指令、定时器指令、计数器指令、运算指令（基本运算指令、逻辑运算指令、其他运算指令）、移位循环指令、程序控制指令、类型转换指令。

图 3-4 为该软件在梯形图编程环境中的用户程序。

用户程序的编译通过软件中“前端”菜单下的“编译”子菜单实现，或者通过工具栏中的“编译”命令按钮实现，软件会返回编译是否成功的提示。具体的编译信息存入同文件名的列表文件（后缀为 LST 的文件）。编译产生的目标代码，通过“前端”菜单下的“程序下载”子菜单，或者通过工具栏中的“下载”命令按钮下载到具体模块。可以将目标代码下载到模块的内存空间中，即当模块掉电或复位后能恢复以前的程序代码，该情况一般用于程序的调试和实验。当程序调试完成且满足应用要求后，需要将代码拷贝到模块的 EEPROM 中。

LM-Prog 软件下的用户编程软件可以方便地进行功能扩充和再利用，而且编程简单方便且高效，可实现复杂的控制功能。

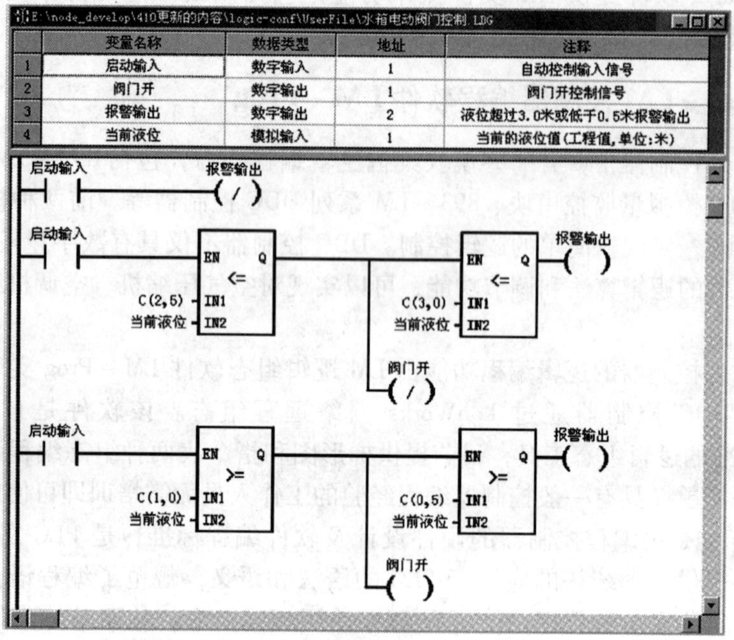

图 3-4 梯形图编程环境中的用户程序

4 发电及供配电系统监控

人防工程发电及供配电系统也就是人防工程电力系统，它是人防工程动力系统的一部分。所谓动力系统是包括油库、柴油发电站、变压器、送电线路以及通信、水、风、电等系统所有用电设备的完整系统。而电力系统仅指柴油发电机组、变压器、输电线路及所有用电设备。人防工程的发电及供配电系统监控主要包括两部分：柴油发电机组、供配电系统（高压、低压、变压器、直流屏等）。为发电、配电服务的相关配套设备，如风机、水泵的监控可参考风、水等相关设备的实现方法。

4.1 人防工程发电及供配电系统介绍

人防工程与一般的民用建筑相比，在发电及供配电系统的原理上基本相似，但由于人防工程的特殊性，在可靠性、可用性上要求更高，从而在监控系统上也提出了更高的要求。本节主要介绍人防工程发电及供配电系统的特点、组成。

4.1.1 人防工程电力系统特点

对供电的可靠性要求高是人防工程中供电的一个显著特点，可靠的供电是人防通信指挥工程正常运行的前提。为了在工程内部提供一个适合人员工作和生活的条件，人防工程中都设有必要的照明、通风、空调、给水、排水设备，而这些设备能够正常工作的一个重要条件就是需要电源。因此，人防工程中的供电在工程中占有极为重要的地位，它的系统优劣和可靠程度的高低都将直接影响工程的作用和人员、设备以及工程本身的安全。特别是在现代战争条件下，快速通信和多路通信的不断发展，对供电的连续性及供电质量都有更高的要求，所以人防工程中，分秒不停、始终不间断地连续保质、保量的供电是新时期对人防工程建设提出的新要求。在当前复杂多变的国际形势下，为完成祖国统一大业，加强人民防空工作尤为重要，而大区域的人防工程更为重中之重。它在平时是应付突发事件和防灾指挥中心，在战时更是整个区域的指挥中枢。为了人防工程能够满足战时与和平时期使用的需要，电气配置要从技术上保证供电的可靠，要有完善的供电系统，保证各种通风、给排水等设备的正常运行，要有良好的照明，符合各种场所照度的要求。

工程中环境恶劣是人防工程的普遍特点，其中以潮湿问题最难解决，产生的后果也最严重。与地面民用建筑不同，一般人防工程都构筑在地下，工程很容易产生渗水、漏水现象，因此就很可能会有水进入工程内。另外，地下工程内的温度接近于地下岩石、土壤的温度，与地面存在着温差，尤其到了夏季，地面温度很高，温差就更大，在通风的时候，热空气所携带的大量水分就会凝结于墙壁与各种设备上。工程内相对湿度的增大，将直接影响电器设备的绝缘性能，使绝缘电阻下降，影响电器正常使用；同时，潮湿还会引起金属材料锈蚀，这将使电气设备的可靠性和使用寿命大大降低。

一方面是使用率低，可靠性要求特别高；另一方面环境非常恶劣，所以对供电系统的设备维护就提出了更高的要求。除了定期的维护保养外，平时一旦发现问题，就要及时解决，因此对维护人员、值班人员要求就更高。

4.1.2 人防工程供配电系统组成

人防工程的供配电系统通常由外电源（市电）、内电源及配电系统组成。

（1）市电

为了确保平时人防工程的正常供电，必须引接城市电网电源，为提高供电的可靠性，应引接两路10kV的高压电源，至少安装两台防潮性能好的干式变压器。当一台变压器停运时，另一台变压器的容量应至少能满足平时一级和部分二级负荷的需要。高压配电室设置在防空地下室内部与主体相连的独立房间内，并选用无油的断路器和电容器，变压器室的门、窗、孔、洞等位置应设置防止动物进入的设施。

（2）备用电站

城市电网电源在战时极易遭到破坏，战时的电源主要依靠有防护能力的备用电源，即柴油发电站，内部电源在平时还可以作为城市电网电源的备用电源使用。柴油发电机应设置至少两台以上机组，且采用同容量同型号的柴油发电机组，其中任一台机组发生故障后，其余机组应能满足战时一级负荷的用电需要。电站级别为一级，柴油发电机组应能实现隔室操作和就地操作，自启动应在30s内实现。电站的油库储油量按15d计算，选用2个以上搪瓷钢板装配式油箱。如果采用水冷式柴油发电站，电站给水系统应独立设置，且设计成循环供水系统或复用给水系统以节约用水，柴油机废水属轻度污染的冷却废水，应单独设置自流排水系统直接排出口外。

（3）供配电系统

人防工程的供配电系统中的高压部分应采用单母线分段的主接线方式，两路电源可单独或同时供电，以保证供电的可靠性。低压系统也采用单母线分段的方案，两路电源同时供电，并始终保持相互独立，电网电源和柴油发电机组电源也保持相互独立，以确保供电的可靠性。配电系统主接线如图4-1所示。

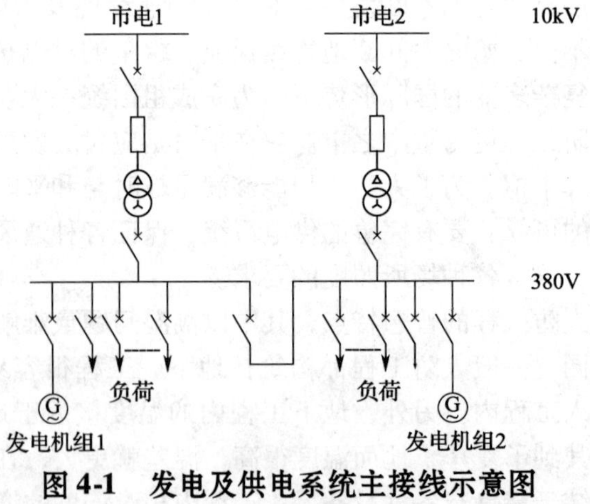

图4-1 发电及供电系统主接线示意图

人防工程中的电气配置是整个工程的基础，只有保证供电的万无一失，才能发挥工程的作用。因此，应充分发挥人防工程智能化系统的功能，实现对发电及供配电系统24h无间断监控，确保系统可靠性。

4.2 发电机组的监控

实现发电机组监控最可靠、经济的办法是要求发电机组自动化，然后通过系统集成来完成对发电机组的监控。通过使用成熟、专业的柴油发电机组控制器，不仅提高了发电机组的自动化程度，实现发电机组的参数检测、状态监控、故障保护及远程控制，同时可靠性有保障，在几乎不做额外的硬件投资情况下，在人防工程的智能化系统中就可以实现远程（中控室、值班室或更远位置）对发电机组进行全方位的监控。

4.2.1 发电机组的自动化要求

随着通信技术的发展，高精尖的通信设备在人防工程中得到了广泛的应用，对交流电源供电要求也越来越高，有些通信设备不允许交流电源的瞬间中断，这就要求作为人防工程后备电源的发电机组必须具备自动化的功能。在人防工程中逐步推广的人防工程智能化系统也要求对发电机组进行全面监控，前提就是发电机组必须自动化。根据不同的工程用途，国家标准中对发电机组的自动化的要求也不一样，根据国家标准《自动化柴油发电机组分级要求》GB/T 4712—1996，将发电机组的自动化分成一、二、三级。

1）一级自动化机组要求。

①机组应自动维持应急准备运行状态，柴油机启动前自动进行预润滑；②当机组需要启动运行时，能按自动控制指令或遥控指令实现自动启动。如果机组需要停机时，也能按自动控制指令或遥控指令自动停机；③机组在运行过程中，若出现过载、短路、超速、过频、水温过高、机组压力过低等异常情况时均能进行自动保护；④机组应配备表明正常运行和非正常运行的声光信号系统，通过信号表明机组运行情况；⑤机组在无人值守的情况下应能运行4h。

2）二级自动化机组要求。

此类机组除满足一级自动化机组各项要求外，还应能满足下述要求：①机组应具有燃油、机油和冷却水自动补充的功能；②机组在无人值守的情况下，能连续运行240h。

3）三级自动化机组要求。

该类机组除满足一、二级自动化机组的各项要求外，还必须具备下面功能：①当机组自动启动失败时，自动控制程序系统应能自动地将启动指令转移到下一台备用机组；②机组应能按自动控制指令或遥控指令完成两台同型号规格的机组自动并机和解列；③机组并机运行时，应能自动分配输出的有功功率和无功功率；④机组除了具有一、二级自动化机组的各项保护外，还应具备逆功率保护等功能。

4.2.2 人防工程发电机组的自动化概况

人防工程中，由于工程的建设年代不同，发电机组的自动化程度和功能也不尽一致。目前人防工程中使用的柴油发电机组主要有以下类型：

1）第一类型是早期的手动柴油发电机组，该类机组虽然价格不高，但技术含量低、故障率高，通常情况下已经被整机淘汰。

2）第二类型是在第一类型的基础上增加了以时间继电器和中间继电器为主构成的自动化系统，这种系统结构复杂、维护困难、可靠性差，通常情况下也已经被淘汰。

3）第三类型出现近几年，这时期的机组多为我国引进的较先进的柴油机和发电机，这种类型的代表性配套关系是康明斯柴油机加西门子发电机，手动操作，但当时未考虑工程的智能化问题，为了使该类系统具有集中监控的功能，需要对系统进行改造，通常采用在原系统上加装自动化系统的办法，使其具有自动启动、自动转换的功能，并能提供监控接口。

4）第四类型是在第三类型的基础上增加了自动化功能，此时的自动化系统有采用分立电子元器件组成的延时电路和逻辑判断电路来实现自动化功能的；也有以 PLC 为核心并加一定的外围电路来实现自动化功能的。由于电路过于繁杂，再加上当时国内电子工业工艺上的不足，造成这种类型的机组自动化控制系统可靠性差，对这种机型大多用当前的技术进行自动化改造，使其具有自动化机组的自启动、自动转换的功能。在人防工程中，经常可以看到一些不成熟的控制系统被当作摆设，放置一段时间后被扔掉，浪费了大量经费。

对于人防工程，伴随着通信设备的发展，对备用发供电系统提出了更高的要求，电源系统将逐步过渡到电源设备的少人和无人值守，电源系统应向集中监控、集中管理方向发展。要对电源系统实行全面的集中监控，首先要求它们具有一定的自动化程度。即将颁布的《人防工程智能化系统设计标准》首次以标准的形式对发电机组的监控提出了更高的要求。从目前技术的发展来看，对柴油发电机组的监控应该达到如下要求：①遥测。遥测是指对发电机组的各种电气和非电气的模拟量参数的测量和远程监视，主要参数包括：三相电压、三相电流、输出功率、频率、水温、油压、蓄电池电压，目的是随时了解机组运行状态，了解供电质量。②遥信。遥信是指对发电机组的各种设备的运行状态、报警状态、故障状态等开关量输入和输出信号的远程监视。主要包括工作状态（运行/停机）、工作方式（自动/手动）、负载自动转换装置 ATS 开关状态，电压异常、水温高、油压低、超速、启动失败、蓄电池电压低、过载、油位低报警等信号，目的是随时了解机组运行状态，实时、准确地对机组的故障做到迅速诊断和定位，以便维护人员及时处理。③遥控。开/关机、紧急停机、负载自动转换装置 ATS 开关转换（选项），目的是对机组进行远距离操作。以上三项功能经常简称为三遥功能，同样也可以归结为监视和控制两个部分。人防工程中的发电机组要求隔室操作，三遥功能就更加具有意义。

4.2.3 发电机组专业控制器的应用

英国 Deep Sea Electronics Plc 公司专门为柴油发电机组推出了 DSE 系列专业控制器，也是目前在国内自动化发电机组上使用较多的一种控制器。DSE 是一个系列控制器，包含智能控制系统 DSE560、三遥控制系统 DSE5220 和 DSE555 等几个产品，可以根据柴油机组的自动化程度的不同来选择不同的控制器。

本书将着重介绍三遥控制系统 - DSE555 的功能及其在发电机组中的应用。

(1) DSE555 简介

DSE555 控制器以 32 位 CPU 为核心，各专业集成电路分别处理模拟量输入和输出，开关量输入和输出，具有强大的 LCD 显示和计算机通信等功能。该控制器配备与计算机相连的 RS232/RS485 接口，配备可自定义的输入/输出点，提供可外扩的输入、输出接口，是一种性能优良的控制器。

图 4-2 DSE555 控制器面板

DSE555 控制器在设计上充分考虑了客户需求和工作环境，采用多种措施以提高该控制器的稳定性和环境适应性。

DSE555 控制器面板，如图 4-2 所示，在面板底部设有

6 给排水系统监控

给排水系统是人防工程不可缺少的重要组成部分，主要实现平时和战时的人员生活及饮用水供水、设备用水供水、消防供水、洗消供水以及生活和非生活污水排放、工程用水循环等功能，按其功能一般分为给水、排水、消防栓、自动喷淋等系统。

给排水系统监控主要实现给排水系统的水位、水温等参数监测，根据调度规则、设定程序以及工程所处的通风方式（由工程外战争环境决定），启停相应的水泵，开关相应的水阀，实现给排水的科学管理，并满足设计和应用要求。本章将详细讨论给排水系统的监控内容和监控原理，并举例说明监控系统的设计过程。

6.1 给排水系统监控原理

本节讨论给排水监控系统的内容组成及主要功能，另外介绍常用的给排水系统液位测量仪表及原理，以及水泵、阀门等设备的常用控制原理。

6.1.1 给排水系统的监控内容及功能

给排水系统主要包括：给水系统、污（排）水系统、消防栓与自动喷淋系统等，其中消防栓与自动喷淋系统和火灾自动报警与消防联动系统关系紧密，一般直接由其统一控制和管理，设备监控系统不再对其监控。电站油系统的监控也在本章讨论。

给排水系统的监控对象包括：给水泵、污水泵、深井泵（或潜水泵）、供油泵、水管和油管上电动阀门、水库水位、水封井水位、水库水温、油库（油箱）油位、供水压力。

给排水监控系统通过对相关设备和参数监控，实现整个给排水系统的自动运行和自动维护管理，降低维护管理人员的工作强度，提高工作效率，减少或避免人为误操作。

6.1.2 液位测量

液位测量是给排水自动化、给排水系统监控的基础。人防工程水库或油库的液位测量主要采用两种装置：浮球液位开关和连续液位变送器。

（1）浮球液位开关

浮球液位开关作为传统的开关量传感器，是一种结构简单、使用安装方便的液位测量装置，它没有复杂的电路，不会受到干扰，只要材质选用正确，在任何液体、压力或是温度环境下皆可使用，目前仍被广泛应用于液位监测与控制。

浮球液位开关的基本原理是：在密闭的非导磁性管内安装一个或多个干簧管，然后将此管穿过一个或多个中空且内部有环形磁铁的浮球，液位的上升或下降会带动浮球一起移动，从而使该非导磁性管内的干簧管产生吸合或断开的动作，并输出开关信号。

人防工程使用的浮球液位开关一般要求提供四个接点：超高水位、高水位、低水位、超低水位。对于给水泵而言，可设置如下控制逻辑：低水位启泵，高水位停泵，超高和超低水位报警。如果控制污水泵则控制逻辑关系相反，即低水位停泵、高水位启泵。

水位与给水泵的联动逻辑一般在给水泵配电控制箱中通过继电器实现，而设备监控系统只监视水位的报警状态。当然也可以将水位接点信号送入设备监控系统，由监控系统的智能控制器根据液位高低实现水泵的启停操作。

表 6-1 为监测浮球液位开关时需要的测点表。

表 6-1　浮球液位开关测点

序号	测点描述	AI	AO	DI	DO	II	接口描述
1	超高液位			1			无源常开（或常闭）接点，用于液位报警或启动备用泵
2	高液位			1			无源常开（或常闭）接点，用于启停泵
3	低液位			1			无源常开（或常闭）接点，用于启停泵
4	超低液位			1			无源常开（或常闭）接点，用于液位报警或启动备用泵

图 6-1 为某公司生产的 GSK－2C 型浮球液位开关接线原理图，提供四个干接点信号：端子 2 为高液位开关接点信号，端子 3 为低液位开关接点信号，端子 4 为超高液位接点信号，端子 5 为超低液位接点信号。端子 1 为干接点信号的公共端。图中还画出了该浮球液位开关的典型控制电路。

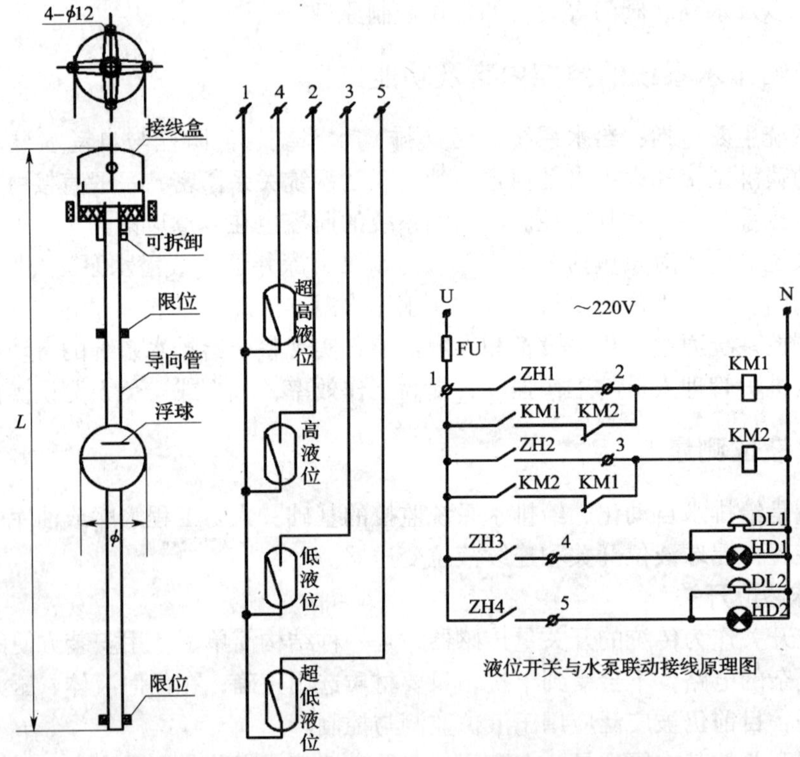

图 6-1　GSK－2C 型浮球液位开关接线原理图

浮球液位开关一般提供 4 组常开或常闭无源接点，对应于不同的液位高低，当然也可以提供更多的更细化的液位接点。利用浮球液位开关进行液位测量方法简单、成本低，但测量精度低，不能实时为用户提供水库或油库贮存容量参数。

（2）连续式液位变送器

采用连续式液位变送器的优点是实时监测水库或油库的具体液位，并可根据实际水库或油库的形状参数计算出实时存水量或存油量，进而计算出当前储量能够为工程内部人员生存和设备运行维持的时间，为决策者提供准确的参考信息。

从理论上讲，通过连续地对水位信号进行采集，并将水位信号作为反馈量对水库水位进行闭环 PID 的连续调节，能实现对水库水位的精确控制。但在人防工程的水库水位控制中，一般不采用这种方式，主要是因为这种控制方式成本较高，且水库水位控制不需要高精度，采用开关型控制方式已经完全能满足实际需要。

但在人防工程中，对水库水位实施连续式测量是非常必要的，特别是对生活水库，能为战时工程的维护运行提供准确的参考数据。因此人防工程智能化系统在条件许可的情况下应对所有水库水位采用连续式水位变送器进行测量，在条件受限的情况下应至少对生活水库水位实现连续测量。

目前，在人防工程中应用的连续液位测量装置主要有压力式液位变送器和超声波液位变送器。

1）压力式液位变送器。

①测量原理。压力式液位变送器从本质上讲是一种压力传感器，通过测量水库（池）底部水的压力，再将压力换算成水位。

压力式液位变送器多采用扩散硅应变电阻式工作原理，以硅晶体作为半导体敏感测量元件。当半导体材料硅晶体受外力作用时，晶体处于扭曲状态，由于载流子迁移率的变化而导致结晶阻抗变化的现象称之为压电电阻效应，用 ΔR 表示晶体阻抗的变化，它的变化率为：

$$\Delta R/R = (\Delta\rho/\rho)\ t\sigma = G\sigma$$

式中 t——压电电阻系数；

ρ——电阻率；

σ——应力；

G——比例因子。

半导体压力传感器的比例因子 G 高达 200，G 越高灵敏度越高。

当硅膜片受压时，应力分布如图 6-2（a）所示。扩散电阻阻值发生变化，把 R1、R2、R3、R4 接成桥路，如图 6-2（b）所示。输出电压值随压力的变化而变化，且呈线性变化。传感器的电路能够保证应变电桥电路的供电，并将应变电桥的失衡信号转换为标准的电信号输出（0～10V，4～20mA 或 1～5V）。

为了提高测量精度，一些液位变送器采用硅－蓝宝石作为半导体敏感元件，获得无与伦比的计量特性。蓝宝石系由单晶体绝缘体元素组成，不会发生滞后、疲劳和蠕变现象；蓝宝石比硅要坚固，硬度更高，不易变形；蓝宝石有着非常好的弹性和绝缘特性，对温度变化不敏感，即使在高温条件下，也有着很好的工作特性；蓝宝石的抗辐射特性极强；因此用硅－蓝宝石半导体敏感元件制造的压力传感器和变送器，可在恶劣的工作条件下正常工作，并且可靠性高、精度好、温度误差极小、性价比高。

②应用。液位变送器一般向控制系统提供 4～20mA 或 1～5V 的标准信号，但有的也能以 RS－232 或 RS－485 等智能接口的形式提供给控制系统，有的液位变送器还支持相互间联网功能。

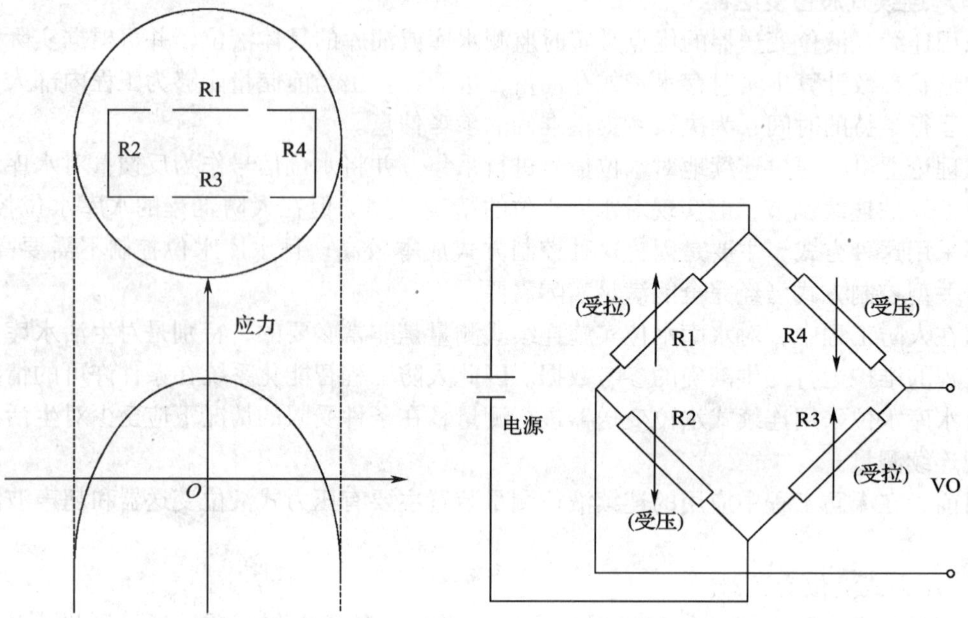

(a) 硅膜片表面应力分布图　　(b) 桥式输出电路图

图 6-2　压力传感器测量原理图

在人防工程的水位测量中，多数采用输出 4～20mA 或 1～5V 标准信号的变送器。一个水位信号占用智能化系统智能控制器的一个 AI（模拟量输入）测量通道，当需要同水库补水设备进行联动时，需要另外占用一个 DO（数字量输出）通道。

图 6-3 为国产 JYB 型分体投入压力式液位变送器的外形构造和二线制接线原理图。

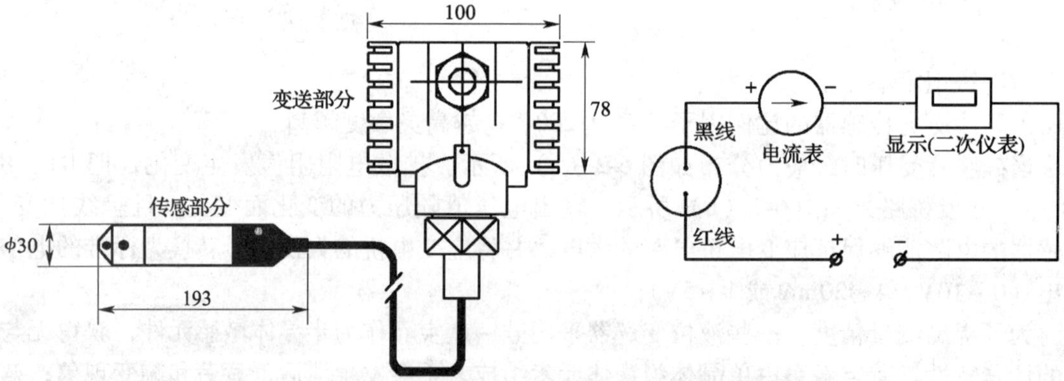

图 6-3　国产 JYB 型液位变送器外形和接线原理图

2）超声波液位变送器。

①测量原理。超声波液位变送器是依据回波测距原理来测量换能器表面到被测物体表面的距离。超声波变送器工作原理如图 6-4 所示。

超声波换能器向物体表面发射超声波，物体表面反射回波，回波被换能器探测转换成电信号。超声波信号脉冲发送时间、接收时间的总和（即波的运动时间）与换能器到物体表

面的距离 S 成正比关系。距离可通过声速 V 和波的运动时间 T，用下列公式计算：

$$S = V \times T/2$$

$$Y = L - S$$

式中 S——超声波换能器的发射面到被测液体表面的距离；

V——超声波在气体介质中的传播速度；

T——超声波在气体介质中的传播时间；

Y——被测液体的高度；

L——超声波换能器的发射面到 0 点（罐底）的距离。

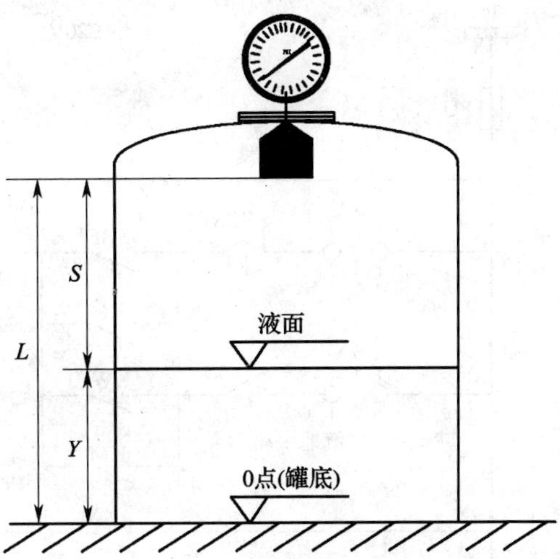

图 6-4　超声波变送器工作原理

超声波变送器一般由表头（如 LCD 显示器）和探头两部分组成，探头用于测量，表头用于信号的放大和标准化，表头直接输出 4～20mA 信号。

超声波变送器无机械可动部分，可靠性高，安装简单、方便，属于非接触测量，不受液体的黏度、密度等影响，可用于药池、药罐、排泥水池等的液位测量。但主要缺点是有一定的盲区，且价格较贵。

②应用。超声波变送器一般可提供 4～20mA 标准信号或远程通信接口，在人防工程的水位测量中较多采用 4～20mA 标准信号，一个水位信号占用智能化系统智能控制器的一个 AI（模拟量输入）测量通道，当需要同水库补水设备联动时，需要另外占用一个 DO（数字量输出）通道。二线制接线方式和投入式压力变送器相同。

6.1.3　水泵监控原理

常用的水泵控制方式一般有两种：常规控制和变频控制。常规控制方式下，根据其启动方式的不同，又可分为全压启动和降压启动，降压启动还可进一步细分为：星－三角降压启动、自耦降压启动、软启动器降压启动等。

（1）常规控制方式

1）全压启动。全压启动是最简单、最经济、最可靠的启动方式，也是人防工程使用最多的水泵启动方式。图 6-5 为全压启动水泵的电气控制原理图，表 6-2 为该控制方式下的测点表。

表 6-2　浮球液位开关测量水位时水泵监控测点表

序号	测点描述	AI	AO	DI	DO	II	接口描述
1	超高液位			1			浮球液位开关的超高液位接点
2	超低液位			1			浮球液位开关的超低液位接点
3	水泵运行状态			1			水泵接触器辅助触点
4	水泵故障状态			1			水泵热继电器辅助触点
5	水泵停机控制				1		水泵强制停机辅助触点

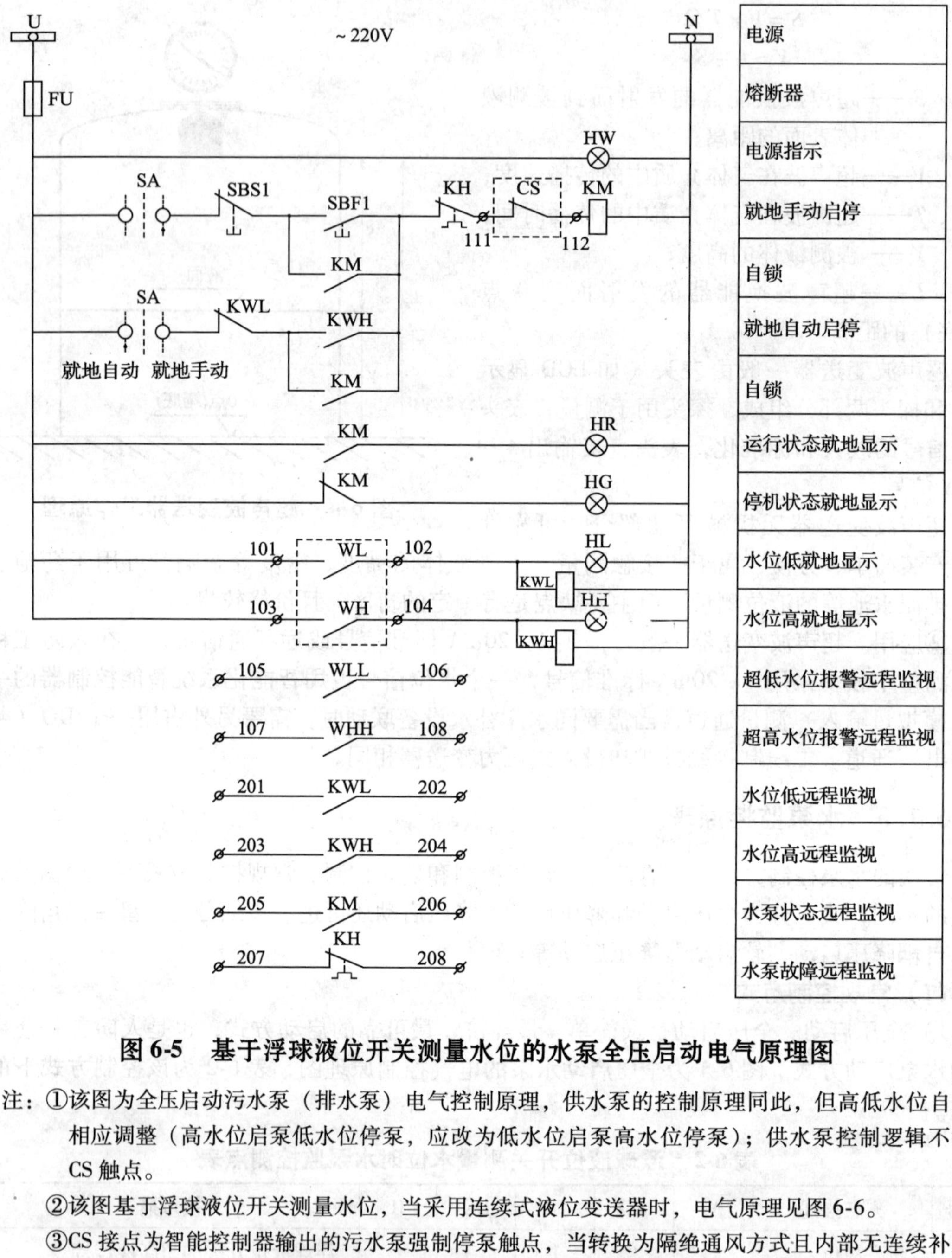

图 6-5 基于浮球液位开关测量水位的水泵全压启动电气原理图

注：①该图为全压启动污水泵（排水泵）电气控制原理，供水泵的控制原理同此，但高低水位自控点相应调整（高水位启泵低水位停泵，应改为低水位启泵高水位停泵）；供水泵控制逻辑不需要CS 触点。

②该图基于浮球液位开关测量水位，当采用连续式液位变送器时，电气原理见图 6-6。

③CS 接点为智能控制器输出的污水泵强制停泵触点，当转换为隔绝通风方式且内部无连续补水水源或者连续补水水量小于排水水量时需要，即使污水液位达到或超过报警液位也应强制停泵。

④水位高或低的远程监测点可视具体情况决定是否需要。

如前文所述，人防工程中的液位测量最好采用连续式液位变送器，此时水泵的控制直接由设备监控系统的智能控制器实施，电气控制原理如图 6-6 所示，其测点见表 6-3。

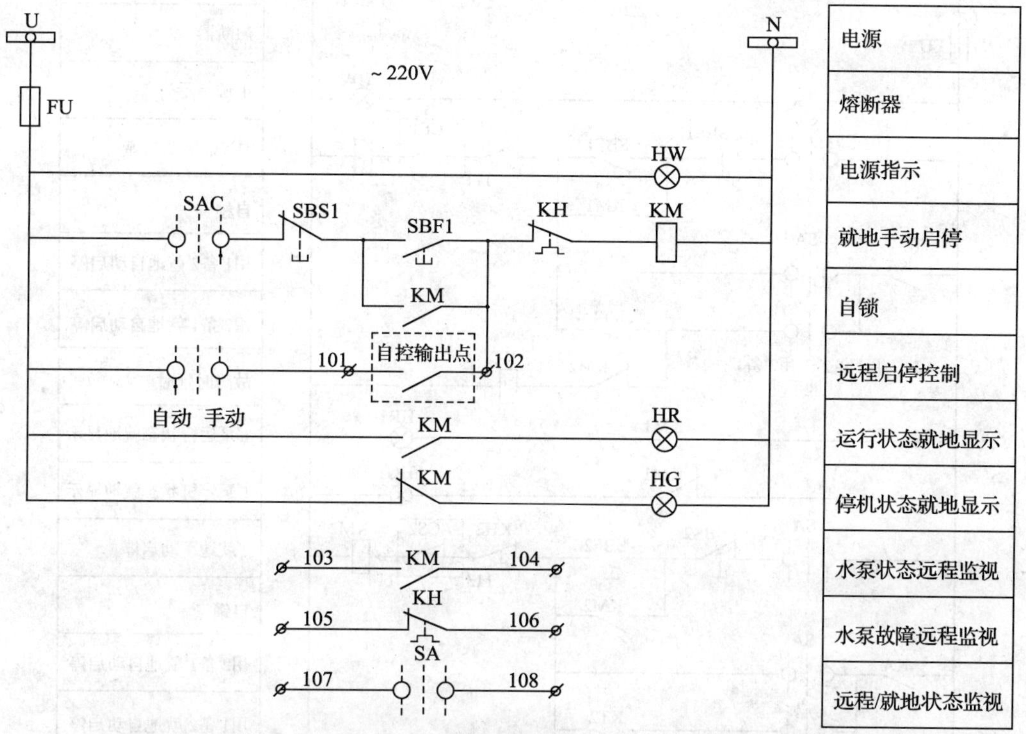

图 6-6　连续液位变送器测量水位时水泵全压启动电气控制原理图

注：①水位的测量由连续液位变送器实现，因此具体启停水泵的动作输出均由智能监控模块发出。在隔绝通风方式下，且需要强制关闭污水泵时，由自控输出点停泵。

②该电气控制原理适用于污水泵和给水泵。

表 6-3　连续液位变送器测量水位时水泵监控测点表

序号	监 控 点	AI	AO	DI	DO	II	接 口 描 述
1	水泵运行状态			1			控制回路接触器辅助触点
2	水泵故障状态			1			热继电器辅助触点
3	手自动转换开关状态			1			手自动转换开关
4	水泵开关控制				1		用于启动停止水泵控制
5	水位	1					水位变送器输出信号

一般来说，水泵的设置经常采用一用一备方式。优先投运的水泵如果出现故障，在设定的时间内不能正常启动，则备用泵自动投入运行，其电气控制原理如图 6-7 所示，其测点见表6-4所示。

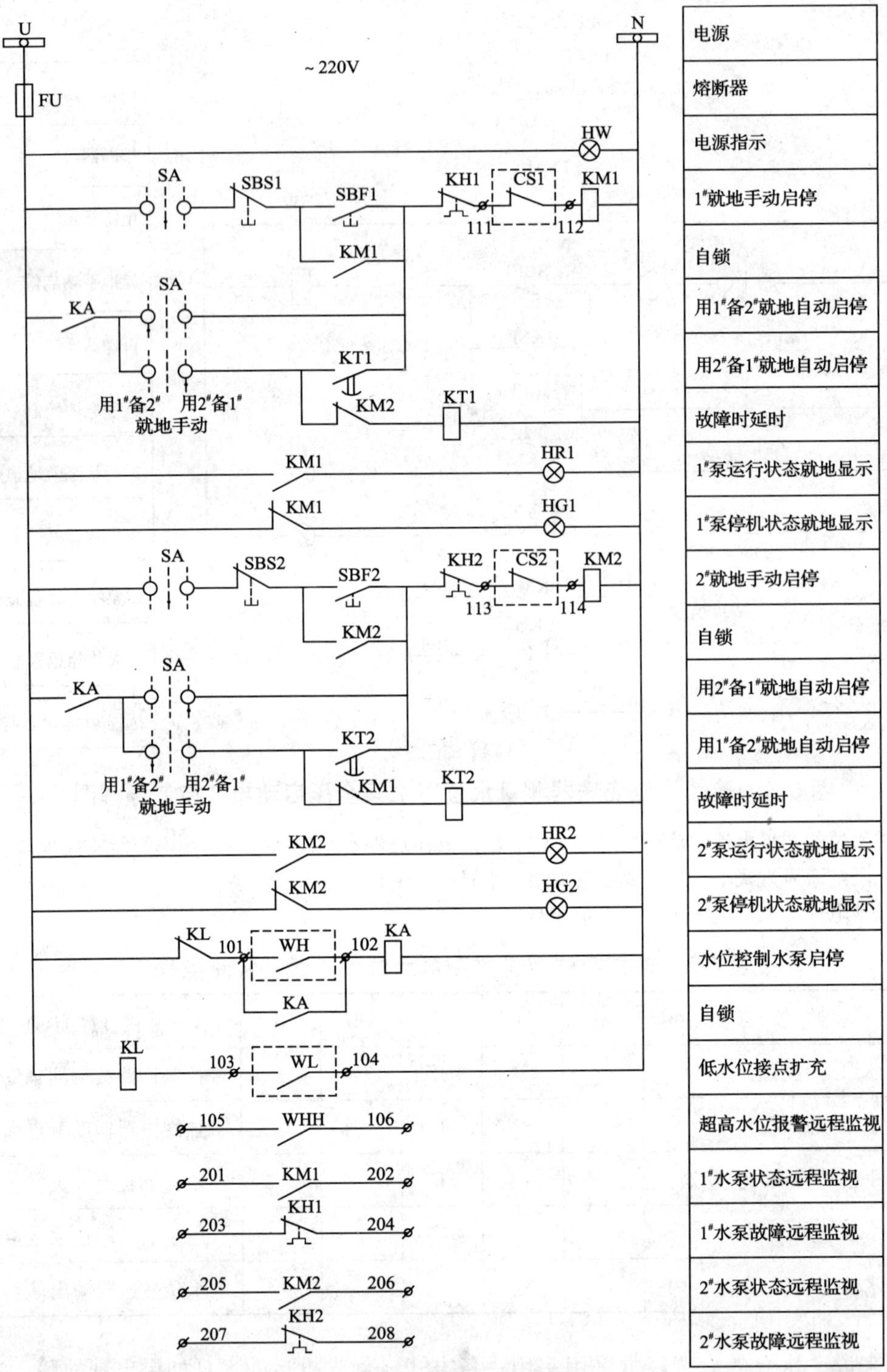

图 6-7　一用一备污水泵电气控制原理图（使用浮球液位计测量污水水位）

注：①该图为一用一备污水泵电气控制原理图，如果是给水泵则水位高低控制点和报警点需要相应调整。

②CS1 和 CS2 接点为监控中心输出的水泵强制停泵触点，当转换为隔绝通风方式且内部无连续补水水源时需要。

表 6-4　一用一备水泵监控测点表

序号	监控点	AI	AO	DI	DO	II	接口描述
1	污水池超高水位报警			1			
2	1#污水泵运行状态			1			1#控制回路接触器辅助触点
3	1#污水泵故障状态			1			1#热继电器辅助触点
4	2#污水泵运行状态			1			2#控制回路接触器辅助触点
5	2#污水泵故障状态			1			2#热继电器辅助触点
6	1#污水泵强停				1		
7	2#污水泵强停				1		

注：两个污水泵的强制停机触点可以共用智能控制器的一个数字量输出接点。

2）降压启动。全压启动虽然简单、可靠，但当电机启动时，会产生较大的冲击电流和冲击转矩，并引起较大的电压降，因此全压启动在10kW以上电机中较少采用。如果负载不能承受全压启动的冲击转矩，或其端电压降不能满足规范要求，或者电网波动影响其他负载的正常运行时，应采取措施采用降压启动方式。

降压启动一般有以下几种常用方式：星－三角降压启动、自耦降压启动和软启动器降压启动等。

星－三角降压启动器需要六根出线，控制相对简单，但切换时会出现较高的电流转矩峰值，适用于空载或低阻性转矩启动。该降压启动方式在人防工程中应用较多，图6-8为人防工程水泵的星－三角降压启动电气原理图。

自耦降压启动器在启动时会产生大压降和高电流峰值，并存在二次大的冲击电流，其启动电流约为电动机额定电流（I_e）的7倍。自耦降压启动器体积大，笨重复杂，故障率较高，且维护工作量大，不能频繁启动，一般不适用于人防工程需求。

软启动器中应用最多的是电子式软启动器，它可以限制启动期间的压降，没有冲击转矩和电流，力矩匀速平滑上升，保护传动机械、设备和人员，并节省能源，而且启动电流可视负载轻重调整。这种软启动器体积小，故障率与维修费较低，可以满足人防工程的要求。电子式软启动器一般采用大功率晶闸管作为主回路的开关元件，通过单片机控制其导通角从而实现软启动，既能保证电机在负载要求的启动特性下平滑启动，又能降低对电网的冲击。但软启动器的价格较贵，且带微处理芯片，需要注意核电磁脉冲的防护设计，因此其在人防工程中应用不多。

（2）变频控制

变频器调速的原理是：通过整流桥将工频交流电压变换为直流电压，再由逆变桥变换为频率可调的交流，作为交流异步电动机的驱动电源，使电动机获得无级调速所需的电压和电流。

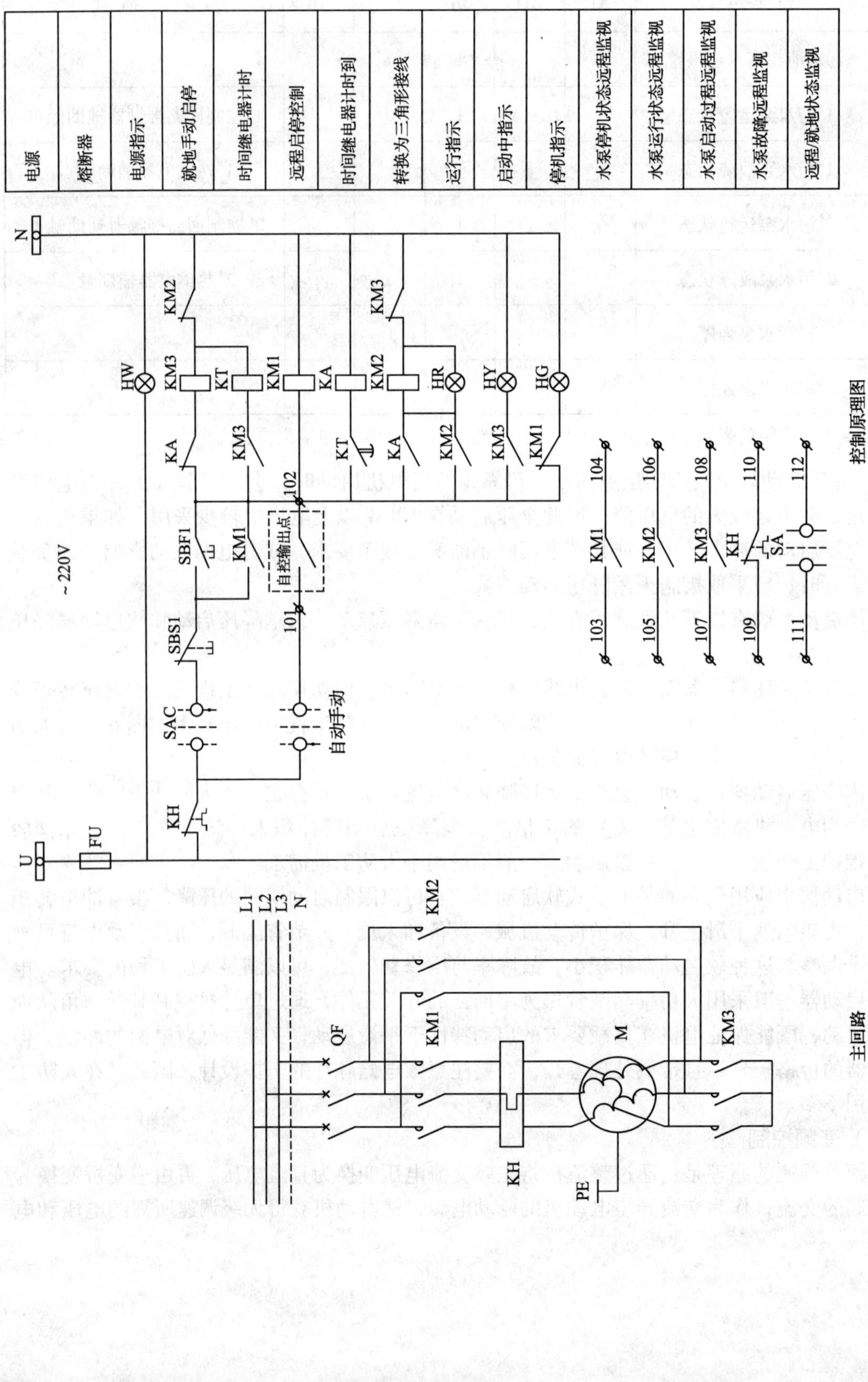

图 6-8 水泵星－三角降压启动原理图

变频调速恒压供水控制装置能够极大地改善给水管网的供水环境，可根据管网瞬间压力变化，自动调节水泵电机的转速和多台水泵电机的投入及退出，使管网主干出口端保持在恒定的设定压力值，整个供水系统始终保持高效节能，并运行在最佳状态。变频控制技术已在人防工程中得到越来越多的应用。

水泵供水系统具有管网特性曲线，即通道管网的流量与所消耗的能量之间的关系曲线，它同时表明水泵的能量用来克服泵系统的水位及压力差、液体在管道中流动的阻力。

水泵运行工作点位置与水泵负载有关，在水泵负载经常变化的情况下，水泵不能总处在高效区域里工作。为使水泵适应外界负载变化的要求，采用变速调节，即在管网特性曲线基本不变时，采用改变水泵转速来改变泵的 $Q-H$ 特性曲线，从而改变它的工作点，达到既能改变流量又能保证水泵恒定和输入功率减少的目的，如图 6-9 所示。

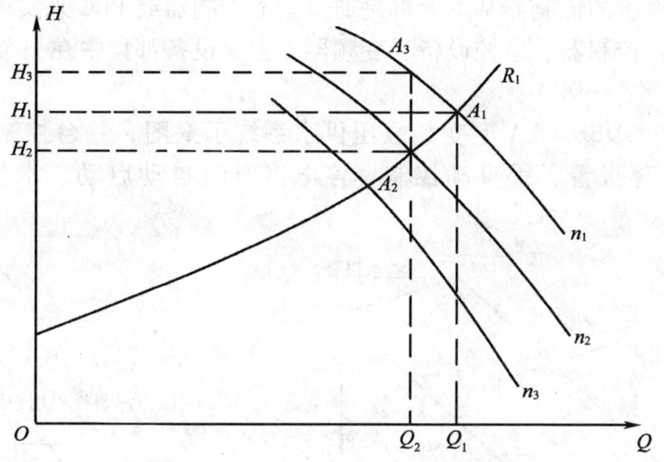

图 6-9　水泵变速运行图

注：Q 表示流量，H 表示扬程，n 表示水泵转速。

根据水泵的相似定律，变速前后流量、扬程、功率与转速之间关系为：

$$\frac{Q_1}{Q_2}=\frac{n_1}{n_2}\quad \frac{H_1}{H_2}=\left(\frac{n_1}{n_2}\right)^2\quad \frac{P_1}{P_2}=\left(\frac{n_1}{n_2}\right)^3$$

式中 P_1、H_1、Q_1 为转速 n_1 时的功率、扬程、流量；P_2、H_2、Q_2 为转速 n_2 时的功率、扬程、流量。由此可见，当水泵在变负荷工作情况下，采用变频器调节水泵电机转速时，轴功率随转速比的三次方关系进行变化，节电效果明显。

图 6-10 为变频供水系统一般结构示意图，控制器给定水泵管网供水压力值，变频器根据此值输出一定频率的交流电源至水泵电机，拖动水泵稳定运行，并输出与压力对应的供水流量，保证水泵管网的压力与控制器的给定压力平衡。压力传感器实时检测管网压力，并反馈至控制器，控制器根据反馈压力与给定压力的差值，调整变频器的输出频率，实现电机的速度调节，改变水泵流量，保证供水管网压力始终稳定在给定值附近，实现了变频调速恒压供水系统的闭环调节。n 台泵在控制器控制下，均由变频器实现软启动。

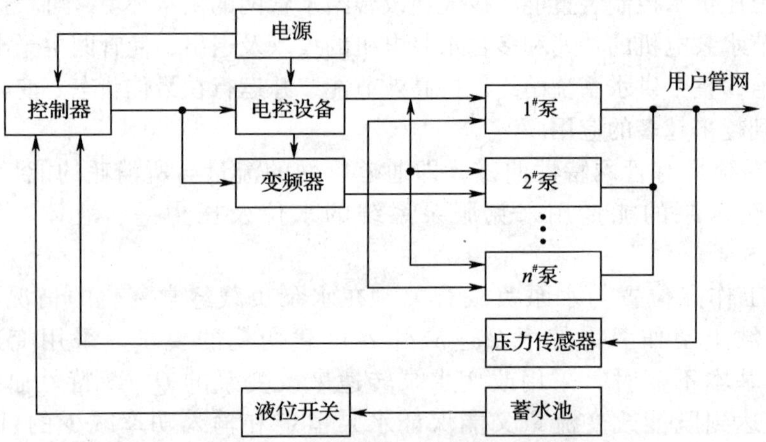

图 6-10　变频供水系统结构示意图

目前变频控制系统的控制器基本上都是通过智能控制器或 PLC 来实现。

在实际应用中，控制器、电控设备、变频器等主要设备都集中在一个柜子中安装，称之为变频控制柜。

图 6-11 为国产 GDBS－1A 型变频恒压供水系统示意图，一台控制器可控 2～4 台主变频水泵，具有故障报警、手自动控制、停电恢复时自动启动、水位控制、循环软启动等功能。

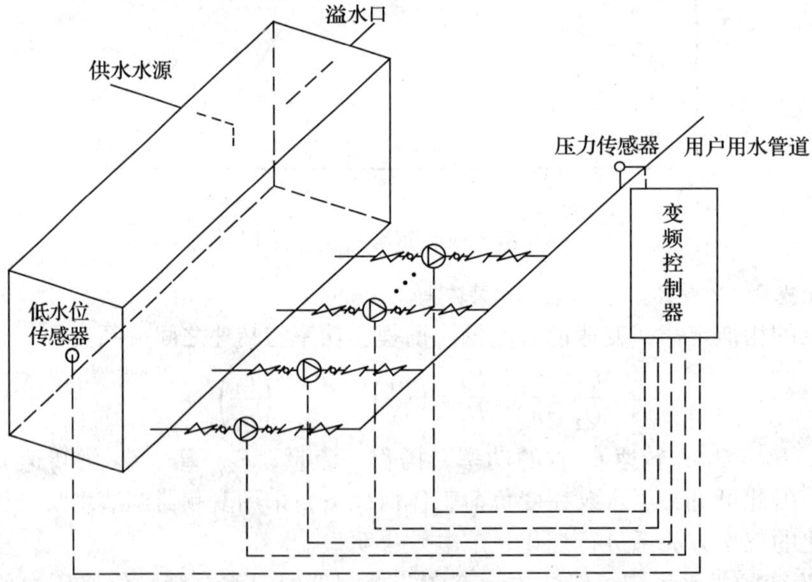

图 6-11　GDBS－1A 型变频恒压供水装置

对于通过变频控制供水的工程，设备监控系统不直接控制供水水泵，而是通过与变频供水系统的 PLC 主控制器通信，间接控制变频水泵。变频主控 PLC 通过智能协议转换器 LM1002 集成到设备监控系统。监控系统实现的功能包括：水泵启动和停止、水泵变频调速、给水系统的压力设定或修改等，测点情况如表 6-5 所示。

表 6-5 变频水泵监控测点表

序号	监 控 点	AI	AO	DI	DO	II	接 口 描 述
1	变频水泵的运行状态			1		1	RS232/485
2	变频水泵故障状态			1		—	
3	变频水泵手自动转换状态			1		—	
4	变频系统的启停控制				1	—	
5	水流开关监测			1		—	
6	供水管网给水压力监测	1				—	
7	供水管网给水压力设定		1			—	
8	变频控制 PID 参数设定					—	

注：①变频水泵的主控 PLC 通过智能协议接口与 LM1002 连接，实现与设备监控系统的集成。通过该智能接口可以监测所有该变频水泵的相关参数，并修改或设定参数；也可以监控相关设备。

②以上测点仅供参考，实际数量应根据具体工程的系统配置进行统计。

6.1.4 水阀或油阀监控原理

进出人防工程的所有给排水管、油管，包括空调除湿机使用的冷却循环供、回水管，在其进出工程时，需要设置防护阀门。防护阀门一般为电动密闭闸阀，战时不允许断水的供水管道必须安装防爆波阀门。

阀门的安装位置一般不便于人员进出，为维护造成一定的困难，采用设备监控系统对这些阀门实现远程监控和巡检显得非常必要。目前工程中常用的电动水（油）阀主要有两种：采用继电器控制的电动阀门和采用 DDC 控制器或 PLC 控制的智能电动阀门。

（1）采用继电器控制

采用继电器控制的电动水阀电气控制原理参考第 5 章通风空调系统监控中电动密闭风阀的电气控制原理图。

电动水（油）阀在现场通过专门的阀门控制箱控制，控制箱内通过继电器实现对阀门的正反转和限位控制，箱体上一般提供手自动转换开关和操作按钮。设备监控系统通过阀门控制箱内预留给自控的继电器触点实现阀门的监控，其测点要求一般为 3 个 DI 和 2 个 DO。3 个 DI 分别为电动阀门开到位、电动阀门关到位和电动阀门手自动转换开关状态信号，2 个 DO 分别为开阀和关阀信号。有些阀门的监测点还包括阀门的热继电器辅助触点。

（2）采用控制器控制

智能型电动水（油）阀将 DDC 控制器或 PLC 嵌入并集成到阀门装置的本体中，通过 DDC 控制器或 PLC 的控制逻辑取代传统阀门控制箱的继电器控制逻辑。智能型电动水（油）阀通过 DDC 控制器或 PLC 的通信接口与其他系统集成。

设备监控系统采用智能协议转换器 LM1002 同智能型电动水（油）阀的控制器通信，底层一般采用 RS－485 规范，上层要求提供标准通信协议或详细的自定义协议。一台协议转换器 LM1002 可通过 RS－485 总线连接多个（一般不超过 8 台）智能型电动水（油）阀控制器。

设备监控系统对智能型电动水（油）阀的控制一般包括开阀和关阀，并监测就地远程转换开关状态、阀门关到位状态、阀门开到位状态、阀门故障报警状态、阀门开关过程状态以及控制器的通信状态等，具体如表6-6所示。

表6-6　智能型阀门监控测点表

序号	监控点	AI	AO	DI	DO	II	接口描述
1	就地/远程转换开关状态			1		1	RS232/485
2	阀门关到位状态			1		—	
3	阀门开到位状态			1		—	
4	阀门故障报警			1		—	
5	阀门关控制回读（正在关状态）			1		—	
6	阀门开控制回读（正在开状态）			1		—	
7	PLC通信状态			1		—	
8	阀门关控制				1	—	
9	阀门开控制				1	—	

注：①智能阀门控制器通过通信接口与智能协议转换器LM1002连接，实现与设备监控系统的集成。通过该智能接口可以监测所有该阀门（或多个阀门）的相关状态，并控制阀门。
②以上测点仅供参考，实际数量应根据具体智能阀门的测点进行统计。

6.2　给水系统监控

6.2.1　人防工程给水系统

人防工程给水水源主要有市政给水和工程内部的地下水源。平时由市政管网直接供水，战时在市政给水遭到破坏时，启用工程内部的给水系统。

工程内部一般设有蓄水水库，市政管网和工程内部地下水源间断性地向水库补水，通过水库实现向用水对象的连续供水。根据功能的不同，人防工程蓄水水库一般分为生活水库、机械水库、消防水库三种。也有的工程中将某些水库合并设计，或者只设计一个蓄水水库同时兼有生活用水、空调用水、发电机用水、消防用水、洗消用水的功能。此时需要注意各种不同功能用水的不同要求，并采取一定的工程技术措施，如必须保证生活用水取水口高于消防用水的取水口等。

在市政管网进入工程时，需要对给水管采取防护措施，一般在给水管道上加设防爆波电动阀门，防止出现核袭击时冲击波沿进水管道进入工程，并防止毒剂袭击时有毒气体进入工程内部对人员和设备造成伤害。进入人防工程的输油管，同样有此要求。

工程内部地下水源通过深井泵（潜水泵）向水库补水，深井泵的启停同水库的水位联锁，高水位停泵，低水位启泵。

人防工程中一般采取通过水泵或高位水库向用水设备或对象提供一定水压的供水方式。如果采用水泵，则常采用变频调速泵，根据终端用户的用水量调整变频调速泵的台数和转速来满足用水量的需要。

综上所述，给水系统主要有水库、深井泵、变频泵、防爆波电动水阀等要素组成。给水系统的监控主要是对以上各个要素的运行状态、参数进行监测和控制，保证系统运行满足人防工程供水要求。

人防工程中常见的给水方式有三种：水泵直接供水、高位水箱/库供水和气压罐压力供水。需要说明，本节所述的人防工程给水主要考虑战时环境下的工程给水系统，人防工程平战结合的原则要求平时宜由市政给水管网供水，战时市政供水设施遭到破坏后，才使用战时供水系统。

6.2.2 给水系统的设备监控

（1）水泵直接给水

水泵直接给水是用水泵直接向工程内终端用户提供一定水压的供水方式。通常在给水泵前建有贮水池或水库，一方面满足隔绝方式下用水需求，另外还可避免水泵大水量不均衡供水对城市管网的影响。这种供水系统采用恒速泵加变频调速泵的供水方式，即根据终端用户的用水量调整恒速泵的台数与变频调速泵的转速来满足用户用水量的需要。图 6-12 是水泵直接供水监控的原理图。

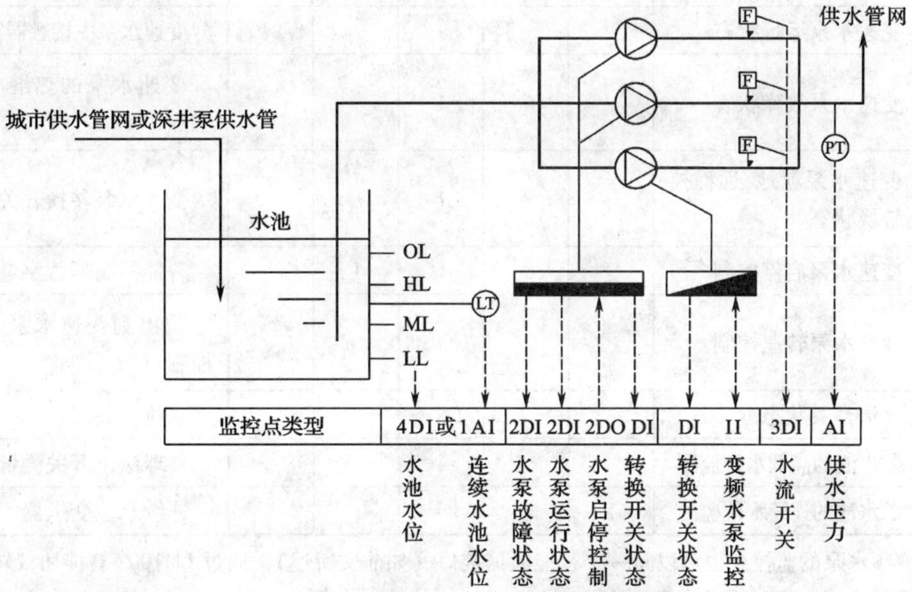

图 6-12　水泵直接供水监控原理图

安装在水泵输出口的水管式压力传感器检测管网压力，控制器根据该值与设定值的比较偏差控制变频器的输出频率，实现水泵的转速控制，将供水压力维持在设计范围内。系统运行时，调速泵首先工作，当调速泵不能满足用水量要求时，自动启动恒速泵；反之，压力过高时，也是先调低调速泵的转速，然后再减少恒速泵的运行台数。

由多台水泵组成的系统中，几台水泵互为备用，当一台水泵故障时，备用水泵自动投入使用，以保证系统的正常工作。为延长各水泵的使用寿命，通常要求各个水泵累计运行时间尽可能相同。因此，每次启动水泵时，应优先启动累计运行时间少的水泵，监控系统应自动记录设备的累计运行时间。

监控系统应监测水库的溢流水位、停泵水位、启泵水位和报警水位。只有水位高于启泵水位时，生活水泵才能启动，以免倒空。当贮水池水位高于溢流水位或低于报警水位时，控制系统报警，同时控制水池供水装置停止或开启。贮水池的水位也可以使用连续式水位变送器连续测量，准确掌握贮水量信息。表 6-7 为水泵直接供水系统的监控测点。

表 6-7　水泵直接供水系统的监控测点

序号	监控点	AI	AO	DI	DO	II	接口描述
1	供水压力	1					供水干管上的压力变送器，也可取自变频控制器的监测值
2	恒速水泵运行状态			1×2			水泵运行主接触器辅助触点
3	恒速水泵故障状态			1×2			水泵的热继电器辅助触点
4	恒速水泵就地/远程控制转换状态			1			转换开关触点
5	恒速水泵启停控制				1×2		智能控制器数字量输出
6	变速水泵运行状态			1			变速水泵主接触器辅助触点
7	变速水泵故障状态			1			变速水泵的热继电器辅助触点
8	变速水泵就地/远程控制转换状态			1			变速水泵转换开关触点
9	变速水泵启停控制				1		智能控制器数字量输出
10	变速水泵转速控制		1				输出到变速水泵的变频器控制口
11	水流开关状态			1×3			水流开关
12	贮水池的高低水位监测			4			浮球液位开关测量点
13	贮水池的连续水位监测	1					连续水位变送器

注：变频水泵的监控点也可以是一个智能通信接口（如前文所述），通过 LM1002 智能协议转换与监控系统连接，存取所有的相关数据。

（2）高位水箱/库供水

在工程内的高地势位置设置高位水箱/库，用水泵将水输送到高位水箱/库，再通过高位水箱/库的自然水压向水管网供水。通常生活用水与消防用水设置独立的高位水箱/库。如果生活用水与消防用水共用一个水箱/库时，可将生活用水的出水管安装在消防用水出水管的上面，以保证通常的生活用水水位不低于消防用水要求。

图 6-13 为高位水箱/库供水监控原理图。

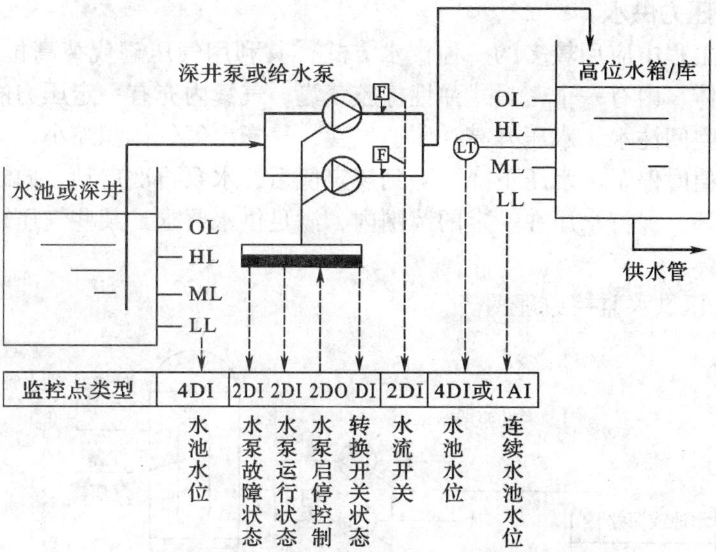

图 6-13 高位水箱/库供水监控原理图

在高位水箱/库中安装浮球液位开关，设置4个液位状态接点，分别为溢流水位、停泵水位、启泵水位和低报警水位。控制器根据液位开关控制深井泵或给水泵的启停。当高位水箱/库低于启泵水位时，控制器自动启动水泵，向高位水箱/库供水；当高位水箱/库达到停泵水位时，控制器自动停止水泵；如果水位达到停泵水位而水泵未停止，则水位继续上升，达到溢流水位，控制器回发出声光报警信号，提示维护人员及时处理。同样的，当水位低于启泵水位但水位未启动，用户继续用水会导致水位达到低报警水位，控制器也发出报警信号，提示维护人员及时处理。当工作泵出现故障，备用泵自动投入运行。多台泵协调运行时，还需要考虑水泵的累计运行时间。对于供水水池或深井，可设置液位开关，也可设置连续式液位变送器，各种启停水位和报警水位可以在系统投入运行后设置或修改。表6-8为高位水箱/库供水监控系统的测点表。

表 6-8 高位水箱/库供水系统监控测点表

序号	监控点	AI	AO	DI	DO	II	接口描述
1	给水泵/深井泵运行状态			1×2			水泵主接触器辅助触点
2	给水泵/深井泵故障状态			1×2			水泵的热继电器辅助触点
3	给水泵/深井泵就地/远程控制转换状态			1			手自动转换开关触点
4	给水泵/深井泵启停控制				1×2		智能控制器数字量信号输出
5	水流开关状态			1×2			水流开关
6	水池或深井的水位监测			4			浮球液位开关测量
7	高位水箱/库的水位监测			4			浮球液位开关测量
8	高位水箱/库的连续水位监测	1					连续水位变送器

注：如果图6-13的左侧不是深井而是水库，则可以使用液位变送器连续测量水位。

（3）气压罐压力供水

这是在人防工程中应用较多的一种供水方式，其利用气压罐代替高位水箱/库。气压罐的外层为金属罐体，内有一个密封式弹性橡胶气囊，气囊内充有一定压力的氮气，水泵向罐体与气囊之间的空间注水，水压升高，压迫气囊，气囊内氮气体积缩小，当罐体和气囊间的水压力达到规定值时停泵。水压下降，降到规定值后，水泵再次启动，向罐内注水，水压再次升高，如此循环，保持水压在一定的范围内，满足供水要求。某些气压罐还附带小型压缩机，供给压缩气体。

图 6-14 为气压供水监控原理图。

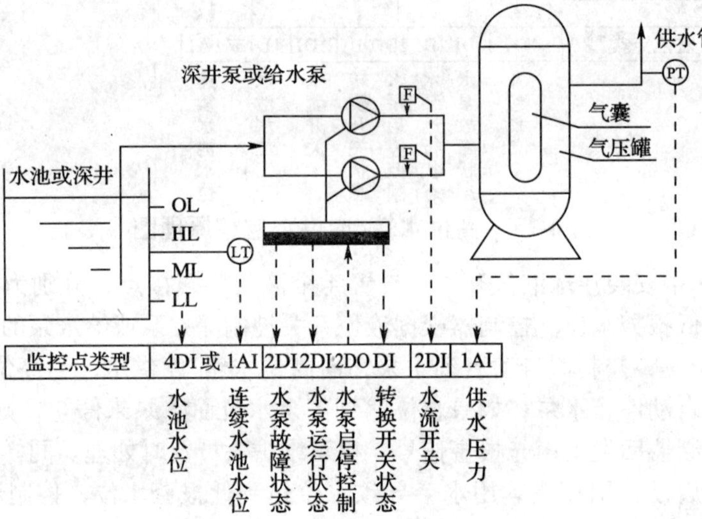

图 6-14　气压供水监控原理图

上图中按照恒速水泵的原理进行供水监控，工程实际中还可以使用变频泵，通过水管式压力变送器检测给水管网输出口的压力，控制器将测量的压力值与设定值比较，根据比较的偏差大小控制水泵的启停或变速，保证压力在设定范围内。表 6-9 为气压供水系统的监控测点表。

表 6-9　气压供水系统的监控测点表

序号	监 控 点	AI	AO	DI	DO	II	接 口 描 述
1	供水压力	1					供水干管上压力变送器
2	给水泵/深井泵运行状态			1×2			水泵主接触器辅助触点
3	给水泵/深井泵故障状态			1×2			水泵的热继电器辅助触点
4	给水泵/深井泵就地/远程控制转换状态			1			手自动转换开关触点
5	给水泵/深井泵启停控制				1×2		智能控制器数字量输出
6	水流开关状态			1×2			水流开关
7	水池或深井的水位监测			4			浮球液位开关测点
8	水池的连续水位监测	1					取自连续水位变送器

6.3 排水系统监控

6.3.1 人防工程排水系统

人防工程的污、废水能在高程上重力流排出并无倒灌可能时，可采用重力流排出，否则应采用机械排出。在隔绝防护时，人防工程不得向外排水，对能持续均匀地补水，且补水水量大于排水水量时，可以向外排水。

排水种类包括：生活污水、生产废水、洗消污水，以及平时使用的消防废水。污水集水池（坑）是收集储存并排出人防工程污水的必要设施。污水池应设置超高水位报警装置。

排水系统由污水泵、污水池、排污管道和相应的阀门组成。排水管道出工程的防护密闭墙或人防围护结构时，必须安装防护阀门，一般选择防爆波电动闸阀。采用自流排水的核5级、核6级和核6B级的甲类防空地下室，其非生活污水需要在防空地下室外部的适当位置设置水封井，水封深度不应小于300mm；对生活污水，在防空地下室外的适当位置设置防爆波化粪池。水封措施是防止排水管道系统内的臭气以及室外有毒有害气体漂溢到室内的重要措施。

平时或战时清洁通风方式下，污水排放的过程为：污水池水位高于设定的启泵水位时，污水泵运行，污水排放管道上的阀门均处于开启状态；当污水水位低于设定的停泵水位时，污水泵停止运行；当污水水位低于设定的最低水位时，如果污水泵仍继续运行，则应报警；当水位高于上限水位时，同样需要报警，防止污水外溢。

6.3.2 排水系统的设备监控

人防工程的排水系统监控原理见图6-15所示。

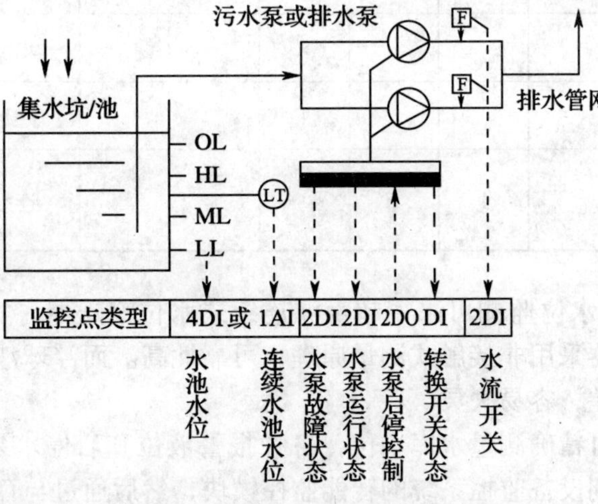

图6-15 排水系统的监控原理图

人防工程污水池中的污水泵一般采用用一备一的方式，电气控制原理如图 6-7 所示。污水泵与污水池液位的联动控制一般通过污水泵控制箱中的继电器控制逻辑实现，但需要注意，设备监控系统必须增加一个强制停泵触点，以免在滤毒和隔绝通风方式下污水泵开启造成工程内部出现负压。

在污水集水坑/池中，设置液位开关，分别检测停泵水位、启泵水位和溢流报警水位。控制器根据液位开关状态（水位状态）控制排水泵的启停。当集水坑液位达到启泵水位时，控制器自动启动污水泵运行。当集水坑液位达到启泵水位，但水泵未能及时运行时，集水坑水位会继续升高，当达到溢流报警水位时，监控系统发出报警信号，提醒维护人员及时处理。反之，如果集水坑水位达到停泵水位，而污水泵未能停止，会使集水坑液位持续下降，直到达到下限水位，监控系统同样进行报警。监控系统设计时，同样需要考虑备用泵的自动启动和各泵的累计运行时间均衡。

通过比较水泵的运行状态与浮球液位开关的测量状态可以判断一些故障现象。例如，水库已为超高水位报警，但污水泵仍未运行，此时污水泵或污水泵控制回路可能出现故障。表 6-10 为排水系统的监控测点表。

表 6-10　排水系统的监控测点表

序号	监 控 点	AI	AO	DI	DO	II	接 口 描 述
1	污水泵运行状态			1 × 2			污水泵主接触器辅助触点
2	污水泵故障状态			1 × 2			污水泵的热继电器辅助触点
3	污水泵就地/远程控制转换状态			1			手自动转换开关触点
4	污水泵启停控制				1 × 2		智能控制器数字量输出
5	水流开关状态			1 × 2			水流开关
6	污水池水位监测			4			浮球液位开关测点
7	污水池的连续水位监测	1					连续水位变送器

图 6-15 中的污水池水位监测可采用超声波连续式水位变送器，实现污水水位的准确、可靠测量。超声波变送器采用非接触式测量原理，可靠性高。而浮球液位开关的测量部件需要潜入污水池，可靠性差，容易失灵。

连续式水位变送器可精确测量水库水位，各种报警液位和启停水泵的液位阈值可修改。污水液位的具体参数送到设备监控系统的智能监控模块，然后通过与存储在设备监控系统中的各种设定液位比较，从而实现对污水泵的控制。

污水池的超高水位和超低水位均应监测，超高水位意味着水泵故障而无法开启；而超低水位一般意味着水泵停机逻辑故障，水泵无法停止运行。

6.4 电站油系统监控

电站油系统主要包括油泵和油库（箱）。油库（箱）储存柴油，满足人防工程柴油发电机的发电用油需求。油箱分两类，一类用于储备用油，另一类用于柴油发电机运行时用油（日用油箱）。相应的油泵一般也分两类：一类用于口外油罐车通过输油管道泵入储备油箱；另一类用于柴油发电机运行时，从日用油箱往机组内泵油，该类型油泵属于柴油发电机的附属设备，一般由机组本身控制器控制。

从工程外的油罐车往储备油箱供油的事件不会经常发生，因此该油泵一般不需要监控。如果根据工程实际需要监控时，油泵的控制原理参考水泵电气控制原理图。

油箱油位检测一般采用连续式液位传感器，可连续实时测量油箱油位，从而计算出贮油量，为发电机用油的科学管理提供依据。连续式液位传感器的测量原理如前文所述。需要注意，油库（箱）属于易燃易爆场合，油位的测量应选择防爆液位变送器，最好选择本安类型产品。

每个油库（箱）油位测量占用设备监控系统的 1 个 AI 通道。油位变送器一般采用二线制接线，信号输出为直流 4 ~ 20mA。

6.5 给排水系统监控设计实例

6.5.1 工程概况

某人防工程给排水系统以市政给水作为本工程的外水源，平时由市政管网直供，战时在市政给水遭到破坏时，启用工程内部的深水井给水系统。

深水井设置于水泵房，深水井内设深水泵两台（一用一备）。综合水库一个，用于生活用水、饮用水及消防用水。深水井内设置浮球液位开关，缺水时保护水泵，要求综合水库水位与深井泵联动，给水系统采用变频恒压供水装置一套。空调和发电机组的冷却循环水库一个，四台空调冷却水泵由空调机组本身的控制器控制，两台发电机冷却水泵也由发电机本身自带的控制器控制。一组消火栓泵、一组自动喷淋泵、一组水喷雾泵由火灾自动报警及消防联动系统控制。

空调室一个，有两台空调机组；发电机房一个，有两台发电机组，采用水冷却方式。

工程排水系统设置五个污水池、分别存放生活、洗消等产生的污水，每个污水池内设置用一备一的潜污泵。污水池设有浮球液位开关，潜污泵通过液位开关与污水池水位实现联动。

电站柴油发电机房设有储油箱两个。

一个新风机房，一个排风机房，无给排水相关设备。

进水管、排污管和输油管上各有一道防爆波电动闸阀。

6.5.2 需求分析

本节并不讨论整个设备监控系统的需求分析和设计，仅仅讨论给排水系统相关的内容。

根据工程实际情况，将给排水系统的监控内容做以下总结：①连续监测综合水库和冷却循环水库水位，水库水位与深井泵联动控制；②深井泵运行时，如果深井内缺水，则深井泵停机；③深井泵是否缺水由深井中浮球液位开关判断；④连续测量两个油箱油位；⑤根据供水管道的供水压力控制变频水泵组；⑥根据污水池水位启停污水泵，在隔绝和滤毒通风方式下强制停泵；⑦监控进水管、排污管和输油管上的电动闸阀，在隔绝通风时强制关闭。

6.5.3 监控设计

根据工程实际情况，测点列表，如图 6-11 所示。

表 6-11 给排水监控系统测点表

序号	设备名称	安装位置	配电箱/柜		测点类型				备注
			名称	位置	DI	DO	AI	智能口	
1	综合水库水位变送器	水泵房	—	—			1		
2	冷却水库水位变送器	水泵房	—	—			1		
3	1#油箱油位	电站油库	—	—			1		
4	1#油箱油位	电站油库	—	—			1		
5	深井浮球液位计	深井	—	—	1				
6	深井泵一用一备	水泵房	DS1	水泵房	5	1			见注 1
7	给水管电动闸阀	一口防护密闭门内	DS1	水泵房	3	2			
8	排水管电动闸阀	一口防护密闭门内	DS1	水泵房	3	2			
9	输油管电动闸阀	一口防护密闭门内	DS1	水泵房	3	2			
10	变频供水泵	水泵房	DS2	水泵房				1	见图 6-11
11	一口 1#污水泵组	一口 1#污水泵房	AP1	一口 1#污水泵房	5	2			见图 6-7
12	一口 2#污水泵组	一口 2#污水泵房	AP2	一口 2#污水泵房	5	2			见图 6-7
13	一口 3#污水泵组	一口 3#污水泵房	AP3	一口 3#污水泵房	5	2			见图 6-7
14	二口污水泵组	二口污水泵房	AP4	二口污水泵房	5	2			见图 6-7
15	电站污水泵组	电站污水泵房	AP5	电站污水泵房	5	2			见图 6-7
测点小结					40	17	4	1	

注：①深井泵一用一备控制回路参考图 6-6，5 个 DI 分别为手自动转换开关状态、2 个水泵的运行状态和故障状态。

②变频水泵组通过 LM1002 智能协议转换器接入设备监控网络。变频水泵根据测量的供水压力调节转速，该压力参数也由变频泵组控制器测量。

根据 893 – LM 系列智能控制器的性能参数，做设备配置如表 6-12 所示。

表 6-12　给排水监控系统设备选择列表

序号	设备名称	型号	特点	单位	数量	备注
1	控制器电源	DR4515	45W 15V 直流电源	个	1	
2	开关量控制器	LM1204	16 路输入 16 路输出	个	2	
3	开关量控制器	LM1201	16 路输入	个	1	
4	模拟量控制器	LM1102	8 路模拟量输入	个	1	
5	变送器电源模块	LM1801	8 路 24VDC 输出	个	1	
6	智能协议转换器	LM1002	与变频水泵控制器通信	个	1	
7	控制箱		IP65 防护能力	个	1	
8	浮球液位计		4 个设定液位	个	5	污水水位测量
9	浮球液位计		1 个设定液位	个	1	深井水位测量
10	油位变送器		防爆	个	2	
11	水位变送器			个	2	

以上监控设备统计，是为了表述方便而将整个工程的给排水系统所需智能化系统设备放在一块统计。而实际工程的设备统计不是将风、水、电等系统分割开来分别统计的，而是按照工程的区域来统计的，也就是说一个控制模块有可能同时控制风、水、电系统的设备，但二者的统计方法都是一样的。

明确了自控设备种类和数量之后，便可进行图纸设计。对于设计院而言，主要是进行系统图设计和施工平面图设计，而深化设计如自动控制箱的内部接线图等则是由具体的自控设备供应厂家来完成。

本节为了讨论方便，在制图时将监控给排水系统的所有自动模块全都置于同一个自动箱中，是为了举例方便，这和实际的工程图纸是不同的。给排水系统的监控如图 6-16 所示。

图 6-16　给排水系统监控系统图

7 三种防护通风方式转换控制

三种防护通风方式转换控制系统（以下简称三防转换控制系统）是为满足人防工程的防化要求，能够接收防化控制台发出的信号，并根据信号按预定程序启停风机、阀门等设备，进行清洁、滤毒和隔绝通风方式转换，并显示工程当前通风状态的电气联动控制系统。

三防转换控制系统的控制对象包括：清洁进排风机、滤毒进排风机、循环风机（送风机或回风机）、电动密闭阀门、电动防护（密闭）门、进出工程的给排水管路或油管的电动闸阀、污水泵、三防状态指示及报警装置；一般还需要监测三防报警信息、防护门外进门申请信号、水封井液位及低液位报警信号、过滤吸收器状态和工程超压值等。

从人防工程一体化控制的角度看，三防转换控制是设备监控的一项基本内容，只是其监控对象功能特殊，是关于工程的三种防护通风方式转换的，因此将其单独讨论。在实际工程设计和施工时，三防转换控制应该放在设备监控系统中，统一构思规划，要求设备监控系统必须具备三防转换控制功能。

7.1 三防及三防转换控制概述

这里的三防指传统意义上的三防，即防核武器、生物武器和化学武器，而三防转换控制是人防工程为防护这三种武器打击而采用的三种防护通风方式的转换控制，这三种通风方式分别为清洁、滤毒和隔绝。三防转换控制系统是人防工程特有的、区别于其他楼宇工程的系统，这是由人防工程的特殊功能决定的。人防工程作为战时保障工程，必须具备核武器、生物武器和化学武器的防护能力，以在战时恶劣环境中生存并提供人员掩蔽或战斗力保障。

7.1.1 三防

“三防”是20世纪60到80年代提出的概念，主要指核武器、生物武器和化学武器的防护。核武器是指利用原子核反应瞬间释放出的巨大能量，起杀伤破坏作用的武器。化学武器指装有以毒害作用杀伤人员、牲畜或毁坏植物的有毒物质并能施放这些有毒物质的武器、器材。生物武器指由专门用来杀伤人畜，毁坏农作物的致病微生物和毒素等（又称生物战剂）及其施放器材构成的，用以危害人畜健康的一种武器。

(1) 核武器及防护

核武器是利用原子核反应瞬间释放出的巨大能量，起杀伤破坏作用的武器，包括原子弹、氢弹、中子弹等。核武器的爆炸方式有空中爆炸、地面爆炸、地下爆炸以及水面爆炸和水下爆炸等几种。不同的爆炸方式，杀伤破坏效果不同。核武器的杀伤破坏因素主要有光辐射、冲击波、早期核辐射、核电磁脉冲和放射性沾染等，前四种一般只出现在爆炸后几十秒钟时间内，因此统称为瞬时杀伤破坏因素。放射性沾染持续的时间较长，可持续几天或更长时间，称缓效杀伤破坏因素。五种杀伤破坏因素在总能量中所占的比例分别为：冲击波50%、光辐射35%、放射性沾染10%、早期核辐射5%、核电磁脉冲所占比例很小。

①光辐射。光辐射（又称热辐射），是爆炸后 1 ~ 10s 时间内的闪光及高温火球辐射出来的强光和热。具有大量热能，直接照射无隐蔽人员会造成烧伤。如果用眼睛直接看核爆炸的火球，会造成眼底烧伤。在爆炸中心附近人员吸入被光辐射加热的空气，会造成呼吸道烧伤。光辐射能引起大面积火灾，烧坏物体，同时造成人员的间接伤亡。

②冲击波。冲击波是核爆炸时（几十秒钟内）产生的高速高压气浪，能对人员、物体等造成挤压、抛掷作用。冲击波还可造成建筑物等倒塌，从而造成人员的间接伤害。

③早期核辐射。早期核辐射（又称贯穿辐射），是核武器特有的一种杀伤破坏因素。形成早期核辐射是爆炸最初十几秒钟内放射出来的肉眼看不见的射线，能使光学玻璃变暗、胶卷曝光、化学药品失效，能影响电子仪器性能。早期核辐射作用于人体时无特殊感觉，能破坏人的组织细胞，使人得急性放射疾病。

早期核辐射一方面能穿透各种物质，另一方面又会被各种物质削弱并吸收。例如 1m 厚的土层或 0.7m 厚的钢筋混凝土能使早期核辐射削弱到原来的 1%。

④核电磁脉冲。核电磁脉冲是爆炸瞬间产生的一种强电磁波，其作用半径可达几千 km，对人员没有直接的杀伤作用，但能消除计算机上储存的信息，使自动控制系统失灵、仪器仪表受到干扰甚至破坏。

⑤放射性沾染。核爆炸后，蘑菇状烟云中含有大量放射性灰尘，当烟云随风扩散时，放射性灰尘因重力作用，逐渐降落到地面或其他物体上，形成一个很大的放射性沾染区。放射性沾染程度，不仅受气象条件影响，同时也与爆炸方式有关，地爆时放射性沾染严重，沾染范围广，持续时间长。

放射性灰尘能放出对人体有害的射线。处于沾染区的人员，或在沾染区外接触了从沾染区撤出的受染人员和物品，会受到放射性体外照射，使皮肤灼伤。若受沾染的物质进入体内，会造成体内照射，其对人员的伤害要比体外照射严重得多。

⑥核武器防护。核武器虽然具有巨大的杀伤破坏作用，但也具有局限性和可防性，只要掌握其致伤规律，做好防护工作，就能减轻或削弱核武器损伤。除采用军事手段摧毁敌核力量的积极防御外，工事防护是最重要和最有效的措施。

光辐射和普通光一样，呈直线传播，有方向性，且作用时间短暂。因此，凡能挡住光线的物体，均能削弱或屏蔽其作用。冲击波传播速度比光辐射慢，且动压是沿地面水平方向传播的。早期核辐射贯穿能力很强，但能被一定厚度的土层或其他物体吸收而减弱，例如 2m 厚的土层就能削弱核辐射 99.99%。放射性灰尘的沉降有一个时间过程，沉降时可以发现，沉降后可用仪器探测，且衰变快，核爆炸后迅速撤离或进入人防工事，就能避免或减轻放射性对人体的作用。

根据核武器杀伤破坏因素的特点，在工事构筑上着重考虑：对光辐射防护，主要取决于隐蔽区的大小及构筑材料的防燃性能；对冲击波防护，主要取决于工事的抗压能力和消波密闭性能；对早期核辐射防护，主要取决于工事构筑材料对核辐射的减弱能力和厚度；对放射性沾染的防护，主要取决于工事构筑材料对核辐射的削弱能力、厚度及密闭性能。防护效果理想的人防工程，在构筑上必须要求有高的抗压防震强度、优良的消波密闭性能和足够的防护层厚度。

（2）化学武器及防护

战争中以毒害作用杀伤人员、牲畜，或毁坏植物的有毒物质叫毒剂。装有毒剂并能施放毒剂的武器、器材统称化学武器。化学武器可通过呼吸道吸入，皮肤渗透，误食染毒食品等多种途径使人员中毒。毒剂一般分神经性毒剂、糜烂性毒剂、窒息性毒剂、全身中毒性毒剂和失能性毒剂，神经性毒剂主要有沙林和维埃克斯。

从化学武器的杀伤途径看，染毒区内人的呼吸器官是最重要的中毒通道，各种气态毒剂和烟雾态毒剂都可通过呼吸道引起中毒；人员眼睛也是毒剂侵入的一个重要途径。对化学武器防护的最根本原则，应是阻隔毒剂侵入人体的各种途径。探测到化学武器袭击后，迅速进入具备防护能力的人防工程是最行之有效的方法。

(3) 生物武器及防护

生物战剂是指在战争中专门用来杀伤人畜、毁坏农作物的致病微生物和毒素。生物武器是由生物战剂及其施放器材构成的用以危害人畜健康的一种武器。生物战剂可装在多种兵器和器材中使用，基本方式主要有：将生物战剂配制成气溶胶布撒、投放带菌昆虫、动物或其他媒介物。

生物战剂是活的病原微生物，可通过呼吸道、胃肠道、皮肤损伤等途径进入人体，在一定的部位寄生，靠人体组织中的养料生存，并大量繁殖，在繁殖过程中产生一些对人有害的毒素，破坏人体组织，使人患传染病。大多数人出现发热、头痛、全身无力、上吐下泻、咳嗽、恶心、呼吸困难、局部或全身疼痛等症状。敌人施放生物战剂后，处于污染区的人员如果吸入污染空气，可以通过呼吸道感染致病，如鼠疫、天花等；如果食用生物战剂污染的水、食物也可得病，如霍乱等；生物战剂可直接经皮肤、黏膜、伤口等进入人体，如炭疽杆菌等；还可以被带有生物战剂的昆虫叮咬而致病。

对生物武器的防护，最根本的策略是阻隔病原微生物侵入人体的多种途径，并紧急隔离污染区。同样，进入具备防护能力的人防工程是最有效的方法，对污染区还应采取隔离、封锁等措施。

(4) 人防工程的三防措施

人防工程要求具备三防能力，这是对人防工程的基本要求。三防能力通过相关专业的专门设计实现，包括建筑结构专业的防护设计、通风和给排水专业的防护设计、发供电专业的三防转换控制系统设计等。各专业设计相互配合，形成人防工程的综合防护能力和三防功能。

建筑专业的防护设计主要包括：防护单元及防护单元间防护密闭门、染毒区与清洁区间的密闭隔墙、人防工程混凝土防护层厚度或经过换算的混凝土防护层厚度、工程出入口数量及形式、出入口第一道防护门或防护密闭门外通道长度、口部的防护密闭、通风及排烟的扩散室、伪装等设计内容。

通风和空调专业的防护设计主要体现在防护通风上，包括：根据工程性质确定工程的防护通风方式、进排风消波设施、清洁与滤毒进排风机及电动密闭阀门、隔绝用循环风机、口部的防毒通道或密闭通道、除尘滤毒装置、超压与防毒通道换气、二氧化碳吸收与氧气再生装置等。

给排水专业的防护设计主要体现在这些方面：进出工程的水管与油管上电动闸阀、污水泵、高压气瓶充气、储气与放气设施、水封井设置等。

发供电专业的防护设计包括：三防报警信息检测设备、三防指示与报警装置、过滤吸收器状态监测设备、超压测量及风机联动、防护门外进门申请与响铃、水封井液位测量与低液位报警装置、三防自动转换系统。另外，防核电磁脉冲设计也是防护设计的重要内容。

三防转换控制系统是人防工程的重要功能单元。快速三防切换并不仅仅意味着提高效率、降低操作手工作强度等问题，而是人防工程综合防护能力的体现。三防转换控制系统可实现自动、快速的三防转换，加快设备动作时间，避免人为错误，从而提供强有力的保障功能，并提高战时的快速反应能力。

7.1.2 三防转换控制

（1）三防转换过程

人防工程防护通风一般有三种通风方式，清洁通风、滤毒通风和隔绝通风。清洁通风指人防工程外部未受毒剂等沾染时的战时通风方式，滤毒通风指人防工程外部受到毒剂等沾染，受染空气经过过滤处理后送入工程内部的战时通风方式，隔绝通风指停止人防工程内外空气交换，由通风机使工程内部空气循环的战时通风方式。三防转换即指这三种防护通风方式的转换及相关设备的动作。需要说明的是，三防转换时，不仅仅要控制相应通风方式下的通风相关设备，还包括电动防护（密闭）门、污水泵、水管或油管闸阀等设备。

三种通风方式的正确转换操作过程：清洁通风——隔绝通风——滤毒通风（或清洁通风）；对于无滤毒通风方式的人防工程，其转换过程为：清洁——隔绝——清洁。

清洁通风时，由于工程外部空气质量满足使用要求，无需任何防护措施，此时清洁进排风管道上的风机和阀门均处于开启状态，清洁空气通过消波设施、扩散室、油网除尘器、清洁进风机及风管（风沟）进入工程，工程的排风经过清洁排风机与排风管道（风沟）、扩散室及消波设施排出工程。

滤毒通风时，工程外部的染毒空气是经过化验可以被工程内过滤吸收装置滤除的，此时需要开启滤毒风机及滤毒相关设施。染毒空气通过消波设施、扩散室、油网除尘器，经过粗滤器、过滤吸收器等过滤吸收装置，成为清洁空气，再经过滤毒进风机及风管（风沟）进入工程主体。工程的排风由超压排风系统排出室外。工程内应保持一定的超压值。

隔绝通风时，工程外部的空气受到严重污染，且不能通过过滤吸收装置消除，此时所有进排风系统上的风机和阀门均处于关闭状态，工程内的循环风机开启。

上述的三种通风方式均为战时通风方式，人防工程还有一种通风方式——自然通风。自然通风是一种不需要机械动力，利用工程位置及季节特点，形成自然压差，从而引起空气流动的通风方式。自然通风适用于人防工程的平时通风和战时清洁式通风，不能用于战时滤毒式和隔绝式通风。

（2）三防转换控制功能

三防转换控制实现三防相关设备的监控以及三防状态的自动转换，图 7-1 为三防转换控制系统的功能框图。

三防转换控制系统实时地进行毒剂、生物战剂、化学武器、放射性射线等的探测，当发生报警或者防化值班人员下达转换指令时，联锁控制三防相关设备，及时驱动相应的通风方式指示及转换报警装置，有效阻止危害性气体或放射性尘埃等进入工程，并提示工程内人员工程所处的通风状况。

如图 7-1 所示，三防转换控制系统一般包括四个部分：通风相关设备及参数的监控，给排水相关设备或参数的监控，防护相关设备的监控和其他类型的设备或参数监控。通风相关设备及参数包括：清洁进排风机、滤毒进排风机、循环风机（送风机或回风机）、电动密闭阀门、过滤吸收器、增压管密闭阀、主体超压、防毒通道超压等。给排水相关设备或参数包括：进出工程的给排水管路电动闸阀、进出工程的油管电动闸阀、污水泵、高压气瓶充气、储气与放气设施、水封井液位及低液位报警等。防护相关设备包括：电动防护（密闭）门、电动密闭门等。其他类型的设备或参数包括毒剂报警装置、射线报警装置、三防指示与报警装置、进门呼叫按钮及响铃等。

- 三防转换控制系统
  - 通风设备
    - 清洁进排风机监控
    - 滤毒进排风机监控
    - 隔绝循环风机监控
    - 过滤吸收器监测
    - 电动密闭风阀监控
    - 增压管密闭阀监控
    - 超压监测
  - 给排水设备
    - 水管油管电动闸阀
    - 污水泵监控
    - 水封井液位监测
    - 水封井低液位报警
    - 高压气瓶阀门监控
  - 防护设备
    - 电动防护门监控
    - 电动防护密闭门监控
    - 电动密闭门监控
  - 其他设备
    - 毒剂报警监测
    - 射线报警监测
    - 三防指示与报警
    - 进门按钮监测与响铃

图 7-1 三防转换控制系统功能框图

7.2 三防报警监测

人防工程主要监测的三防报警信号有毒剂报警和射线报警两种类型。毒剂报警主机实时监测工程所处位置的毒剂污染情况，当超过阈值时发生声光报警，并输出报警信号。射线报警主机实时监测射线污染，当超过阈值或变化率超过阈值时进行报警，并输出报警信号。毒剂和射线报警主机协调一致地工作，共同履行防化监测与报警任务，保证人防工程的保障与生存能力。

7.2.1 毒剂报警监测

毒剂报警信号由毒剂报警系统产生，毒剂报警系统的主要设备包括毒剂报警主机和毒剂报警探头。根据工程规模和性质可设置一个或多个毒剂报警主机，一个报警主机可连接一个或多个毒剂报警探头。报警主机一般安装于防化值班室，毒剂报警探头一般安装于进风通道，探头与主机之间通过防化专用电缆连接，防化电缆穿密闭隔墙和防护隔墙的穿墙管，必须事先予埋并做好防护密闭处理。探头实时采集空气中的各种毒剂浓度数据，并连续发送到报警主机。毒剂报警主机接收毒剂报警探头的毒剂浓度信息，当浓度超过阈值时报警，主机及时发出声光信号，并将报警信号输出。

（1）毒剂报警器原理

我们以人防工程常用的某类型毒剂报警器为例说明毒剂报警器的工作原理。表 7-1 为该型号毒剂报警器的参数。

表 7-1 某类型毒剂报警主机性能参数

序号	项目名称	性能或要求
1	供电电源	单相交流 50Hz，220VAC ± 10%，功率 500VA；三线插座，接地端子必须接专用地线
2	使用环境	在 -20 ~ +40℃，无结露
3	抗干扰性	对低浓度的硝烟、蒽烟烟幕不误报；对引擎废气及草木烟能指示
4	控制输出接点容量	50VDC/0.2A
5	最多探头数量	4
6	电缆最长距离	1000m

该毒剂报警器是人防工程固定安装使用的防化侦察设备，用于发现含磷毒剂袭击造成的空气染毒。当空气中含磷毒剂浓度达到报警浓度时，主机及时发出声光报警信号，界面显示毒剂浓度响应曲线，同时向三防转换控制系统发出报警信号。毒剂报警器由主机、探头和连接电缆组成。毒剂报警器的配置情况如图 7-2 所示，其工作原理如图 7-3 所示。

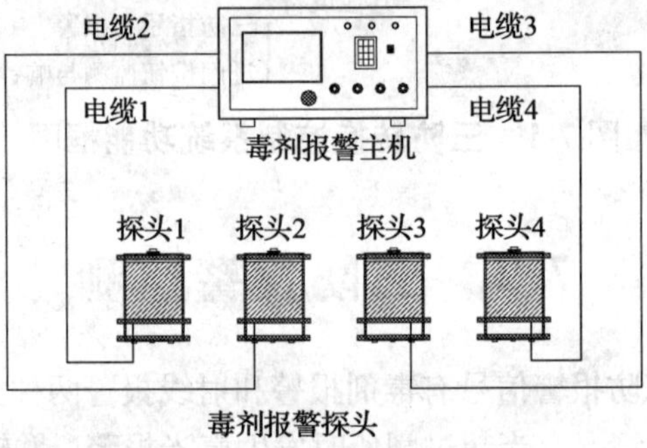

图 7-2 毒剂报警器系统配置图

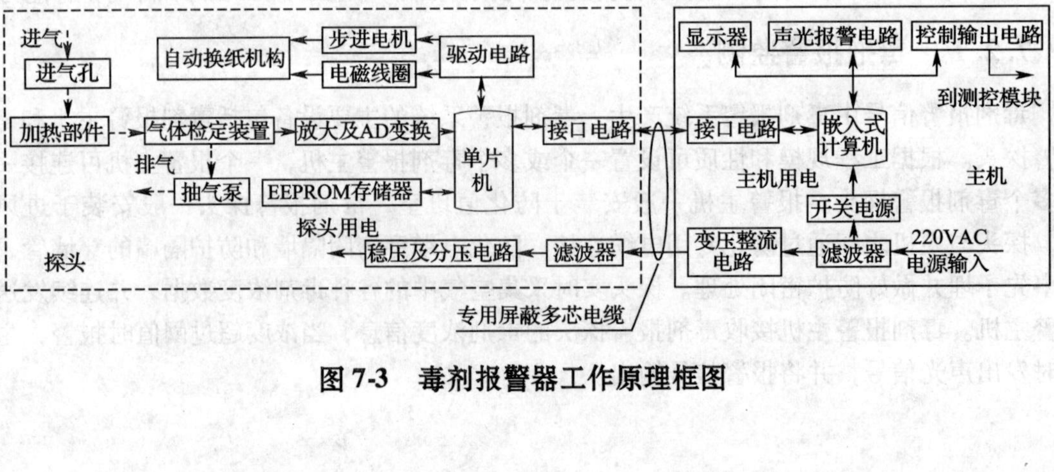

图 7-3 毒剂报警器工作原理框图

如图 7-3 所示，探头检测到的信号，经单片机处理，转换为数字信息；经过连接电缆传输到主机，主机对来自各探头的信息进行实时处理，主机软件界面显示各探头的当前状态；主机下发控制信号至各探头，定时完成自动换纸（换纸是毒剂报警器的一个工作程序，即更换对毒剂检测失去效用的化验检测材料），也可手动换纸。当探头附近空气中含磷毒剂浓度到达报警浓度阈值时，主机及时启动声光报警电路，发出声光报警并向三防转换控制系统发出控制信号，即控制输出接点闭合。主机界面显示报警探头浓度响应曲线，达到毒剂检测报警的目的。

探头一般安装于工程进风穿廊壁龛，如果新风系统不是采用穿廊进风，则需要安装于新风进风通道或竖井位置，安装位置距离地面高度大约 1m，需要预留安装孔洞，最好将探头安装于活动导轨上，当战时需要进行毒剂检测时探头拉出，处于工作位置；平时不使用探头时将其推入安装孔洞。要求探头的安装位置无结露，如果相对湿度较大，可能结露时，需要对探头加装防水设施。主机一般安装于防化值班室内的防化控制台（柜），探头和主机之间通过防化电缆连接，主机可对多个探头实施远距离的实时监控。

该类型毒剂报警主机的控制输出为固态继电器开关管的通断信号，二芯插座，有正负极性之分。

（2）毒剂报警器报警信号监测

毒剂报警信号是三防自动转换控制的依据，因此三防转换控制系统需要对毒剂报警器的报警输出信号进行监测。报警输出信号一般有两种形式，即数字量接口和智能协议接口。图 7-4 为毒剂报警器报警信号监测原理图。

数字量接口形式送出的信号简称为数字量信号，它能表示简单的 0 和 1，该信号可以理解为一个开关，0 表示开关断开，1 表示开关闭合。数字量信号一般为无源开关信号，也可以是有源信号，这两种开关信号的测量方法一致，但需要注意有源信号的正负极。毒剂报警主机未报警时，数字量控制输出端送出 0 信号；当发生报警时，数字量控制输出端闭合，送出 1 信号。图 7-5 为数据采集模块测量毒剂和射线报警主机的数字量输出信号接口图示。

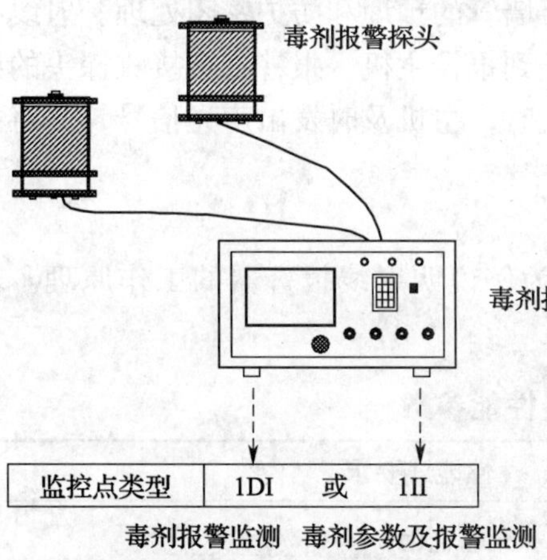

图 7-4 毒剂报警器报警信号监测原理图

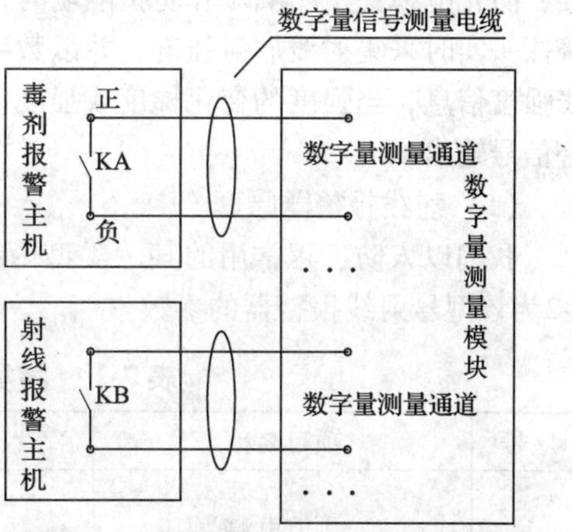

图 7-5 毒剂及射线报警开关量输出信号测量图示

智能通信接口为遵循一定智能通信协议规范的标准接口形式，一般为物理层遵循RS－485（RS－422）或RS－232规范（物理与电气接口规范），上层采用自定义或Modbus等标准协议格式。

RS－485串行接口的电气标准实际上是RS－422的变型，它属于七层OSI（Open System Interconnection，开放系统互联）模型物理层的协议标准。其采用平衡发送和差分接收方式来实现通信，在发送端TX将串行口的TTL电平信号转换成差分信号DATA－、DATA＋两路输出，经传输后在接收端将差分信号还原成TTL电平信号RX。通常使用屏蔽双绞线，采用差分传输技术，有极强的抗共模干扰能力，接收灵敏度也相当高。最大传输速率可达到10Mbps，最大传输距离在100kbps时可达1000m。

利用RS－485信号传输，可有效提高信号的传输距离。RS－485的差分数字信号传输可达1km以上（100kbps以下波特率）。另外RS－485通信可接收或传输各种信息数据，而不是简单的报警信号（0和1），例如毒剂测量的浓度参数、报警阈值设定值（报警上限和下限）等，这些设定值还可以远程修改。

带RS－485物理接口的毒剂报警主机，可通过LM1002智能协议转换器接入设备监控网络，实现对毒剂报警的监测，此时需要提供详细具体的上层通信协议格式。

由于毒剂报警器（主机和探头）的工作环境及可靠性要求，毒剂报警器的控制输出接口应使用具有内卡口锁紧结构的电连接器件，要求有良好的密封性能、耐腐蚀、壳体带屏蔽、可快速插拔、并有一定的防水、防霉菌能力。

7.2.2 射线报警监测

射线报警信号由射线报警系统产生，主要包括射线报警主机和射线报警探头。射线报警主机可连接一个或多个射线报警探头。报警主机一般安装于防化值班室，可与毒剂报警主机安装于同一控制柜或操作台上，射线报警探头一般设置在工程外容易接受射线的位置，以利于及时准确地进行放射性物质监测，提高反应速度。探头与主机之间通过防化专用电缆连接，防化电缆穿密闭隔墙和防护隔墙时，同样要考虑穿墙管的预埋和防护密闭处理。射线报警探头实时采集射线放射强度，并以数字信号形式发送到报警主机。报警主机接收探头的射线强度信息，当强度的变化梯度或强度值超过报警阈值时，主机及时发出声光信号，并将报警信号输出。

（1）射线报警器原理

我们以人防工程常用的某一类型丙种射线报警器为例说明射线报警器的工作原理。表7-2为该型号射线报警器的参数。

表7-2　某类型射线报警器性能参数

序号	项目名称	性能或要求
1	供电电源	直流：1.25V×10节（充电电池） 交流：220VAC，50Hz，三线插座，接地端子必须接专用地线
2	使用环境	温度：－40℃探头（－20℃主机）～＋55℃ 相对湿度：95%，无结露，探头具备防水能力可露天安装

续表 7-2

序号	项目名称	性能或要求
3	响应时间	早期核辐射：不大于 50ms 放射性沾染：不大于 0.5s
4	控制输出接点容量	28VDC/2A
5	最多探头数量（单台主机）	6
6	电缆最长距离	1000m
7	可靠性	MTBF≥1000h

该射线报警器能对核爆炸的早期核辐射以及放射性沾染进行检测和报警。报警时产生声光信号，同时向数据测控模块输出控制信号。该报警器还能概略测量探头位置处的 γ 剂量率。报警器由探头、测量主机和连接电缆组成，其配置情况如图 7-6 所示，工作原理如图 7-7所示。

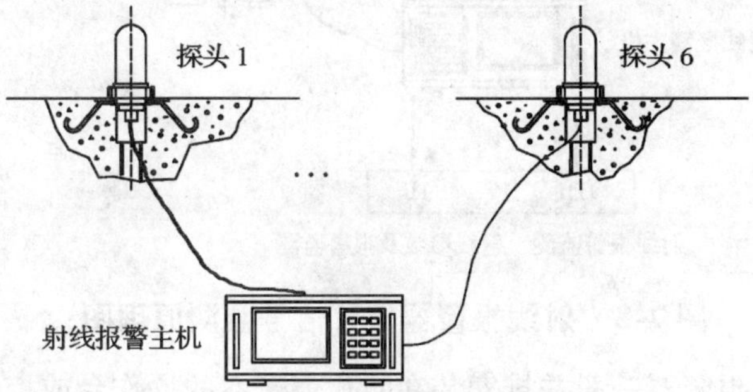

图 7-6　射线报警器系统配置图

注：该射线报警主机最多可带 6 个报警探头，每个报警探头均独立工作。

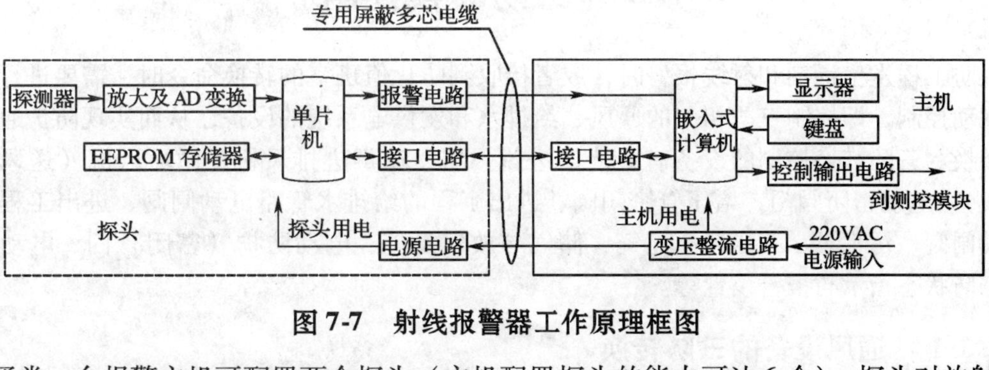

图 7-7　射线报警器工作原理框图

通常一台报警主机可配置两个探头（主机配置探头的能力可达 6 个）。探头对放射性区域进行采样，经过信号放大、变换和测量，通过 RS485 接口电路远传到报警主机。探头由放射性物质计数管、测量电路、单片机、报警及输出电路、接口电路等组成。报警主机由嵌入式 PC/104 主板、真彩 LCD 显示器、薄膜键盘等组成，接收探头的测量数据，并在 LCD 显示器上显示剂量实时曲线。

早期核辐射的监测时，探头利用计数管提供的脉冲率变化梯度快慢来判断是否是早期核辐射。当核爆发生后的放射性灰尘降落到地面，形成放射性沾染区域时，探头利用计数管测量辐射的剂量参数。当沾染超过预置值时，画面剂量参数曲线显示红色，同时有声报警。

报警输出接点为继电器无源常开接点，无极性；测量时，测量端的正负极可任意接线。

（2）射线报警器报警信号监测

和毒剂报警器一样，射线报警器的报警输出接口也有两种类型，即数字量接口和智能通信协议接口。图7-8为射线报警器报警信号监测原理图。通过数据采集模块对射线报警主机的开关量报警信号监测原理如图7-5所示。

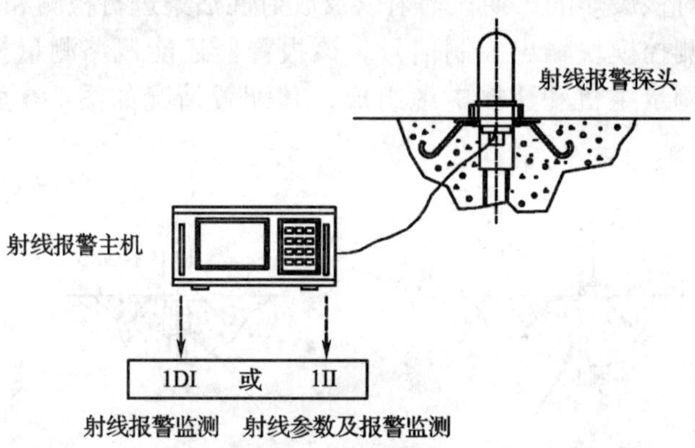

图7-8 射线报警器报警信号监测原理图

毒剂报警器和射线报警器一般并排安装在防化值班室的操作台或控制柜上，两者协调统一地工作，任何一种报警器发生报警，工程必须快速实施三防转换。

7.3 三防转换控制

人防工程发生毒剂和射线报警时，或者接收到防化值班室的转换命令时，需要进行三防设备联动控制，即控制三防相关的通风、给排水和发供电系统的设备，从而实现防护通风方式的转换。三防转换控制的设备有：清洁进排风机、滤毒进排风机、循环风机（送风机或回风机）、电动密闭阀门、增压管密闭阀、进出工程的给排水管路电动闸阀、进出工程的油管电动闸阀、污水泵、高压气瓶充气、储气与放气设施、电动防护（密闭）门、电动密闭门、三防状态指示与报警装置等。

7.3.1 通风设备的三防转换

战时人防工程防止毒剂和放射性物质进入工程的主要措施是防护通风，三防转换中涉及最多的设备即防护通风的相关设备。三防转换控制系统需要实现这些相关设备的监控，以及当三防转换条件成立时这些相关设备的顺序控制。

(1) 进风系统相关设备

人防工程的进风系统，由消波设施、粗过滤器、过滤吸收器（滤毒器)、密闭阀门、进风机以及连接这些设备的管道组成。防护通风方式有：清洁通风、滤毒通风（有人员掩蔽需求的人防工程设置)、隔绝通风。

图 7-9 为人防工程的典型进风系统图，图中换气堵头（或换气电动密闭阀门)、放射性监测取样管、尾气监测取样管等均未画出。以图 7-9 为例的三防转换设备动作顺序见表 7-3。

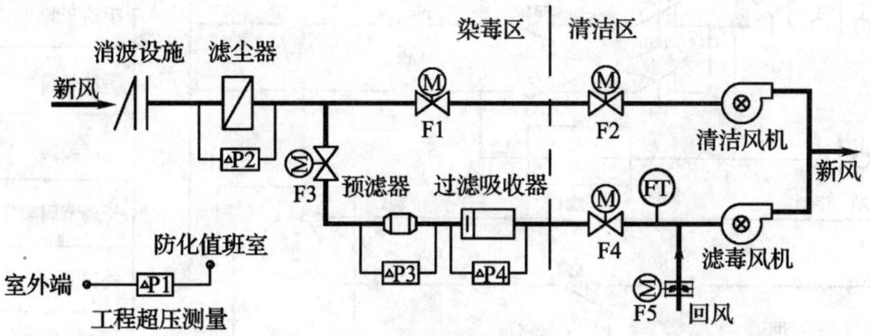

图 7-9 人防工程的典型进风系统图

表 7-3 进风系统三防转换设备动作表

序号	通风方式	打开或启动	关闭或停止
1	清洁通风	F1，F2，清洁风机	F3，F4，F5，滤毒风机
2	滤毒通风	F3，F4，F5（开度调节)，滤毒风机	F1，F2，清洁风机
3	隔绝通风	F5（全开)，滤毒风机	F1，F2，F3，F4，清洁风机

注：①示例中的滤毒风机应为双速风机，在滤毒通风时充当滤毒进风机，在隔绝通风时充当循环风机，两种情况下风机风速不同。

②F5 为电动多叶调节阀，其电气控制原理见图 7-10 所示，其测点如表 7-4 所示。

FT 为流量变送器，用于滤毒通风方式时调整回风调节阀门 F5 的控制依据，使得经过预滤器和过滤吸收器的空气流量小于它们的额定流量。这一方面可增强这些滤毒设备的过滤效果，另外还可以延长使用寿命。使用寿命的判断依据一般为测量的两端压差，当压差测量值基本达到其初始使用值的 2 倍时，即可认为吸收装置失效。（一般来说，油网滤尘器的正常工作压差为 100Pa，预滤器的正常工作压差为 200Pa 左右，过滤吸收器的正常工作压差为 600 ~ 700Pa 左右）。

图 7-10 所示的电动调节阀为步进式调节阀。电动调节阀一般有两种类型：连续模拟调节和步进调节。对于人防工程风量调节的具体应用来说，其风量的调节指标要求不高，仅仅控制风量在设定范围、工程超压在设定范围即可。且风量一旦调节好，一般不需要经常改变调节位置。滤毒通风方式下的风量调节主要指标是超压，一旦确定，整个滤毒进风系统风量平衡，不容易打破。因此调节阀可不需要复杂的功能如连续调节 PID 功能等，也不需要使用连续式调节阀。

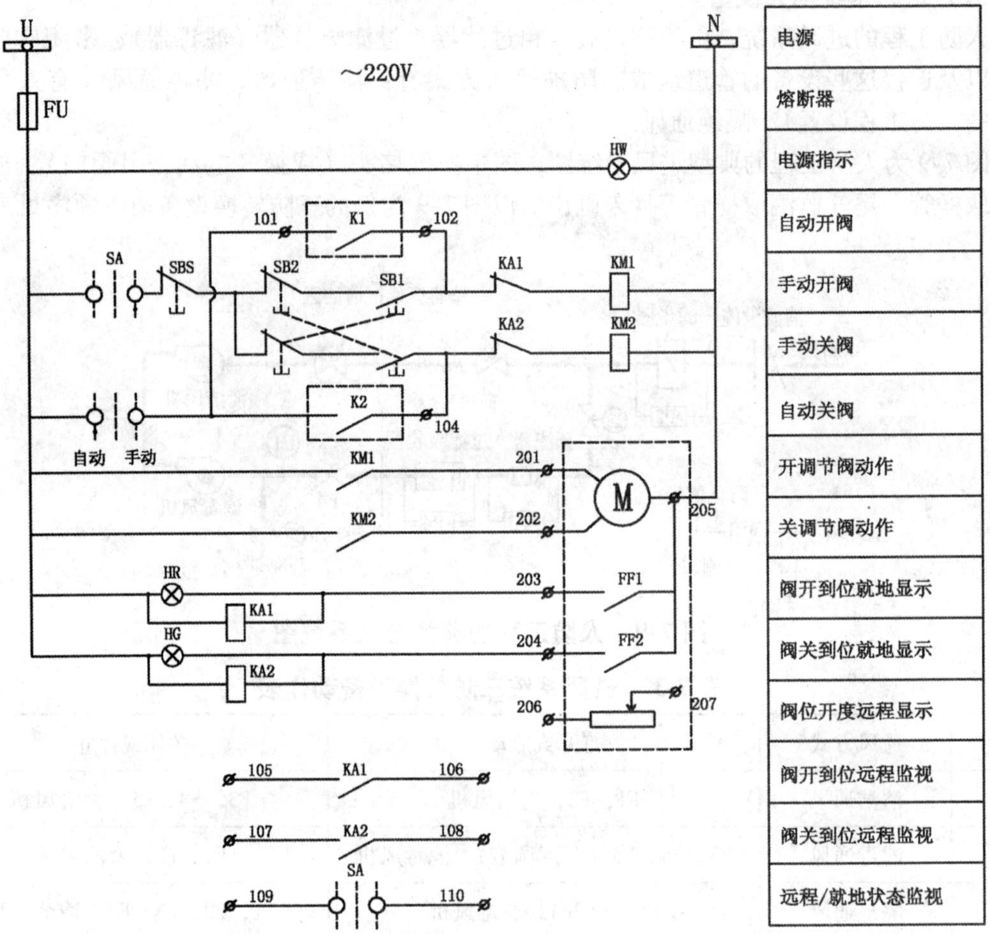

图 7-10　电动多叶调节阀电气控制原理图

表 7-4　电动调节阀控制测点表

序号	监控点	AI	AO	DI	DO	II	接口描述
1	步进开阀				1		为 1 则持续开阀，为 0 停止
2	步进关阀				1		为 1 则持续关阀，为 0 停止
3	阀门开度	1					
4	阀门开到位			1			KA1 开到位继电器触点
5	阀门关到位			1			KA2 关到位继电器触点
6	手自动切换开关			1			SA

需要注意，电动调节阀不能替代电动密闭阀门，电动调节阀一般不具备密闭功能，只能用于风量的调节。

对于部分只设置一台进风机，兼做清洁和滤毒进风机的人防工程，其典型的进风系统如图 7-11 所示。

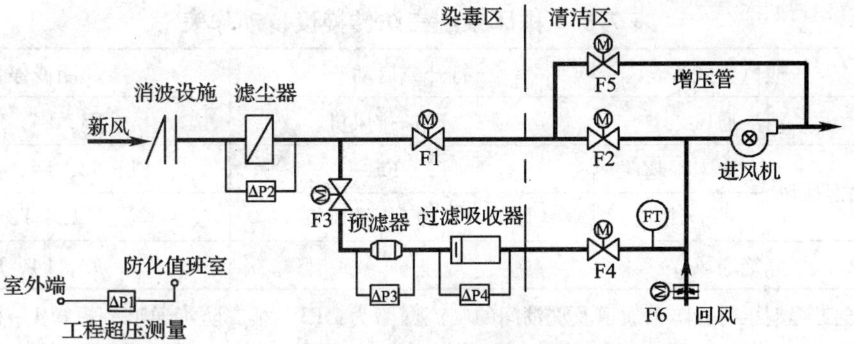

图 7-11　设置单台进风机的典型进风系统图

以图 7-11 为例的三防转换设备动作顺序见表 7-5。

表 7-5　单风机进风系统三防转换设备动作表

序号	通风方式	打开或启动	关闭或停止
1	清洁通风	F1，F2，进风机	F3，F4，F5，F6
2	滤毒通风	F3，F4，F5，F6（开度调节），进风机	F1，F2
3	隔绝通风	F6（全开），进风机	F1，F2，F3，F4，F5

注：①示例中的进风机至少应有三个风速挡，分别对应着三种通风方式下的运行状态。在清洁通风时充当清洁进风机，滤毒通风时充当滤毒进风机，隔绝通风时充当循环风机，三种情况下风机风速不同。

②F6 为电动多叶调节阀，FT 为流量变送器。

③F5 一般为电磁阀。增压管一般为 DN25 的热镀锌钢管，而且此阀门不要求密闭，因此该位置一般安装电磁阀。

（2）排风系统相关设备

人防工程的排风系统通常由消波设施、密闭阀门、排风风机、自动排气活门（或防爆超压自动排气活门）等设备组成。图 7-12 为人防工程典型的排风系统图，其三防转换设备动作顺序见表 7-6。

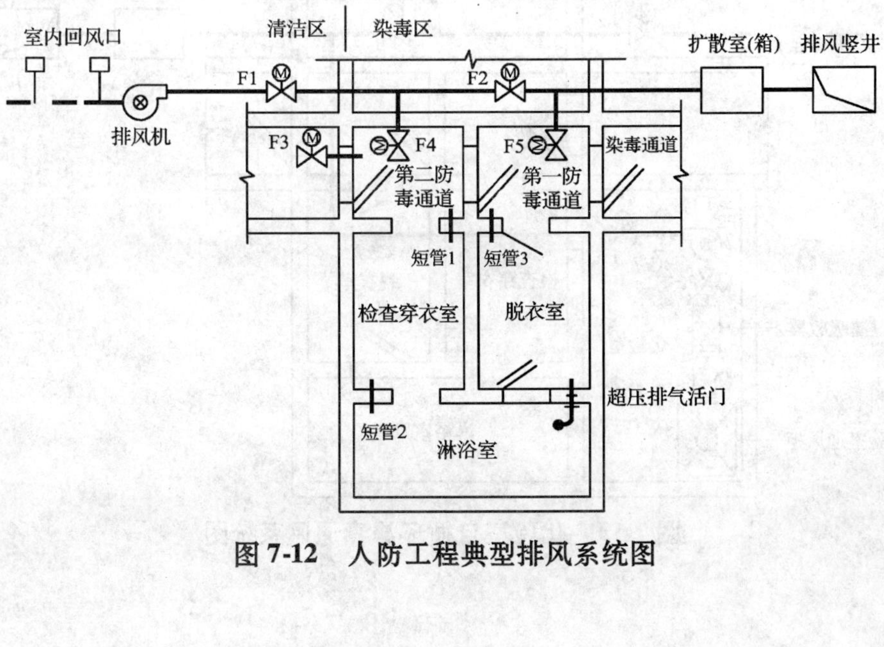

图 7-12　人防工程典型排风系统图

表 7-6　排风系统三防转换设备动作表

序号	通风方式		打开或启动	关闭或停止
1	清洁通风		F1，F2，排风机	F3，F4，F5
2	滤毒通风	全工程超压	F3，F5	F1，F2，F4，排风机
		局部超压	F1，F4，F5，排风机	F2，F3
3	隔绝通风		—	F1，F2，F3，F4，F5，排风机

注：①全工程超压时，防毒通道及洗消间的气流回路为：F3→第二防毒通道→短管 1→检查穿衣室→短管 2→淋浴室→超压排气活门→短管 3→第一防毒通道→F5→排风管（再到排风扩散室以及排风竖井）。

②局部超压时，防毒通道及洗消间的气流回路为：排风机→F1→F4→第二防毒通道→短管 1→检查穿衣室→短管 2→淋浴室→超压排气活门→短管 3→第一防毒通道→F5→排风管（再到排风扩散室以及排风竖井）。

③当切换到滤毒通风方式时，首先选择的是全工程超压。如果工程内部的超压值能够维持在一个恒定的范围内（参考设计指标和规范要求），且该范围满足工程实际超压需求，则工程可实现全工程超压。此时的超压排气活门实施防毒通道通风换气的任务，保障换气次数要求。但如果全工程超压失败，即超压值不能满足设计和实际要求，则为保证防毒通道的换气次数和工程口部的超压值，需要进行局部超压排风。利用排风机产生的风流，增加防毒通道压力，保证通风换气。需要注意，该通风方式下的风机需要与工程的超压值联锁，当达到要求时，立刻关闭风机，以免工程内部出现严重负压。在实际工程中应尽量避免局部超压方式。

（3）通风系统其他相关设备

通风相关的三防转换还包括化验室自循环通风系统、电站进排风系统。

1）化验室自循环通风系统。设置防化化验室的人防工程，还应该设置化验室自循环滤毒通风系统，用于化验室房间通风换气和滤毒，其系统设置如图 7-13 所示。

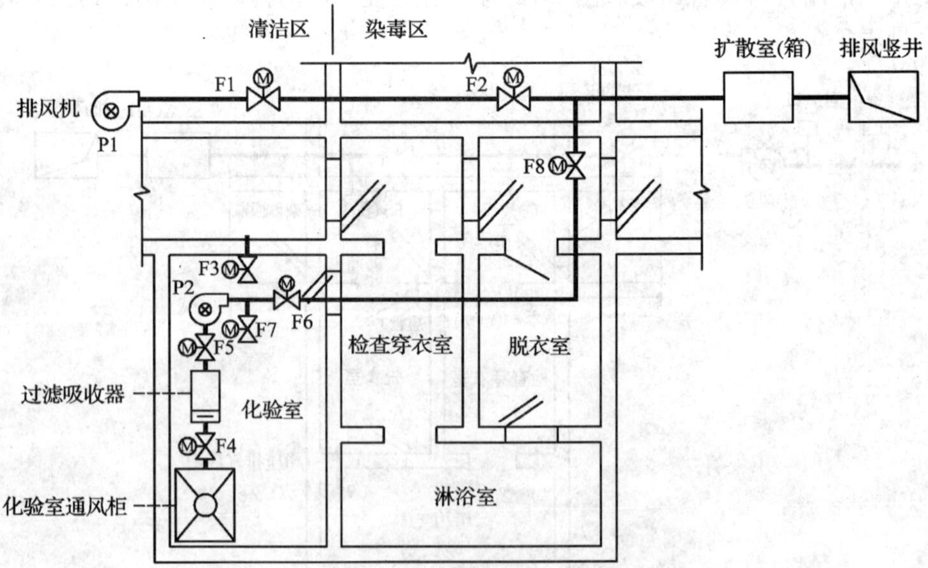

图 7-13　化验室自循环滤毒通风系统图

防化化验室的自循环滤毒通风系统相对独立，其风机和阀门的动作序列与化验室的工作状态有关系。如果化验室不执行化验任务，则相关的风机和阀门均关闭；当进行化验时，根据工程目前的通风方式，进行不同的动作序列，见表7-7所示。需要说明的是，化验室风机及阀门可不设置远程监控功能，但应能在化验室对其相关设备进行就地自动控制。

表7-7　化验室工作时的通风系统三防转换设备动作表

序号	通风方式	打开或启动	关闭或停止
1	清洁通风	F3，F4，F5，F6，F8，排风机P2	F7
2	滤毒通风	F4，F5，F6，F7，F8，排风机P2	F3
3	隔绝通风		

2）电站进排风系统。电站进排风系统的功能：提供柴油发电机燃烧空气，降低机房的有害气体浓度，满足发电机房及附属用房的换气要求，维持发电机房的温湿度指标。根据柴油发电机房的冷却方式不同，一般分水冷式柴油发电机房和风冷式柴油发电机房。下面以水冷式电站通风系统为例进行三防转换控制的说明，水冷电站通风系统见图7-14。

柴油电站的进排风系统独立于主体进排风系统。发电机不运行时，其进排风机和相应的电动密闭阀门关闭；发电机运行时，根据工程主体的通风方式，进行相应的设备动作，发电机三防转换设备动作顺序见表7-8。

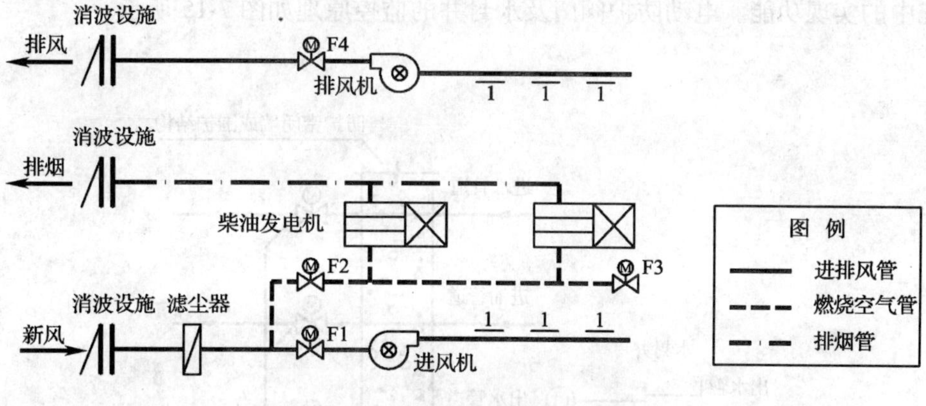

图7-14　水冷电站通风系统图

表7-8　排风系统三防转换设备动作表

序号	通风方式	打开或启动	关闭或停止
1	清洁通风	F1，F3，F4，进风机，排风机	F2
2	滤毒通风	F2	F1，F3，F4，进风机，排风机
3	隔绝通风		

需要说明，电站控制室与发电机房间的防毒通道未画出，防毒通道应该设置超压排气活门，以及根据需要设置增压风机。当电站控制室需要由发电机房的进风进行补充换气时，电站控制室与柴油发电机房的进排风管上需要安装电动密闭阀门。

7.3.2 给排水设备的三防转换

给排水系统中也有部分设备涉及三防转换，这些设备包括：进工程的给排水管路电动阀门、进出工程的油管电动阀门、污水泵、高压气瓶充气、储气与放气设施、水封井液位监测及低液位报警装置等。

（1）电动阀门及水封井监控

《人民防空地下室设计规范》以及《人民防空工程设计规范》均明确指出：人防工程中进出人防工程的所有给排水管、油管，包括空调除湿机使用的冷却循环供、回水管，在其进入工程时，需要设置防护阀门。

有的规范明确要求使用防爆波闸阀。防爆波阀门能防止冲击波沿供水管道进入人防工程，战时不允许断水的供水管道必须安装防爆波阀门。要求安装于直线段，阀门的近端距离墙面或人防围护结构内侧墙不宜大于200mm，以利于冲击波的防护。考虑到控制的方便以及三防切换时的快速动作，一般要求设置电动阀门。

《人民防空地下室设计规范》明确规定，对于采用自流排水系统的核5级、核6级和核6B级的甲级防空地下室，其内部非生活污水，在防空地下室外部的适当位置设置水封井，水封深度不应小于300mm。水封措施是防止排水管道系统内的臭气以及室外有毒有害气体漂溢到室内的重要措施。水封井的液位测量以及水封井液位低报警的测量，也属于三防转换控制系统中的实现功能。电动防护阀门及水封井的监控原理如图7-15所示。

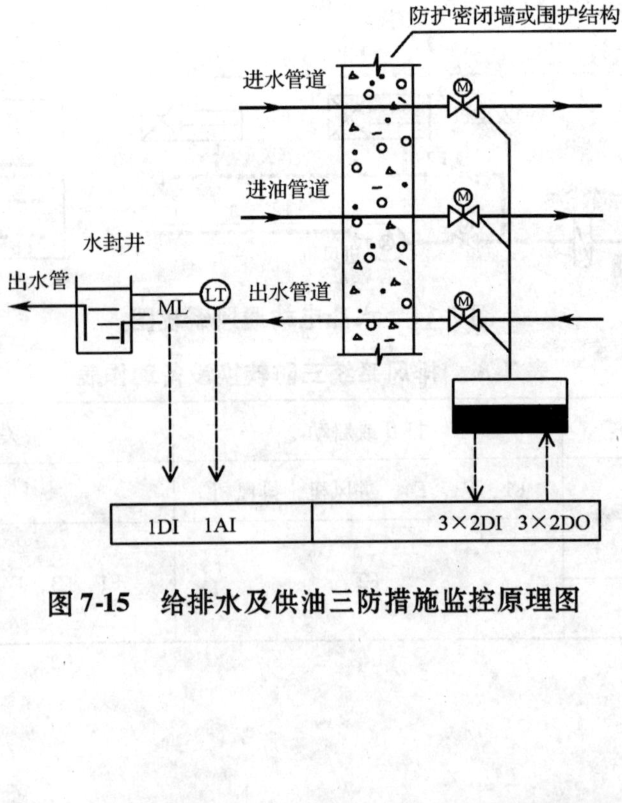

图7-15 给排水及供油三防措施监控原理图

注：电动防护阀门的电气控制原理参考第5章中电动密闭风阀的控制原理。水封井的液位测量可以采用浮球液位计或连续水位变送器，两者选一即可。

战时，相应的管道不工作时，对应管道上的电动阀门关闭。如果管道使用，则在清洁通风方式下，阀门开启；在滤毒方式下一般关闭阀门，但如果允许工程外连续供水（水质满足要求），则可开启阀门；隔绝通风方式下一般要求关闭阀门，但如果允许工程外供水，且防护阀门为防爆波阀门时，可允许开启进水管道阀门。如果进水水量大于排水水量，则排水管道上防爆波电动阀门也可以开启。

（2）污水泵监控

对于工程内的污水泵（排污泵），当工程内无连续补水设备时，必须要求其在隔绝通风方式下停止运行，此时不能向外排水，即使污水液位达到或超过报警液位。污水泵的电气控制原理见第6章图6-5所示。

图6-5为基于干接点浮球液位开关测量污水水位的电气控制原理图，当采用连续式液位测量装置（变送器）时，测量原理见第6章图6-6所示。

一般来说，污水泵设置时经常是一用一备方式，其电气控制原理见第6章图6-7所示，其测点见第6章表6-4所示。故障水泵没运行则备用水泵自动投入，测点一般为5个DI（分别为超高水位报警、2台水泵的2个故障和2个运行状态）和2个DO（分别为2个强制停机动作点，也可以根据实际情况合并）。

需要注意，污水泵的控制回路中必须加入强制停机动作触点，当转换为隔绝通风方式且内部无连续补水水源或者连续补水水量小于排水水量时强制停机。采用连续液位变送器测量水位，具体开泵和关泵的动作输出均由监控中心或监控模块发出。当隔绝通风方式时，且需要强制关闭污水泵时，由自控输出点关闭水泵。

（3）高压气瓶充气及放气监控

某些人防工程可能设置高压气瓶，用于存储高压空气或高压氧气。高压空气一般用于滤毒通风时的防毒通道超压或全工程超压，也用于隔绝通风时的工程超压，而高压氧气不仅具有这些功能，还可以作为隔绝时人员和设备的氧气补充。

高压气瓶为最常用的空气（氧气）存储方式，以高压压缩方式存储气体，使用时通过减压施放，一般的商业氧气钢瓶压力为12MPa。存储气体的使用需要通过减压阀、或者多级减压阀，将高压气体的压力变为安全的小压力，然后由电动阀门排出。

高压气瓶的充气一般由空气压缩机在清洁通风方式下完成，在滤毒和隔绝方式时一般不允许开启空气压缩机。高压气瓶的放气一般仅控制低压回路上的电动阀门，该阀门一般为电磁阀。多级减压阀一般为手动控制。气体的充气和放气电气控制原理见图7-16和图7-17。

图中控制的高压气瓶电磁阀安装于低压气路中，高压气瓶一般经过两级或多级降压处理才能将空气施放到应用空间。图中的电磁阀控制电源为220VAC，根据实际需要可选择24VDC的电磁阀。

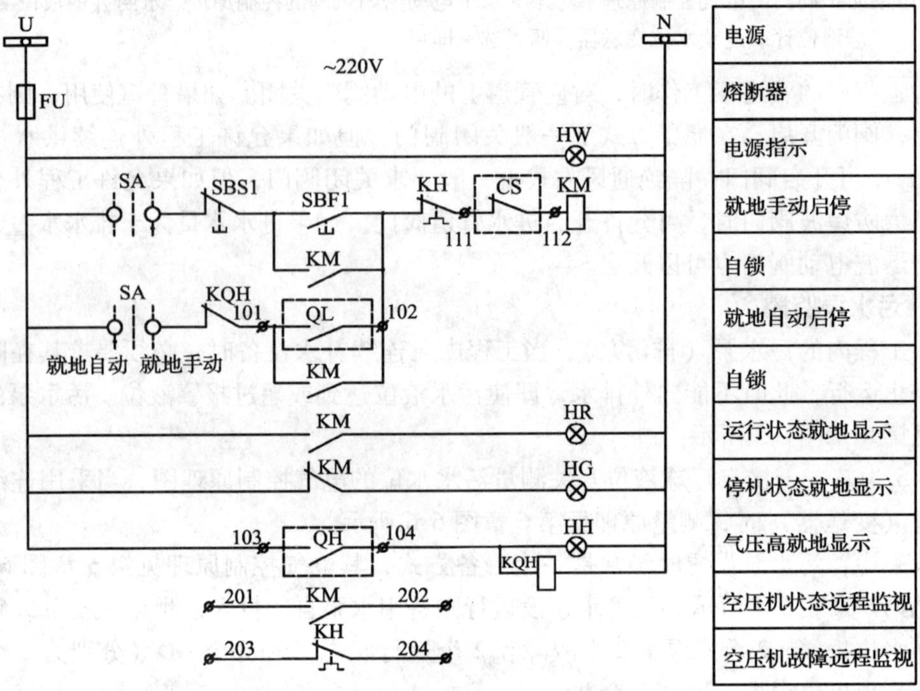

图 7-16 空压机电气控制原理图

注：①CS 接点为智能控制器输出的空压机强制停机触点，当通风方式为滤毒或隔绝时，一般不允许压缩机启动充气，因为此时充气将消耗工程内部空气，引起工程内压力下降。

②图中的监控原理基于压力继电器测量高压气瓶（高压气路）的压力。如果采用连续式压力变送器，则参考图 6-6。

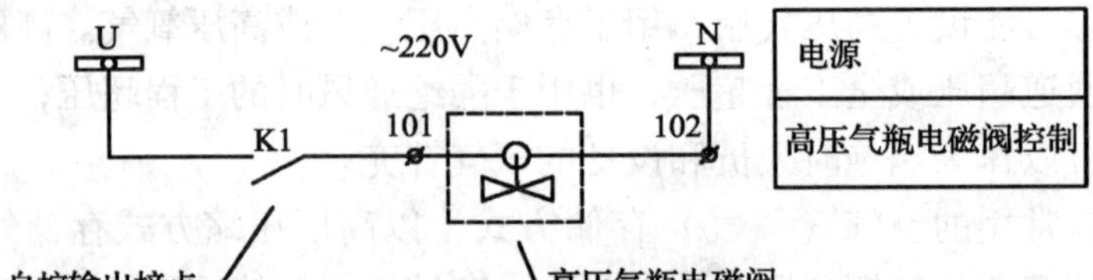

图 7-17 高压气瓶电磁阀控制原理图

7.3.3 电动门的三防转换

本节讨论的防护设备不包括通风和给排水相关的防护设备，主要指电动防护门，电动防护密闭门，电动密闭门，电动密闭屏蔽门等，以下统称为电动门。

各种电动门在战时一般均处于关闭状态，当清洁通风时，人员可通过就地的开门和关门按钮对门进行控制，从而进出工程。当隔绝通风时，电动门必须处于关闭状态，此时电动门的控制应该上锁，就地不能再进行门的开关，三防上锁必须经过解锁后才允许开启电动门。三防上锁及解锁一般由上位计算机（监控主机）实现。三防上锁时，人员也可以按下开门按钮，但此时仅仅是能够在上位机和就地看到自己的开门申请，并不能直接开启电动门。当滤毒通风时，同一个防毒通道上的连续两道门，应该相互联锁，开启一道时另一道必须关闭。

各种电动门控制原理基本相同，按照控制原理一般可分为两种类型：继电器控制类型和智能控制器控制类型。

(1) 基于继电器的电动门

本节以某型号基于继电器控制的电动门为例进行说明，其控制原理见图 7-18 所示。

(2) 基于智能控制器的电动门

某些电动门的控制基于智能控制器，一台智能控制器可以控制一扇或多扇电动门，这类设备接入设备监控系统需要通过 LM1002 智能协议转换器。本节以某类型基于智能控制器控制的电动门为例说明。

某工程 1#口有 2 扇电动门（电动防护门＋电动防护密闭门），电动门控制器位于 1#电动门控制箱中，其同时控制 2 扇电动门。控制器为 SIEMENS S7-200 系列 PLC 中的 CPU226。

CPU226 有两个 RS-485 通信口，通信口各自独立，每个通信口都有自己的网络地址、通信速率等参数设置。它们可以各自在不同的模式、通信速率下工作；它们的口地址甚至也可相同。通信口支持的通信协议有：PPI 协议（西门子专为 S7-200 开发的通信协议），MPI 协议，自由口协议。各种协议有各自的特点和应用领域：PPI 是简单可靠经济的接口协议；自由口是用户自定义的通信协议，用于与其他标准或自定义协议格式的串行设备通信。由于自由口通信需要在 PLC 中内嵌程序，因此选择 PPI 协议。

S7-200 CPU 上的通信口在电气上是 RS－485 口，RS－485 支持的距离是 1000m。通信口使用 DB9 型插头（9 针母头），3 和 8 为 RS－485 信号，通信端口可以从 2 和 7 向外供 24V 直流电源。

该电动门的 CPU226 控制器内部地址分配见表 7-9。

表 7-9　某基于智能控制器（SIEMENS S7-200 CPU226）的电动门变量地址列表

序号	变量地址	意义	读写特征	备注
1	VB100	电动门状态变量	只读	＝0 上电初始化中；＝1 开到位； ＝2 关到位；＝3 三防上锁； ＝4 开门过程中；＝5 关门过程中；
2	M0.0	开门动作	只写	＝1 时执行开门动作，CPU226 内部自动复位该位变量
3	M0.1	关门动作	只写	＝1 时执行关门动作，CPU226 内部自动复位该位变量
4	M0.2	上锁动作	只写	＝1 时执行上锁动作，CPU226 内部自动复位该位变量
5	M0.3	远控动作	只写	＝1 时执行远控，此时不能就地开关门，CPU 自动复位该位变量

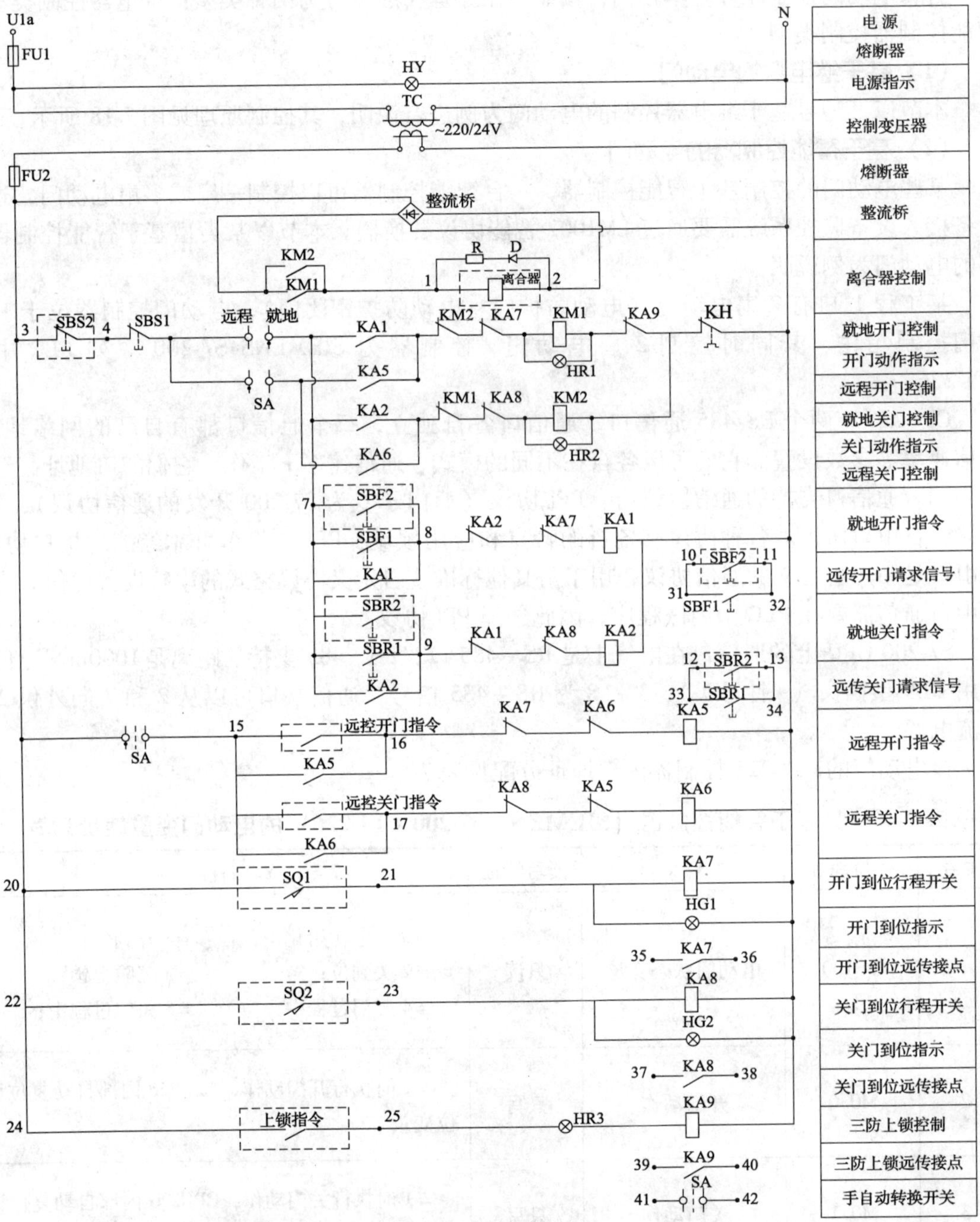

图 7-18 某型号电动门电气控制原理图

注：①SBF1、SBR1 和 SBS1 为门内侧的控制按钮盒按钮，SBF2、SBR2 和 SBS2 为门外侧的控制按钮盒按钮。

②该类型电动门与监控模块的接口有：6 个干接点类型状态反馈点，包括开门申请、关门申请、开门到位、关门到位、三防上锁指示和手自动转换开关状态；3 个控制输出点，包括开门动作、关门动作和三防上锁动作。

7.3.4 其他相关设备及参数

人防工程还有一些三防相关的设备或参数也需要监控。它们包括：进门呼叫按钮及响铃、工程超压测量与相关联动三防状态显示与报警装置等。

（1）呼叫按钮及响铃

在人防工程的主要出入口的外侧，即最外一道防护门或防护密闭门外，应设置有防护能力的音响信号按钮（呼叫按钮，或叫防爆呼叫按钮）。在有人员值班的场所设置音响信号（或叫响铃）。图 7-19 为呼叫按钮及提示响铃的常规控制原理图。

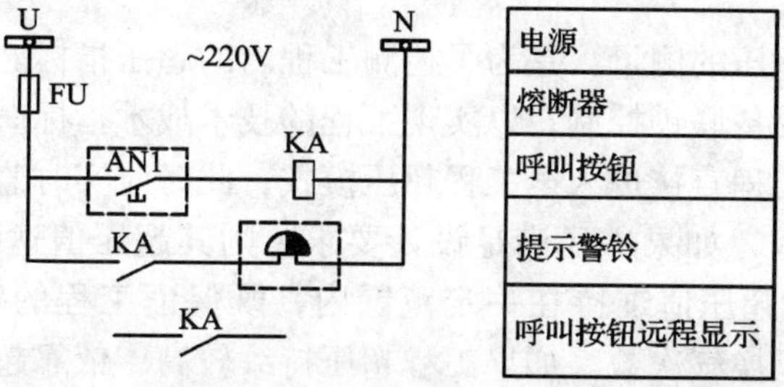

图 7-19 呼叫按钮及提示响铃的常规控制原理图

呼叫按钮的输入接点，直接控制一个中间继电器。当 AN1 呼叫按钮被按下，中间继电器 KA 得电，从而驱动提示响铃动作报警；当按钮复位后，KA 失电，提示响铃停止报警。KA 的一对无源常开类型接点用于远程监测使用、监测按钮的状态。

在滤毒和隔绝通风方式下，防护门、防护密闭门等均处于关闭状态，此时不允许人员随意进出工程。口外执行任务人员，如防化取样人员到达口部后，必须按下此呼叫按钮，以通知工程内监控中心，并等待监控中心命令。

（2）工程超压测量及设备联动

超压一般指工程内主体的气压与工程外气压之差，该压差一般较小，又称为微压差。人防工程的内部超压是一个非常重要的指标，决定了人防工程是否能满足于战时需要。超压指标反映了工程的整体气密性。转变为滤毒通风方式时，超压值必须在较短时间内上升到设定阈值，以保证工程战时的快速反应能力。

超压的测量一般采用模拟式微压测量仪表、微压差继电器或微压差变送器等。

模拟式微压测量仪表主要有 U 型管压力计、倾斜式压力计。图 7-20 为工程内防化值班室设置倾斜式微压差测量装置示意图。

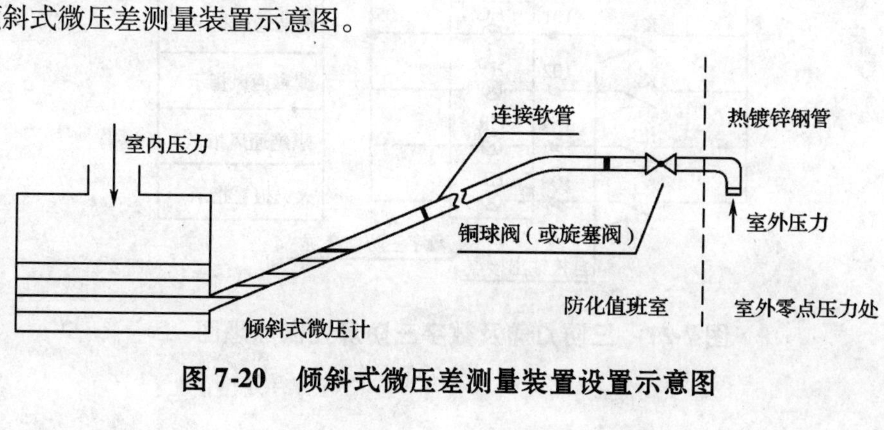

图 7-20 倾斜式微压差测量装置设置示意图

倾斜式微压计测量工程超压的效果比 U 型管测量要好，倾斜式微压计将很小的一个压力刻度倾斜拉长为一个较宽的液面刻度，便于肉眼观察读数。

微压差继电器的工作原理是，基于良好的感应材料感受压力变化，当压力值达到设定限值时，驱动一对或多对继电器触点动作。该类型仪表在早期的人防工程中应用较多，主要是实现压差与超压排风风机的联锁控制。但该类型仪表的压力感应部件，并不能准确测量微压差值大小，因此其控制精度不高。

微压差变送器使用高精度的数字测量电路测量压差，并将测量值标准化，变换为标准的 4 ~ 20mA 或 1 ~ 5V 信号。使用微压差变送器可以精确测量压差，并根据测量结果动作相应设备。

使用各种仪表进行超压的测量，是为了检测工程内的超压指标。如果超压值不能满足要求，即需要进行相应的设备联锁控制，以实现工程的技术战术指标。

滤毒通风方式下，工程直接进入全工程超压模式；此时应实时监测超压值变化情况。对于一个气密性良好的工程，如果进风满足设计要求，则其超压值达到预定范围一般可在一 min 内实现。此时工程的超压值维持在一定范围内，既保证工程的整体压力超过工程外压力，又能保证工程的通风换气次数。如果工程超压持续较高，依靠超压排气活门不能降低压力，应该进行机械排风，以降低工程超压。工程超压如果在一定的时间内达不到设定值或规范要求指标，则需要进行工程内局部超压排风，从而实现工程内相关位置的通风换气，并保证工程口部的超压能够阻挡工程外染毒气体由于压力差渗透入工程。

（3）三防状态显示与报警装置

三防状态指示与报警装置用于工程内的通风方式指示，并在通风方式转换时进行指示和报警提示。该装置应设置在如下部位：防化值班室、发电机房、控制室、变配电室、风机室、多功能大厅、防化化验室、总值班室、人员出入口最里一道防护密闭门或密闭门的主体内、工程间连通口的内侧以及其他需要设置的地方。

三防状态指示与报警装置应采用红色灯光表示隔绝式，黄色灯光表示滤毒式，绿色灯光表示清洁式。893 – LM 系列智能模块中有 3 种类型三防状态指示与报警装置，分别为新型三防灯箱（TDP – 1），数字式三防显示屏（DDP – 1），以及自带 LonWorks 接口的智能信息显示屏（IDP – 1）。TDP – 1 和 DDP – 1 型控制原理如图 7-21 所示。

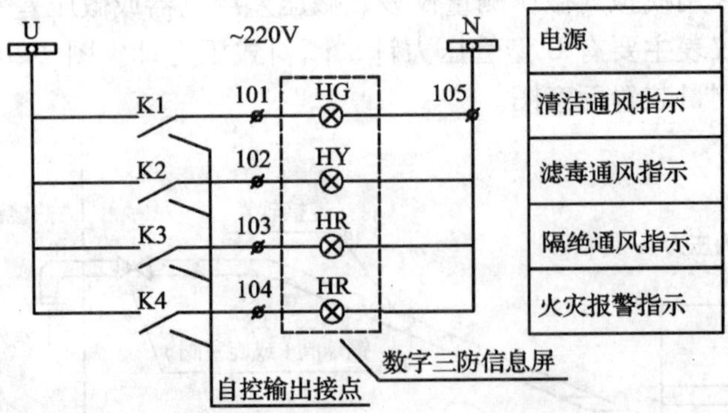

图 7-21　三防灯箱及数字三防屏控制原理图

三防灯箱与数字三防屏的控制有一些细微差别，数字三防屏除了需要以上控制逻辑外，还需要单独提供一根3芯电源电缆。

IDP－1型智能三防信息显示屏内部带LonWorks接口，可直接接入设备监控网络。其显示信息多样化，包括核化生威胁及污染指数报警信息、防化设备运行故障信息、工程内部空气质量报警信息、人员进出允许/禁止指示、火灾报警指示及疏散信息，弥补了以往的三防信号箱显示内容单一的不足。另外管理维护方便，智能三防显示屏本身是一个智能设备，具有自诊断、故障自恢复功能。提供LonWorks网络接口，上位机通过现场总线网络即可对其进行远程维护。可远程修改设定，传送显示信息，丰富显示内容，并增加显示灵活性。使用随机附带的管理软件，可实现与监控软件实时数据库的通信，将任何设备监控系统的数据取出并在智能屏上显示。

7.4 三防转换控制系统设计实例

本节以某实际人防工程为例，具体阐述三防转换控制系统的设计内容和设计方法。

7.4.1 工程概况

本工程为掘开式单建工程，有3个口部，1口和2口为主要出入口，3口为电站。工程布局为不规则长方形。工程的主要设备房间及设备有：

一个空调机房，放置3台空调机组。每台空调机组安装2台压缩机和2台送风机，根据工况要求选择合适的设备投入运行。空调室内还有2台回风机，用于工程的整体回风。

一个新风机房，包括1台三档调速新风机组、4个电动密闭阀门、1个电动调节阀门、1个电磁阀监控。

一个排风机房，包括1台排风机组和5个电动密闭阀门。

一个水泵房，主要包括1组生活水泵、1台深井泵、1组消火栓泵、1组自动喷淋泵、1组水喷雾泵以及4台空调冷却水泵。就近设置2个大水库，一个水库为生活水库，兼作消火栓用水库，另一个水库为空调冷却循环水库，兼作自动喷淋用水库。

一个电站机房，包括2台柴油机组，自带控制器，提供RS485物理接口和Modbus RTU通信协议；两外还有1台进风机和1台排风机，2个油罐。

一个电站控制室，包括8面高压配电柜，11面低压配电柜和2个变压器柜。配电柜主要进出线回路提供开关量辅助触点，1路高压进线回路上安装有智能电量测量仪表。

一个设备监控室，包括设备监控主机、消防报警主机等。

一个防化值班室，包括毒剂报警主机和射线报警主机。

一口和二口的最外侧防护门为电动防护门，提供开关量控制触点。

共设置5个污水池及5组污水泵，每组水泵均为一用一备。

7.4.2 需求分析

本节并不讨论整个设备监控系统的需求分析和设计，仅仅从三防转换控制的角度考虑。

根据前面几节的论述，可以将有关三防转换控制的信息作以下总结：

①防化值班室内1台毒剂报警主机和1台射线报警主机的报警信息监测。

②一口排风机室内1台排风机和5个电动密闭阀门监控（见图7-12），包括手自动转换开关状态监测。

③二口进风机室内1台三档调速进风机、4个电动密闭阀门、1个电动调节阀门、1个电磁阀监控（见图7-17），还包括4个微压差测量，1个流量测量（见图7-13）。

④电站1台进风机、1台排风机、4个电动密闭阀门监控（见图7-14）。

⑤5组污水泵（一用一备）监控（见图6-7）。

⑥一口和二口各1道电动防护门监控（见图7-18）。

⑦给水管道及排水管道各1道电动闸阀监控。

⑧一口和二口各1对呼叫按钮及响铃监控。

⑨三防状态显示和转换报警，共设置2个智能三防信息显示屏，分别位于一口最内一道密闭门上沿和二口最内一道密闭门上沿；设置6个数字三防屏，分别位于一口排风机室、二口进风机室、防化值班室、柴油发电机房、电站配电控制室和空调机房。

三防转换系统的监控功能如下：

①接收来自防化报警主机的报警信号，依照三防转换控制规则，控制进排风机、电动密闭阀门、电动防护/密闭门、进水及排水电动闸阀实现防护通风方式的自动切换。

②监测工程滤毒及隔绝通风时的超压值，当超压值未达到设定要求时（超压未满足）进行报警。

③三种防护通风方式要显示在工程内各主要位置。

④三防切换可以就地或远程实现，三防相关信息可图形显示，所有控制、操作均可以在监控主机上进行；所有的控制箱均可以实现就地控制和远控切除。

7.4.3 监控设计

根据以上的分析，结合工程实际情况，绘制监控测点表，见表7-10～表7-12。

表7-10 一口三防转换监控系统测点表

序号	设备名称	安装位置	配电箱/柜		测点类型				备注
			名称	位置	DI	DO	AI	智能口	
1	一口呼叫按钮	第一道防护门外	—	—	1				
2	一口响铃	最内一道密闭门内	—	—		1			
3	一口电动防护门	一口口部	DM1	一口口部	6	3			见图7-18
4	智能三防屏（IP01）	最内一道密闭门上	—	—					①
5	数字三防屏（TP01）	排风机房	—	—		4			①
6	排风机	排风机房	Df1	排风机房	3	1			
7	电动密闭阀（5个）	一口口部相关房间	Df1	排风机房	15	10			
8	排水管电动闸阀	一口防护密闭门内	Df1	一口排风机室	3	2			
9	一口1#污水泵组	一口1#污水泵房	AP1	一口1#污水泵房	5	2			见图6-7
10	一口2#污水泵组	一口2#污水泵房	AP2	一口2#污水泵房	5	2			见图6-7
测点小结					38	25	0	0	

表 7-11 二口三防转换监控系统测点表

序号	设备名称	安装位置	配电箱/柜		测点类型				备注
			名称	位置	DI	DO	AI	智能口	
1	二口呼叫按钮	第一道防护门外	—	—	1				
2	二口响铃	最内一道密闭门内	—	—		1			
3	二口电动防护门	二口口部	DM2	二口口部	6	3			见图 7-18
4	智能三防屏(IP02)	最内一道密闭门上	—	—					①
5	数字三防屏(TP02)	进风机房	—	—		4			①
6	数字三防屏(TP03)	防化值班室	—	—					①
7	数字三防屏(TP04)	空调室	—	—					①
8	三档调速进风机	进风机房	Df2	进风机房	7	3			②
9	电动密闭阀（4 个）	二口口部相关房间	Df2	进风机房	12	8			
10	电动调节阀（1 个）	进风机房	Df2	进风机房	3	2	1		
11	增压管电磁阀 1 个	进风机房	—	—		1			
12	工程超压压差	防化值班室内	—	—			1		③
13	滤尘器压差	滤尘室	—	—			1		④
14	粗滤器压差	粗滤器室	—	—			1		④
15	过滤吸收器压差	滤毒室	—	—			1		④
16	滤毒风流量变送器	滤毒通风风管	—	—			1		④
17	三防切换按钮组	防化值班室	—	—	3				
18	毒剂报警主机	防化值班室	FH	防化值班室	1				
19	射线报警主机	防化值班室	FH	防化值班室	1				
20	进水管电动闸阀	二口防护密闭门内	Df2	二口进风机室	3	2			
21	二口 1# 污水泵组	二口 1# 污水泵房	AP3	二口 1# 污水泵房	5	2			见图 6-7
22	二口 2# 污水泵组	二口 2# 污水泵房	AP4	二口 2# 污水泵房	5	2			见图 6-7
	测点小结				47	28	6	0	

表 7-12　电站三防转换监控系统测点表

序号	设备名称	安装位置	配电箱/柜		测点类型				备注
			名称	位置	DI	DO	AI	智能口	
1	电站进风机	电站风机房	Df3	电站风机房	3	1			
2	电站排风机	电站风机房	Df3	电站风机房	3	1			
3	电动密闭阀（4 个）	电站机房相关房间	Df3	电站风机房	12	8			
4	电站污水泵组	电站污水泵房	AP5	电站污水泵房	5	2			见图 6-7
5	数字三防屏（TP05）	电站柴油机房内	—	—		4			①
6	数字三防屏（TP06）	电站配电室内	—	—		—			①
测点小结					23	16	0	0	

注：①智能三防屏不需要任何测点，直接接入监控网络。数字屏至少需要 3 个 DO 测点，用于清洁指示、滤毒指示和隔绝指示，考虑到在火灾报警发生时进行信息警示，设定为 4 个 DO 测点；多个数字三防屏由同一控制箱控制时，可以共用这些 DO 通道。

②三档调速风机需要 7 个 DI 测点，分别为手自动转换开关状态、3 个运行档的运行状态和 3 个故障状态；3 个 DO 测点分别为 3 个档的启停信号。

③工程超压测量使用数字连续式微压差变送器，因此为 1 个 AI 测点。

④滤尘器压差、粗滤器压差、过滤吸收器压差和滤毒风管风流量可根据通风专业需要设计或修改。

以上各表中的测点统计，手自动转换开关假定每个阀门或每个风机各自独立；在实际工程中，如果同一控制箱中的风机、阀门等设备共用 1 个转换开关，则表中相应的测点需要减去。

根据以上统计的测点情况，结合第 3 章中 893 - LM 系列智能控制器软硬件资源特点，作出表 7-13 ~ 表 7-15 的设备配置。三防转换控制的系统图见图 7-22 所示，平面图从略。

表 7-13　一口设备选择列表

序号	设备名称	型号	特点	单位	数量	备注
1	控制器电源	DR4515	45W　15V 直流电源	个	1	
2	开关量控制器	LM1204	16 路输入 16 路输出	个	2	
3	开关量控制器	LM1201	16 路输入	个	1	
4	控制箱		IP65 防护等级	个	1	
5	防爆呼叫按钮		具备防冲击波能力	个	1	
6	响铃		220VAC 驱动	个	1	
7	浮球液位计		4 个设定液位	个	2	污水水位测量
8	智能三防屏	IDP-1	无需测点，显示内容丰富	个	1	
9	数字三防屏	DDP-1		个	1	

表 7-14　一口设备选择列表

序号	设备名称	型号	特点	单位	数量	备注
1	控制器电源	DR4515	45W　15V 直流电源	个	1	
2	开关量控制器	LM1204	16 路输入 16 路输出	个	2	
3	开关量控制器	LM1201	16 路输入	个	1	
4	开关量控制器	LM1203	8 路输入 8 路输出	个	1	
5	模拟量控制器	LM1102	8 路模拟量输入	个	1	
6	变送器电源模块	LM1801	8 路 24VDC 输出	个	1	
7	控制箱		IP65 防护等级	个	1	
8	防爆呼叫按钮		具备防冲击波能力	个	1	
9	响铃		220VAC 驱动	个	1	
10	浮球液位计		4 个设定液位	个	2	污水水位测量
11	智能三防屏	IDP-1	无需测点，显示内容丰富	个	1	
12	数字三防屏	DDP-1		个	3	
13	微压差变送器		2 线制 4～20mA 输出	个	4	
14	流量变送器		4～20mA 输出	个	1	
15	按钮盒		3 个按钮（绿、黄、红）	个	1	

表 7-15　电站设备选择列表

序号	设备名称	型号	特点	单位	数量	备注
1	控制器电源	DR4515	45W　15V 直流电源	个	1	
2	开关量控制器	LM1204	16 路输入 16 路输出	个	2	
3	控制箱		IP65 防护等级	个	1	
4	浮球液位计		4 个设定液位	个	1	污水水位测量
5	数字三防屏	DDP-1		个	2	

需要注意，正如本章开头所说，三防转换控制系统不能独立于设备监控系统，应放在设备监控系统中，从功能上讲三防转换控制系统是设备监控系统的一个功能子系统。本章单独讨论三防转换控制系统，是考虑到其功能特殊性。本节的举例也仅仅从三防转换控制的角度设计，并不是一个完整的例子。在实际工程中，三防转换控制必须结合整个设备监控系统统一规划、设计和施工。

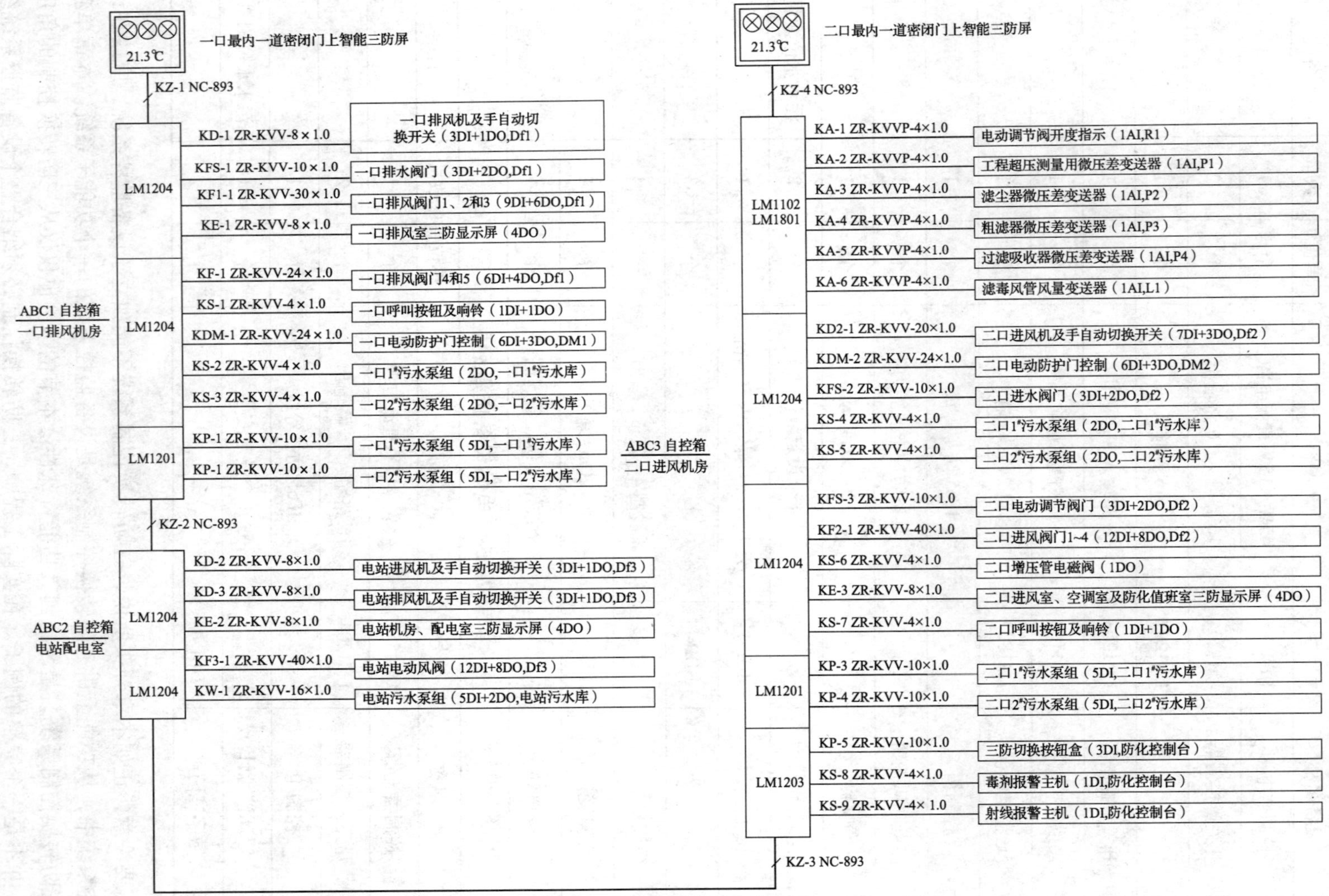

图 7-22　三防转换控制系统图

8 火灾自动报警及消防控制系统

火灾自动报警及消防控制系统通常又称为消防自动化系统、消防监控系统，或者直接简称为火灾自动报警系统，其实质内容都包含了火灾的监测、报警及消防设施的控制，本书可能不加区分地引用了上述各种不同的名称。

8.1 火灾自动报警及消防控制技术基础

消防监控技术的功能是自动捕捉火灾监测区域内火灾发生时的烟雾或热气，从而能够发出声光报警，并具有联动其他设备的输出接点，能够控制自动灭火系统、事故广播、应急照明、消防给水及排烟系统，切断非消防电源，实现监控、报警和灭火的自动化。

随着我国经济建设的发展，地下空间的不断开发和利用，平战结合的地下工程越来越多，平时功能逐步完善，地下商场、医院、旅馆、餐厅、电影院、礼堂、旱冰场、体育场、舞厅、电子游艺场、图书资料库、档案库和地下停车场不断建成。地下工程一旦发生火灾，人员疏散和扑救工作难于地面工程，所以火灾自动报警与自动灭火系统已成为地下工程必不可少的建筑防火设施。

8.1.1 建筑物的耐火等级及火灾危险性分类

建筑物的耐火等级分为四级。地下工程的耐火等级一般应为一级。其出入口地面建筑的耐火等级不应低于二级，其构件的燃烧性能和耐火极限不应低于表 8-1。

生产车间和物品库按火灾危险性分甲、乙、丙、丁、戊五类，分别见表 8-2 和表 8-3。

表 8-1 建筑物构件的燃烧性能和耐火等级

构件名称 \ 燃烧性能和等级 耐火极限（h） \ 耐火等级		一级	二级	三级	四级
墙	防火墙	非燃烧体 4.00	非燃烧体 4.00	非燃烧体 4.00	非燃烧体 4.00
	承重墙、楼梯间、电梯井的墙	非燃烧体 3.00	非燃烧体 2.50	非燃烧体 2.50	难燃烧体 0.50
	非承重外墙，疏散走道两侧的隔墙	非燃烧体 1.00	非燃烧体 1.00	非燃烧体 0.50	难燃烧体 0.25
	房间隔墙	非燃烧体 0.75	非燃烧体 0.50	难燃烧体 0.50	难燃烧体 0.25

续表 8-1

构件名称 \ 燃烧性能和等级 耐火极限（h） \ 耐火等级		一级	二级	三级	四级
柱	支承多层的柱	非燃烧体 3.00	非燃烧体 2.50	非燃烧体 2.50	难燃烧体 0.50
	支承单层的柱	非燃烧体 2.50	非燃烧体 2.00	难燃烧体 2.00	难燃烧体 2.50
楼板		非燃烧体 1.50	非燃烧体 1.00	非燃烧体 0.50	难燃烧体 0.25
屋顶承重构件		非燃烧体 1.50	非燃烧体 0.50	燃烧体	燃烧体
疏散楼梯		非燃烧体 1.50	非燃烧体 1.00	非燃烧体 1.00	燃烧体
吊顶（包括吊顶搁栅）		非燃烧体 0.25	非燃烧体 0.25	难燃烧体 0.15	燃烧体

表 8-2 生产的火灾危险性分类

生产类别	火灾危险性特征
甲	使用或产生下列物质的生产： 1. 闪点≤28℃的液体 2. 爆炸下限＜10%的气体 3. 常温下能自行分解或在空气氧化即能导致迅速自燃或爆炸的物质 4. 常温下受到水或空气中水蒸气的作用，能产生可燃气体并引起燃烧或爆炸的物质 5. 遇酸、受热、撞击、摩擦、催化以及遇有机物或硫酸等易燃的无机物，极易引起燃烧或爆炸的强氧化剂 6. 受撞击、摩擦或与氧化剂、有机物接触时能引起燃烧或爆炸的物质 7. 在密闭设备内操作温度等于或超过物质本身自燃点的生产
乙	使用或产生下列物质的生产： 1. 闪点≥28℃至＜60℃的液体 2. 爆炸下限≥10%的气体 3. 不属于甲类的氧化剂 4. 不属于甲类的化学易燃危险固体 5. 助燃气体 6. 能与空气形成爆炸性混合物的浮游状态的粉尘、纤维、闪点≥60℃的液体雾滴
丙	使用或产生下列物质的生产： 1. 闪点≥60℃的液体 2. 可燃固体

续表 8-2

生产类别	火灾危险性特征
丁	具有下列情况的生产： 1. 对非燃烧物质进行加工，并在高热或溶化状态下经常产生强辐射热、火花或火焰的生产 2. 利用气体、液体、固体作为燃料或将气体、液体进行燃烧作其他用的各种生产 3. 常温下使用或加工难燃烧物质的生产
戊	常温下使用或加工非燃烧物质的生产

表 8-3 储存物品的火灾危险性分类

储存物品类别	火灾危险性特征
甲	1. 闪点<28℃的液体 2. 爆炸下限<10%的气体，以及受到水或空气中水蒸气的作用，能产生爆炸下限<10%的气体的固体物质 3. 常温下能自行分解或在空气氧化即能导致迅速自燃或爆炸的物质 4. 常温下受到水或空气中水蒸气的作用，能产生可燃气体并引起燃烧或爆炸的物质 5. 遇酸、受热、撞击、摩擦、催化以及遇有机物或硫酸等易燃的无机物，极易引起燃烧或爆炸的强氧化剂 6. 受撞击、摩擦或与氧化剂、有机物接触时能引起燃烧或爆炸的物质
乙	1. 闪点≥28℃至<60℃的液体 2. 爆炸下限≥10%的气体 3. 不属于甲类的氧化剂 4. 不属于甲类的化学易燃危险固体 5. 助燃气体 6. 常温下与空气接触能缓慢氧化，积热不散引起自燃的物品
丙	1. 闪点≥60℃的液体 2. 可燃固体
丁	难燃烧物品
戊	非燃烧物品

8.1.2 防火分区

人防工程内应采用防火墙（当设置防火墙有困难时，可采用防火卷帘代替）划分防火分区。防火分区划分应符合下列要求：

1）防火分区应在各出入口处的甲级防火门或管理门范围内划分。

2）水泵房、污水泵房、水库、厕所、盥洗间等无可燃物的房间，其面积可不计入防火分区的面积之内。

3）柴油发电机房、直燃机房、锅炉房以及各自配套的储油间、水泵间、风机房等，应独立划分防火分区。

4）避难走道不应划分防火分区。

5）防火分区的划分宜与防护单元相结合。

每个防火分区的允许最大建筑面积应符合下列要求：

1）一般场所每个防火分区的允许最大建筑面积不应超过500m^2。当设置有自动灭火系统时，允许最大建筑面积可增加一倍；局部设置时，增加的面积可按该局部面积的一倍计算。

2）商业营业厅、展览厅等，当设置有火灾自动报警系统和自动灭火系统，且采用A级装修材料时，防火分区允许最大建筑面积不应大于2000m^2。

3）电影院、礼堂的观众厅，防火分区最大允许使用面积不应超过1000m^2。当设置有火灾自动报警系统和自动灭火系统时，其允许最大建筑面积也不得增加。

4）溜冰馆、游泳馆、射击馆和保龄球馆等的防火分区面积可不计溜冰场、游泳池、靶道区和球道区的面积。

5）车库的防火分区最大允许建筑面积不应超过2000m^2。当设置有自动灭火设备时，其最大允许建筑面积可增加一倍。

6）丙、丁、戊物品库房的防火分区允许最大建筑面积应符合表8-4的规定。当设置有火灾自动报警系统和自动灭火设备时，允许最大建筑面积可增加一倍。

表8-4　丙、丁、戊物品库房防火分区允许最大建筑面积

贮存物品类别		防火分区最大允许建筑面积（m^2）
丙	闪点＞60℃的可燃液体	150
	可燃固体	300
丁		500
戊		1000

8.1.3　火灾自动报警系统

下列人防工程或部位应设置火灾自动报警系统：

1）建筑面积大于500m^{2}的地下商店和小型体育场所。

2）建筑面积大于1000m^{2}的丙、丁类生产车间和丙、丁类物品库房。

3）重要的通信机房和电子计算机机房，柴油发电机室和变配电室，重要的实验室和图书、资料、档案库等。

4）歌舞娱乐放映游艺场所。

设有火灾自报警系统、自动喷水灭火系统、机械防烟排烟设施等的人防工程，应设置消防控制室。其控制设备一般应具备以下功能：

1）接收火灾报警，显示火灾报警部位。

2）发出火警信号和安全疏散指令。

3）启动消防水泵、固定灭火设备；控制通风、空调系统；开启防烟、排烟设施；关闭电动防火门、防火阀、防火卷帘等。

4）显示电源及各种消防用电设备的工作状态。

5）消防控制室应设置专用消防报警电话和119直拨电话。

8.2 火灾探测器及自动报警装置

火灾探测器，具有早期探测火灾信号的功能，是火灾自动报警装置的最关键部件。它好比火灾报警与自动灭火系统的“眼睛”，火灾信号全靠它去“观察”和“发现”。

一般物质燃烧时，往往产生烟雾，接着周围温度渐渐升高，同时产生一些可见与不可见的光。而物质从开始燃烧到火势扩大酿成火灾总是有个过程的，探测器的功能就是“捕捉”、“观察”物质渐渐开始燃烧时的“信号”。它把捕捉到的火灾信号转变为电信号，立即提供给报警控制器。

8.2.1 常用探测器的基本原理

常用的火灾探测器的种类很多，大致分为如下七种：感烟式火灾探测器、感温式火灾探测器、复合式感温感烟火灾探测器、可燃气体探测器、红外光束探测器、紫外火焰控制器、智能缆式线性定温探测器。其中感烟式火灾探测器、感温式火灾探测器是应用最广泛的两种火灾探测器，下面分别介绍其基本原理。

（1）感烟式火灾探测器

火灾发展的过程大致可分为初起阶段、发展阶段和衰减阶段。

感烟式火灾探测器的基本功能在于：在初燃生烟阶段，能自动发出火灾报警信号，以便将火扑灭在未成灾害之前。根据不同的结构，感烟探测器可分为离子式感烟探测器和光电式感烟探测器。

1）离子式感烟探测器原理。在放射性物质α射线的作用下，空气发生电离，在电压的作用下将产生离子电流。

通常使用的放射源为镅241，其主要放射α射线，在α射线的作用下，两极板中有离子电流产生，当火灾发生的烟雾进入极板空间时，烟粒子吸附在离子上，正负离子复合几率增加，离子电流变小，烟浓度愈高，离子电流减小愈明显，因此可以利用离子电流变化来探测烟的存在，同时发出报警信号。

2）光电式感烟探测器原理。光电式感烟探测器是由光源、光电元件和电子开关组成的。利用光散射原理对火灾初期产生的烟雾进行探测，并及时发出报警信号。按照光源不同，可分为一般光电式、紫外线光电式、激光光电式和红外线光电式四种。

①一般光电式感烟探测器根据结构和原理分为遮光型和散射型。

遮光型光电式感烟探测器由一个光源（灯泡或发光二极管）和一个光电元件对应装设在小暗室里组成。在无烟情况下，光源发出的光，通过透镜聚成光束，照射到光电元件上，并将其转换成电信号，使整个电路维持正常状态，不发生报警。当发生火灾有烟雾存在时，光的传播特性改变，光强明显减弱，电路正常状态被破坏，则发出声、光报警信号。

散射型光电式感烟探测器的发光二极管和光电元件装置不是对应的，光电元件装在多孔的小暗室里。无烟雾时，光不能射到光电元件上，电路维持正常状态。而发生火灾有烟雾存在时，光通过烟雾粒子的反射或散射到达光电元件上，则光信号转换成电信号，经放大电路放大后，驱动自动报警装置，发出火灾报警信号。其工作原理见图8-1。

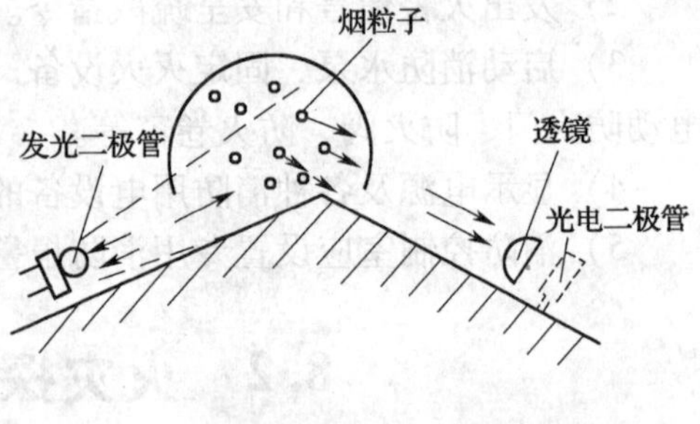

图8-1 光电感烟火灾探测器原理图

②激光光电式感烟探测器。它由激光发射机（包括脉冲电源和激光发生器）和激光接收器（包括光电接收器、脉冲放大及报警器）组成。它利用激光方向性强，亮度高及单色性和相干性好等特点。在无烟的情况下，脉冲激光束射到光电接收器上，转换成电信号，报警器不发出报警。一旦激光束在发射过程中有烟雾遮挡而减弱到一定程度，使光电接收器信号显著减弱，报警器便自动发出报警信号。在种类繁多的激光光源中，半导体激光器由于具有所需激发电压低、效率高、脉冲功率大，器件体积小，耐震、寿命长和价格低廉等优点，受到了普遍重视。

③紫外光和红外光感烟探测器。具有灵敏度高、性能稳定可靠、探测方位准确等优点，因而得到了普遍重视，并成为目前火灾探测的主要设备和发展方向。

（2）感温式火灾探测器

感温式火灾探测器的结构有双金属片型、膜盒型和热敏电子元件型三种。

1）双金属片型探测器。它是应用不同的膨胀系数的金属片作为敏感元件的，一般制成差温和定温两种形式。

当环境温度急剧上升，其温升速率（℃/min）达到或超过探测器规定的动作温升速率时，差温部分即动作，发出报警信号。双金属片型差温式探测器，其结构见图8-2所示。

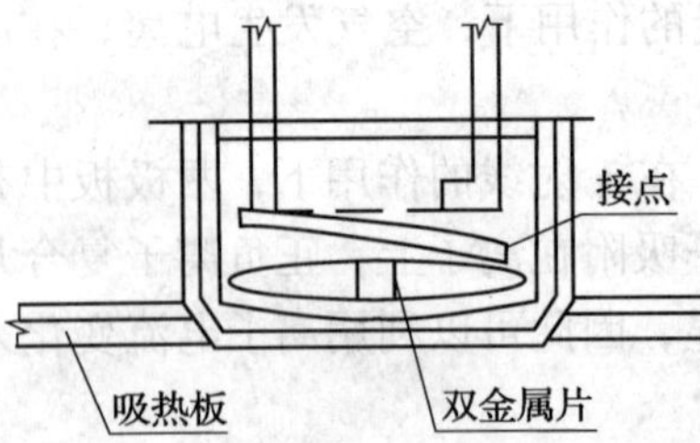

图8-2 差温探测器结构图

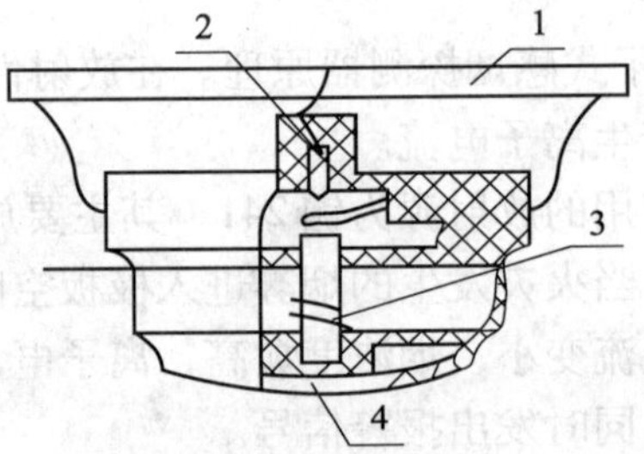

图8-3 JW-JD型低熔点式定温探测器结构图

1—基座；2—触点；3—弹簧拉杆；4—低熔点合金

双金属片型探测器另一种为定温式，定温的探测器是用低熔点合金及双金属敏感元件，如图8-3所示。在吸热罩中部与特种螺钉上焊接有一小块低熔点合金（70℃或90℃），与连杆连接，拉杆下端有一接点，如遇火灾时，环境温度升高至标准温度时，低熔点合金熔化落下，拉杆借助弹簧的弹力，接通接点，送出火警信号，该类型探测器具有结构简单可靠，误动作少的优点。

注意，该型差温和定温探测器，凡用于终端者，均具有终端监控要求，每只探测器底座上装接有一只4.7kΩ的电阻，跨接在“+”和“-”之间。

2）膜盒型探测器。它由波纹板组成一个气室，室内空气只能通过气塞螺钉的小孔与大气相通。一般情况下（指环境温升速率1℃/min）气室受热，室内膨胀的气体可以通过气塞螺钉小孔泄漏到大气中去，当发生火灾时，温升速率急剧增加，气室内的气压增大，波纹板向上鼓起推动弹性接触片，接通电接点，发出报警信号。膜盒式探测器也叫差动式探测器，其结构如图8-4所示。

3）电子感温式探测器。其基本电路原理图如图8-5所示。

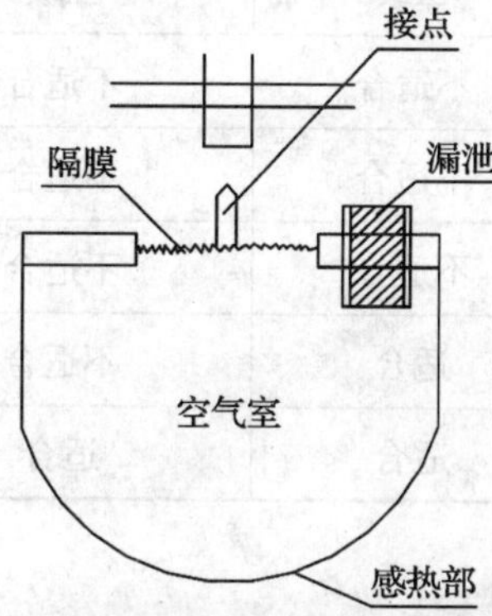

图8-4 膜盒式探测器

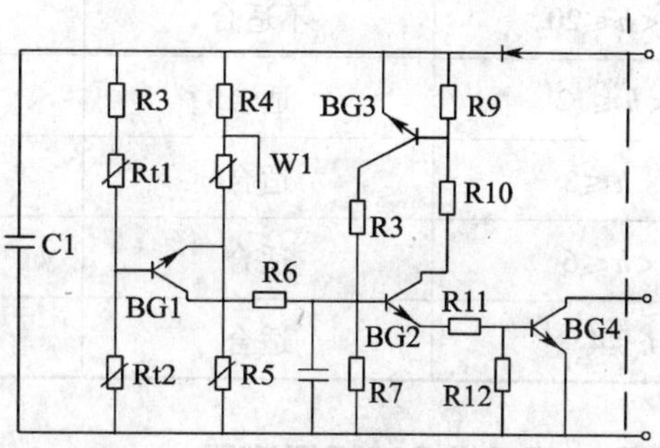

图8-5 JW-RCD型感温探测器电路图

图8-5中Rt1、Rt2为两只阻值和温度特性相同的热敏电阻，但在结构上Rt2可以直接感受到环境温度的变化，而Rt1则封闭在一个热容量大的小球内。当外界温度变化缓慢时，Rt1、Rt2的阻值随温度变化基本相接近，晶体管BG1截止，BG4同样也处于截止状态。当发生火灾时，环境温度剧烈上升，Rt2直接受热，电阻值下降也快。Rt1、Rt2的压降分配改变使BG1导通，触发BG2、BG3所构成的互补双稳电路，使BG4导通而发出差温报警信号。

（3）手动火灾报警器（手动按钮）

这是一种人工启动的火灾报警装置。火灾发生时，目击者只要敲碎手动报警按钮的面板玻璃，即可把火警信号送至报警控制器，报出火警部位。手动火灾报警器有普通手动报警器、带地址编码手动报警器和带消防专用电话插孔的手动报警器等。

8.2.2 火灾探测器的选择

（1）根据火灾的特点选择探测器类型

1）火灾初期有阴燃阶段，产生大量的烟和少量的热，很少或没有火焰辐射的火灾（如棉麻织物火灾等）应选用感烟式探测器。

2）火灾发展迅速，可产生大量热、烟和火焰辐射的地方，可选用感温探测器、感烟探测器、火焰探测器或其组合。

3）火灾发展迅速，可产生强烈的火焰辐射和少量的烟、热的地方，应选择火焰探测器。

4）火灾形成特点不可预料，可进行模拟试验，根据试验结果选择探测器。

5）使用、生产或聚集可燃气体或可燃液体蒸气的地方（如油库等），应选择可燃气体探测器。

（2）根据房间不同高度选择探测器

对不同高度的房间，可按表 8-5 选择火灾探测器。

表 8-5　根据房间高度选择探测器

房间高度 h（m）	感烟探测器	感温探测器		
		一级	二级	三级
$12<h\leqslant 20$	不适合	不适合	不适合	不适合
$8<h\leqslant 12$	适合	不适合	不适合	不适合
$6<h\leqslant 8$	适合	适合	不适合	不适合
$4<h\leqslant 6$	适合	适合	适合	不适合
$h\leqslant 4$	适合	适合	适合	适合

（3）根据不同场合选择探测器

1）下列场所宜选择点型感烟探测器：

①饭店、旅馆的客房、餐厅、会客室、教学楼、办公楼的厅堂、办公室、卧室、库房、商店等公共活动场所；

②电子计算机房、通信机房、电视电影放映室及其他有电气设备的机房以及易产生电器火灾的危险场所等；

③重要的电缆（电线）竖井、配电室、楼梯间、前室和走廊通道、电梯机房等；

④书库、档案库等；

⑤空调机房、防排烟机房及有防排烟功能要求的房间或场所。

对于在火势蔓延前产生可见烟雾、火灾危险性大的场合，如电子设备机房、配电室、控制室等，宜采用光电感烟探测器，或光电和离子感烟探测器的组合。对于大型无遮挡空间的库房，宜采用红外线光束感烟探测器。

2）下列场所不宜选用离子感烟探测器：

①相对湿度长期大于 95%；

②气流速度大于 5m/s；

③有大量粉尘、水雾滞留的场所；

④可能产生腐蚀性气体；

⑤正常情况下有烟滞留；

⑥产生醇类、醚类、酮类等有机物质。

3）下列场所不宜选用光电感烟探测器：

①可能产生黑烟；

②大量积聚粉尘、水雾滞留；

③可能产生蒸气和油雾；

④在正常情况下有烟滞留；

⑤存在高频电磁场干扰；

⑥大量昆虫充斥的场所。

4）下列情形或场所宜选用感温探测器：

①相对湿度经常高于95%；

②可能发生无烟火灾；

③有大量粉尘；

④在正常情况下有烟和蒸气滞留；

⑤厨房、锅炉房、发电机房、茶炉房、烘干车间等；

⑥汽车库等；

⑦吸烟室、小会议室等；

⑧其他不宜安装感烟探测器的厅堂和公共场所。

可能产生阴燃火或火灾危险性大，必须早期报警的场所不宜选用感温探测器，温度在0℃以下的场所不宜选用定温探测器；常温和环境温度梯度较大，变化区间较小的场所宜选用定温探测器；常温和环境温度梯度较小，变化区间较大的场所，宜选用差温探测器；若火灾初期环境温度变化难以肯定，宜选用差定温复合式探测器。

通常在有自动联动控制装置或自动灭火系统时，一般都采用感烟、感温探测器的组合。

（4）感烟、感温探测器灵敏度的确定

感烟探测器的灵敏度级别应根据初期火灾燃烧特征和环境特征因素正确选择。一般可按下述原则确定：

1）禁烟场所、计算机房、仪表室、电子设备房间、图书馆、票证库和书库等灵敏性级别为一级。

2）一般环境（居室、客房、办公室等）灵敏度级别为二级。

3）走廊、通道、会议室、吸烟室、大厅、餐厅、地下层、管道井等处灵敏度级别为三级。

4）当房间高度超过8m时，感烟探测器灵敏度级别应取一级。

感温探测器动作温度的选择不应高于环境温度20～35℃，且应按产品技术条件确定其灵敏度。一般可按下述原则确定：

1）定温、差温探测器的升温速率不大于1℃/min时，其动作温度不应小于54℃，且各级灵敏度的探测器的动作温度应分别大于下列数值：

一级62℃，

二级70℃，

三级78℃。

2）对于不同高度的房间应按照表8-5规定选择。

3）定温探测器的动作温度在无环境特殊要求时，一般选用二级。

8.2.3 火灾探测器及手动报警器的设置和布局

(1) 火灾探测器的设置和布局

为了保证探测器的使用效果。除了根据上节所讲的要求合理选择探测器外，还应根据建筑物各功能房间的面积、形状、顶部安装其他设备的情况（如灯具、风口）等，合理地进行探测器的设置与布局设计，在设计、安装时应遵守下列规定：

1）探测区内每个房间至少设置一只火灾探测器。

2）感烟、感温探测器的保护面积和保护半径，应按表 8-6 确定。

表 8-6 感烟探测器、感温探测器的保护面积和保护半径

火灾探测器的种类	地面面积 S（m^2）	房间高度 h（m）	一只探测器的保护面积 A 和保护半径 R					
			屋顶坡度 θ					
			$\theta \leqslant 15°$		$15° < \theta \leqslant 30°$		$\theta > 30°$	
			A（m^2）	R（m）	A（m^2）	R（m）	A（m^2）	R（m）
感烟探测器	$S \leqslant 80$	$h \leqslant 12$	80	6.7	80	7.2	80	8.0
	$S > 80$	$6 < h \leqslant 12$	80	6.7	100	8.0	120	9.9
		$h \leqslant 6$	60	5.8	80	7.2	100	9.0
感烟探测器	$S \leqslant 30$	$h \leqslant 8$	30	4.4	30	4.9	30	5.5
	$S > 30$	$h \leqslant 8$	20	3.6	30	4.9	40	6.3

3）在宽度小于3m 的走道顶棚上设置探测器时，宜居中布置。感温探测器的安装间距不应超过 10m，感烟探测器的安装间距不应超过 15m。探测器至墙端的距离，不应大于探测器安装间距的一半。

4）探测器至墙壁、梁边的水平距离不应小于 0.5m。

5）探测器周围 0.5m 内，不应有遮挡物。

6）房间被书架，设备或隔断等分隔，其顶部至顶棚或梁的距离小于房间净高 5% 时，则每个被隔开的部分应至少安装一只探测器。

7）探测器距自动喷水灭火系统的喷头或空调风口边的水平距离不应小于 1.5m，并宜接近回风口安装。探测器至多孔送风顶板孔口的水平距离不应小于 0.5m。

8）探测器距照明灯具的水平净距不应小于 0.2m。

9）探测器宜水平安装，如必须倾斜安装时，其倾斜角不应大于 45°。

10）在电梯井、升降机井设置探测器时，其位置宜在井道上方的机房顶棚上。

11）下列场所不设火灾探测器：厕所、浴室等；不能有效探测火灾的场所；不便维修、使用（重点部位除外）的场所。

12）感烟、感温探测器的安装间距，不应超过图 8-6 中极限曲线 $D_1 \sim D_{11}$（含 D_9）所规定的范围。

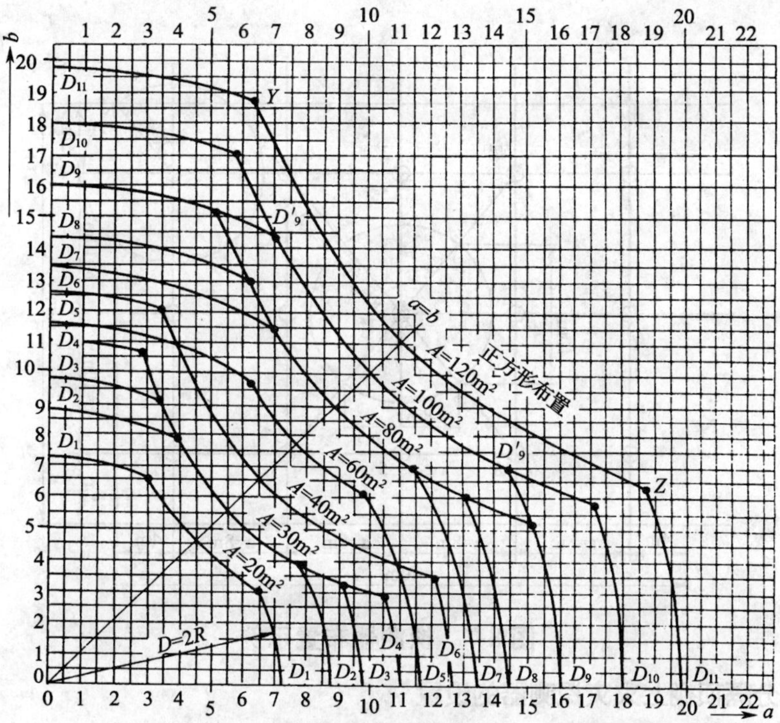

图 8-6 由 A 和 R 确定探测器 a，b 的极限曲线

注：A——探测器的保护面积（m²）。

R——保护半径（m）。

a，b——探测器的安装间距（m）。

在 Y 和 Z 两点间的曲线范围内，保护面积可得到充分利用。

（2）探测器数量的确定

一个探测区域内所需设置的探测器数量，应按下式计算：

$$N \geqslant \frac{S}{K \cdot A}$$

式中 N——一个探测区内所需设置的探测器数量（只），N 应取整数；

S——该探测区域的面积（m²）；

A——一只探测器的保护面积（m²）；

K——修正系数，特级保护对象宜取 0.7～0.8，一级保护对象宜取 0.8～0.9，二级保护对象宜取 0.9～1.0。

【例】 一个面积为 30m×40m（1200m²）的普通商场，其屋顶坡度为 $\theta<15°$，房间高度为 8m，使用感烟探测器保护，求需要多少只探测器？

解：①由表 8-6 知，当地面面积 S＞80m²，房间高度 6～12m，屋顶坡度 $\theta \leqslant 15°$时，感烟探测器的保护面积为 $A=80\text{m}^2$，保护半径为 $R=6.7$m，选 $K=1.0$，因此，该商场安装 $N=1200\text{m}^2/(1.0\times 80\text{m}^2)=15$ 只探测器。

②由图 8-6 根据探测器的保护面积和保护半径查得极限曲线为 $D_{1C}=2R=2\times 6.7=13.4$m，由极限曲线 D_T的曲线段 Y_2上选取探测器的安装间距 a，b 的数值。根据现场实际，选取 $a=8$m，$b=10$m。其布置方式见图 8-7 所示。

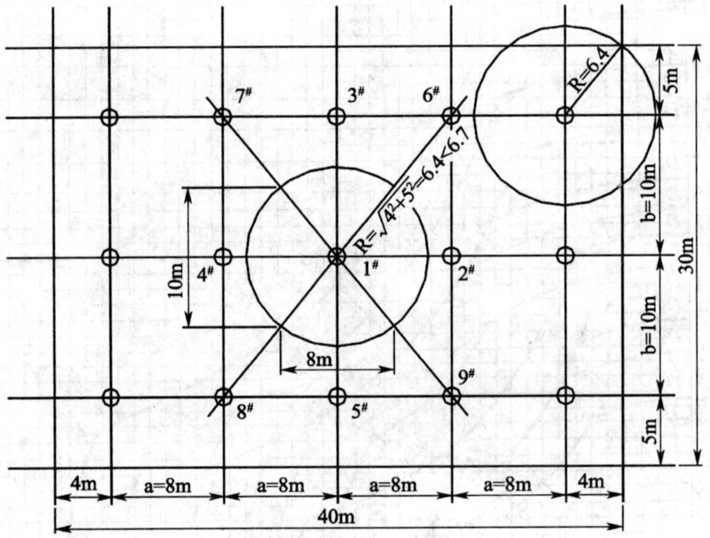

图 8-7 探测器布置示例

(3) 被梁分隔顶棚上火灾探测器的设置

当梁突出顶棚时，应按下列要求设置探测器：

1) 在梁突出顶棚的高度小于200mm 的顶棚上设置感烟、感温探测器时，可不考虑梁对探测器保护面积的影响。

2) 当梁突出顶棚的高度，在 200～600mm 时，应按表 8-7 和图 8-8 确定梁的影响和一只探测器能够保护的梁间区域的个数。

表 8-7 按梁间区域面积（Q）确定一只探测器保护的梁间区域个数

探测器的保护面积（m^2）		梁隔断的梁间区域面积 Q（m^2）	一只探测器保护的梁间区域的个数	探测器的保护面积（m^2）		梁隔断的梁间区域面积 Q（m^2）	一只探测器保护的梁间区域的个数
感温探测器	20	$Q>12$	1	感烟探测器	60	$Q>36$	1
		$8<Q\leqslant12$	2			$24<Q\leqslant36$	2
		$6<Q\leqslant8$	3			$18<Q\leqslant24$	3
		$4<Q\leqslant6$	4			$12<Q\leqslant18$	4
		$Q\leqslant4$	5			$Q\leqslant12$	5
	30	$Q>18$	1		80	$Q>48$	1
		$12<Q\leqslant18$	2			$32<Q\leqslant48$	2
		$9<Q\leqslant12$	3			$24<Q\leqslant32$	3
		$6<Q\leqslant9$	4			$16<Q\leqslant24$	4
		$Q\leqslant6$	5			$Q\leqslant16$	5

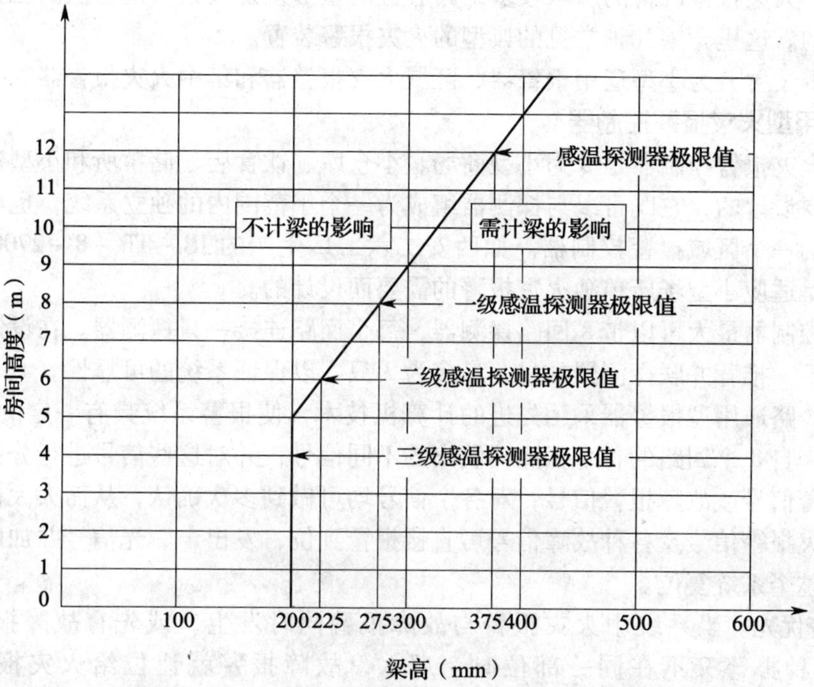

图 8-8　房间高度及梁高对探测器设置的影响

3）当梁突出顶棚的高度超过600mm时，被梁隔断的每个梁间区域应至少设置一只探测器。

4）当被梁隔断的区域面积超过一只探测器保护面积时，则应将被隔断的区域视为一个探测区域，并按上式计算探测器的设置数量。

5）当梁间净距小于1.0m时，可视为平顶棚，设置火灾探测器。

(4) 手动火灾报警器的设置

报警区域内每个防火分区，应至少设置一只手动火灾报警器。从一个防火区内的任何位置到最邻近的一个手动火灾报警的步行距离，不应大于30m。

手动火灾报警器宜在下列部位装设：各区的楼梯间、电梯前室；大厅、过厅、主要公共活动场所出入口；餐厅、多功能厅等处的主要出入口；主要通道等经常有人通过的地方。

手动火灾报警器在墙上安装的高度可为1.5m，报警盒应具有明显的标志和防误动作的保护措施。

8.2.4　火灾报警装置

(1) 火灾报警装置的功能

火灾报警装置就是报警控制器，其规格、型号繁多，根据监测区域和场所不同，其功能也不同，但一般火灾报警装置都具有以下基本功能：能为火灾探测器供电；能接收来自火灾探测器的报警信号；能发出系统本身的事故信号；能检查火灾探测器的报警功能；准确提供火灾现场的位置（编码或地址）。

国内生产火灾报警设备的厂家较多，其装置的型号差别较大，但它们的工作原理、基本功能是一样的。这里介绍几种常见的典型的火灾报警装置。

火灾报警装置分为小型通用报警器、区域火灾报警器和集中火灾报警器等。

（2）通用型火灾报警控制器

通用型火灾报警控制器是专为小型商场、小仓库、饮食店、储蓄所和小型建筑工程等一些单位的需要设计的，它既可以与探测器组成为一个小范围内的独立系统，也可以成为大型集中报警区的一个区域报警控制器。如西安二六二厂生产的 JB－TB－8－2700/063 型通用报警器，就是适应小型场所单独火灾报警的需要而设计的。

该报警控制器最大可以带 8 回路探测器，每个回路连接一只探测器。在设计中非要关联不可的情况下，推荐并联探测器数目，最多为 3 只，以保证系统的可靠性。

由于该 8 路通用型报警器采用先进的计算机技术，使报警系统具有一定的智能化功能。它可以接受来自 8 个回路的各个探测器发出的不同信号，并对这些信号进行分析处理。分别发出火灾报警信号或故障报警信号，对各个信号均可做到多次确认，从而大大提高了系统的可靠性，火灾报警信号及各种故障信号可直接报警到位，发出声、光信号并加以记忆，直至操作人员对整个系统复位。

1）火警优先。当系统中火灾报警与故障报警同时发生，或先有故障报警后有火灾报警，但两种报警又不在同一部位时，那么，故障报警就让位给火灾报警，即系统具备火灾报警优先功能。

2）记时功能。该报警控制器还装备电子钟，有对时按钮可以对时。当火警信号发生时，电子钟立即停走，记下首次报警时间。

3）自检功能。为保证报警控制器的正常运行，该报警器本身具有自动检查系统故障的功能，它不间断地对报警控制器的各回路进行检查。系统处于正常工程状态时，面板上的绿色灯闪亮，否则系统就存在某种故障。

JB－TB－8－2700/063 型通用报警控制器主电源采用开关电源，抗干扰性能强、转换效率高、体积小、重量轻。设有外接备用电源插头，可以与 FJ－2709B 型直流备用电源直接配用。

报警器面板上有主电源、备用电源指示灯，表明报警器的电源运行状态，并备有备用电源的自动充电电路。当备用电源充到预定电压时，便自动切断充电回路。当主电源停电时，备用电源自动投入，以保证火灾报警器的连续工作。

该报警器给出一组报警触点（触点容量：24V，1A）如果需要接入大的系统，可与集中报警控制器连接使用。该报警器可以作为壁挂式或嵌入式安装。其外形尺寸如图 8-9 所示。

系统布线：JB－TB－8－2700/063 型通用报警控制器机箱内设置有接线端子，其引出 11 根线分别为：+24V 电源线 1 根，信号线 8 根，外接报警触点引线 2 根。

探测器接线采用二线制，由于 +24V 电源线公用，系统布线为 n+1 线制（n 为探测器数）。如并联使用时，每一并联回路信号线也为一根，把并联探头全部并联起来，最终端应接 4.3kΩ 终端电阻。其控制器布线如图 8-10 所示。

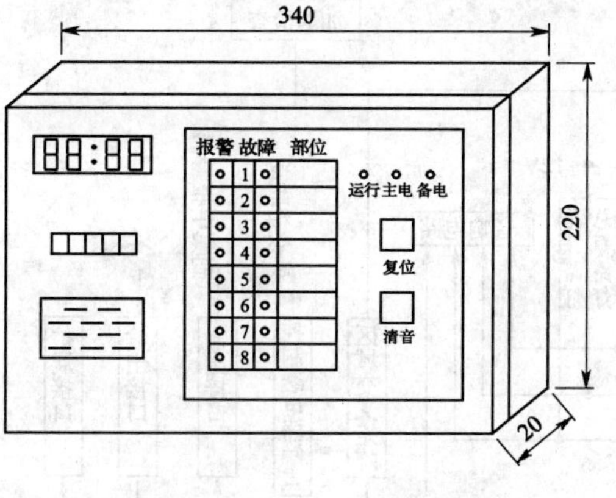

图 8-9 JB－TB－8－2700/063 通用报警控制器外形尺寸图

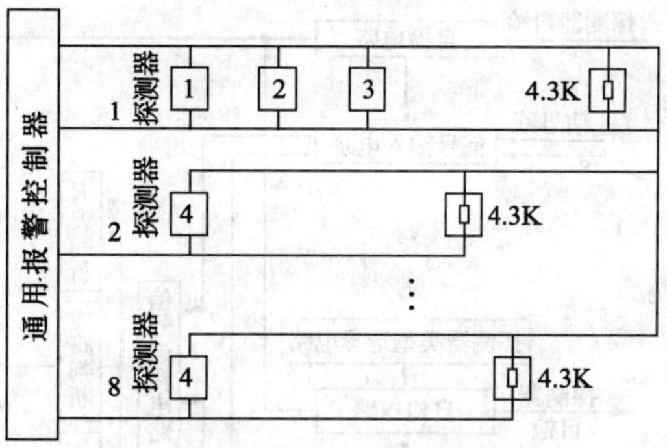

图 8-10 通用报警系统布线图

(3) 区域火灾报警控制器

区域报警器的作用是将所监视的区域探测器送来的电压信号转换为声、光报警，并在显示板上以光的形式显示出着火部位。它还为探测器提供 24V 直流稳压电源，并输出火灾报警信号给集中报警器，同时，还备有操作其他设备的输出接点。为了记忆第一次报警时间，在区域报警上设置有记时单元，当有火灾信号输入时，电子钟停走，记下报警时间，为调查起火原因提供依据。火警信号消除后，可以进行人工校时，做普通钟用。

为了防止区域报警器至探测器间的连接发生断路、探测器接触不良或探测器被取走等问题出现，在区域报警控制器上设有故障自动监测电路。当线路有故障时，能发出“故障”信号。

下面以 JB－QB－2700/088 型和 JB－QB－50－2700/076 型为例进行介绍。

1）JB－QB－2700/088 型区域火灾报警控制器。该区域报警控制器接收探测器发出的火灾信号，当区域报警与探测器之间有接触不良或断线时，报警器发出开路或短路的故障报警信号。各类报警信号至区域报警器，经信号选择电路处理后，进行火灾、短路、开路判断，报警器首先发出火灾报警信号，指示具体着火部位，发出火警音响。

巡检电路将三类信号送至集中报警控制器。

报警器控制道可以将接收到的探测器火警信号进行“与”、“或”逻辑组合。火警发生时，部位道指示灯亮，指示具体着火部位，电子钟记忆首次火警时间，控制继电器动作所联动外部设备，如排烟阀门、送风机、防火门等。

稳压电源为开关电源，输出 24V 直流电压，并能自动对直流电池组充电。当电路发生过压、欠压、主电、备电故障时，相应的监控电路给出声、光报警信号。JB－QB－2700/088 区域报警控制器电路原理方框图如图 8-11 所示。

①主要技术指标及主要功能：

A. 报警容量。报警器设计为标准插道单元，每个插道单元可以显示 8 路报警部位。基本容量为 16 路，可以根据用户需要 8 路一组进行扩充。壁挂式最大容量为 80 路，柜式最大容量为 256 路。各报警器允许同时报警容量为总容量的 20%。

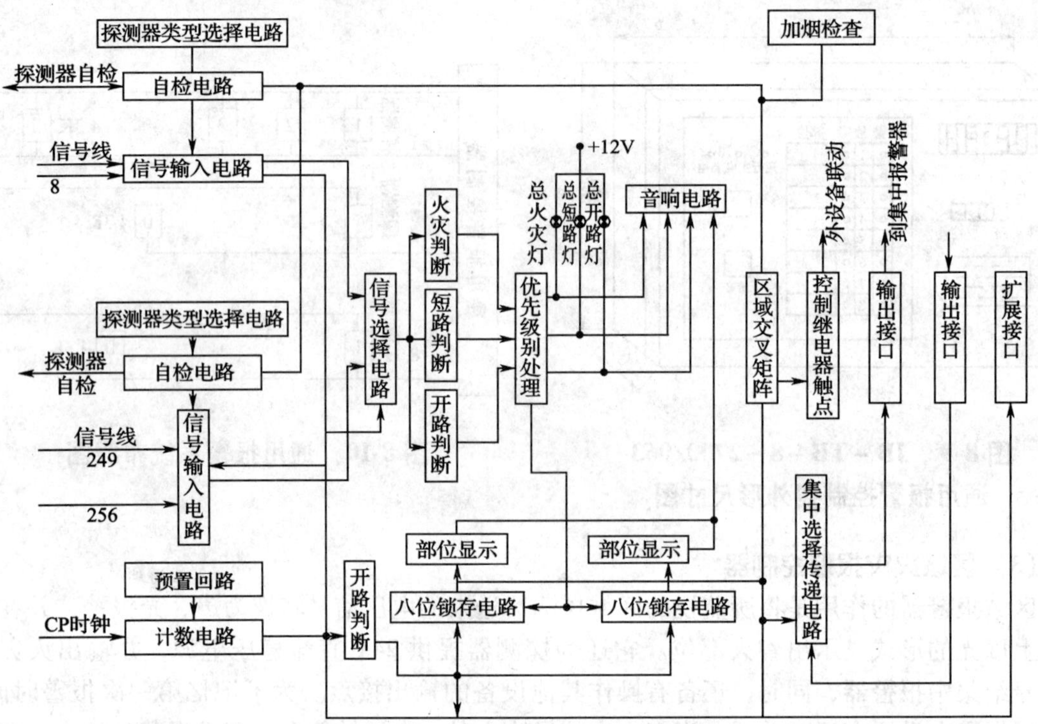

图 8-11　JB－QB－2700/088 区域报警控制器电路原理方框图

B. 火灾报警。当报警器接受到火灾信号时，发出声、光报警信号，总火警灯闪亮，表示有火灾发生，部位灯指示火警部位并记忆，声报警为变调火警音响。

C. 断线故障报警。当探测器与报警器连线断线或探测器插接件接触不良时，报警器发出断线声、光报警信号，断线故障可显示具体部位。

D. 短路故障报警。当某个探测器的电源线与信号线发生短路故障时，报警器能自动发出短路的声、光报警信号，短路故障也可显示部位。

E. 火灾优先功能。当报警系统不同部位同时有火灾及故障发生时，火灾报警优先于故障报警（包括开路、短路故障）。短路故障优先于开路故障报警。

F. 联动控制功能。在消防工程中，若需要排烟阀、送风阀、消防泵等消防设备的联动控制，用户可选用控制道（KZ004）。区域报警器有 16 种控制继电器输出。每个控制道有 8 种。控制道可以插在任意部位道之后，与部位道配合，灵活地进行各种“与”、“或”逻辑组合，完成各类消防设备联动控制。

该区域报警控制器与防排烟阀、送排风机、防火卷帘的联动控制接线示意图如图 8-12 所示。该区域控制报警器与喷淋电磁阀联动控制接线示意图如图 8-13 所示。

G. 8×8 矩阵逻辑电路。矩阵逻辑电路主要是为用户提供灵活、方便的逻辑组合而设计的，电路中有 64 个二极管的焊接位置，根据用户联动设备的要求，将部位道传输来的火警信号，用隔离二极管进行逻辑组合，推动控制继电器。二极管的焊接可以在出厂前完成，或者根据用户的联动要求在现场完成。

控制继电器的触点功率为 24V、2A。每个继电器都对应一个动作指示灯，表示继电器的动作状态。

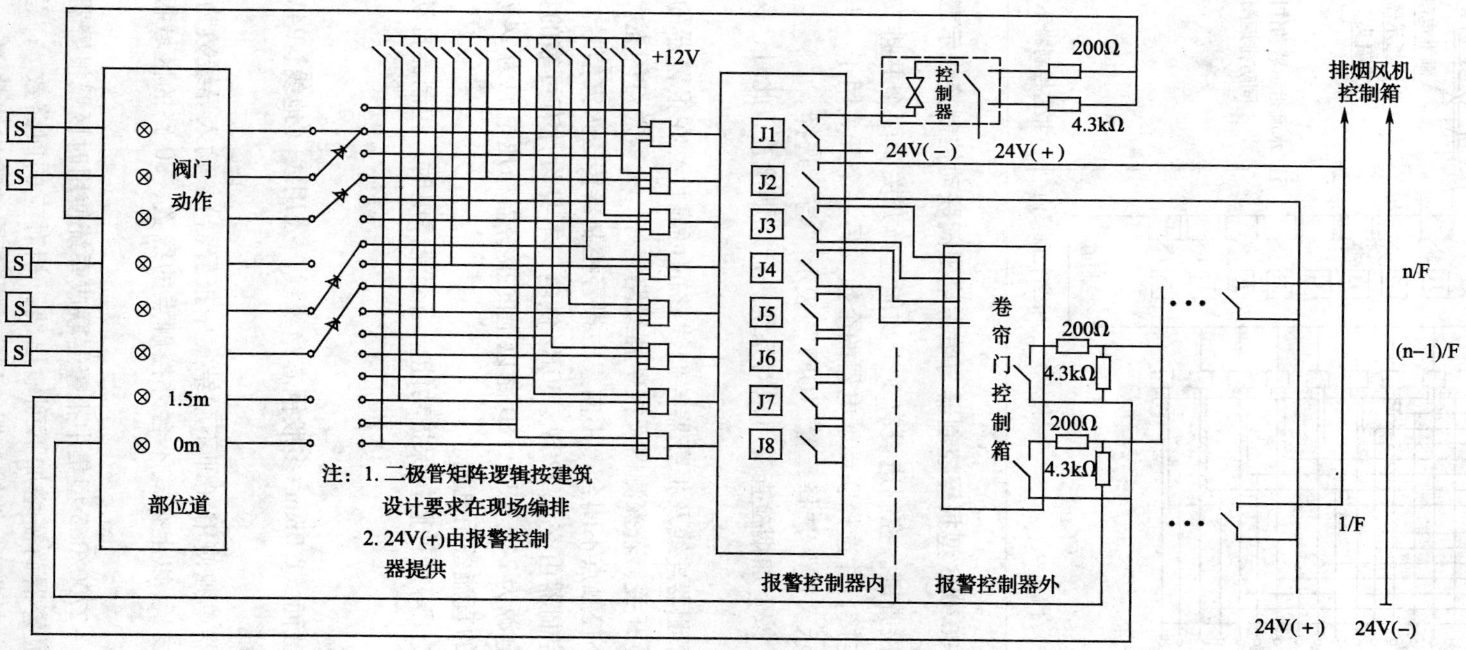

图 8-12 JB－QB－2700/088 型报警控制器与防排烟阀、送排风机、防火卷帘的联动控制接线示意图

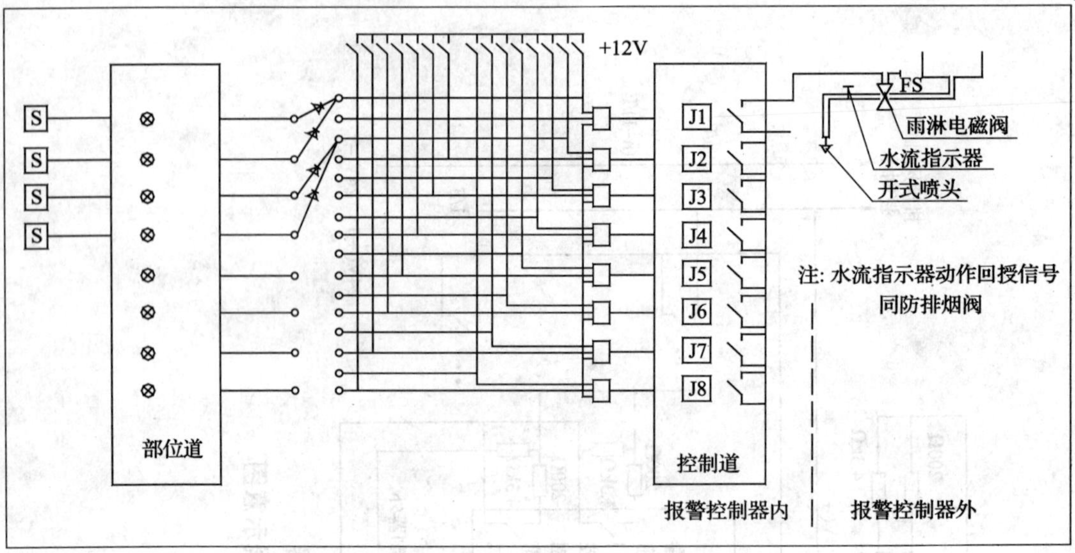

图 8-13　JB－QB－2700/088 型报警控制器与喷淋电磁阀联动控制接线示意图

H. 功能选择开关及加烟检查键。控制道设有 3 个功能选择开关。两个并排安放的选择开关，用于控制道与总线的连接，并选择联动继电器的个数。另一个开关用于“与”、“或”逻辑控制选择，置“ON”表示“或”选择，置“OFF”表示“与”选择。

现场若进行加烟检查时，按下加烟检查键可以对系统进行加烟检查，此时，探测器报警不联动控制设备。

I. 自检功能。为了检查探测器连线及报警器控制线路的可靠性，在报警器的部位道上设有手动检查按键，拔动自检开关、若探测器及报警器线路完好，火警总灯闪亮，火灾声响报警。检查时电子钟不停。外控触点不闭合，不向集中报警控制器传送火灾信号。

J. 电源及其监控功能。控制器由交流 220V、50Hz 供电，本身设计有可靠的稳压电源，80 路以下的报警控制器稳压电源为 24V、3A，80 路以上的报警器稳压电源为 24V、5A，可分别配用 5Ah、10Ah、20Ah 的直流备用电池。

电源设有过压、过流、欠压等多种监控保护功能。当交流停电时，控制器自动转换为备用电池组供电。

②系统布线：

A. 导线规格。信号线为截面≥$1.0mm^2$ 多股铜芯绝缘线。公用线（地线、24V 电源线）截面≥$1.2mm^2$ 多股铜芯绝缘线。

B. 输入线数。区域报警器单独使用（即不联结集中报警器），输入导线数为 $N=n+1$（n 指回路数，1 指 24V 电源线）。以上公式不含外控触点的线数，80 路的区域报警器 $n=80$，则 $N=80+1=81$ 根。

C. 输出线数。与 JB－JG－2700/065 型集中报警器联成系统使用时区域报警器除了单独使用的连接线外，每个区域报警器尚需增加下列输出线：相对应的回路数 n；总检线 $n/8$ 根；标志线 3 根（火灾、开路、短路）；地线 1 根；到集中报警器的输出线数 $M=(n+n)/(8+1+3+1)$。

例如：80 路区域报警器到集中报警器的线数为 M：

$$M=(80+80)/(8+1+3+1)=95\text{ 根}$$

这些线应接在相应的端子上。

2）JB－QB－50－2700/076 型总线制区域报警控制器。该区域报警控制器与上述 JD－QB－2700/088 型区域报警控制器相比，最大的优点是采用了计算机技术、传输数字技术和编码技术，大大提高了系统报警可靠性，减少了系统布线数量。报警器不但能进行火灾报警，火势一旦加强，它还能继续提供有关火势蔓延、烟雾浓度等资料。

总线制报警控制系统由现场探测与报警部件、区域报警控制器和集中报警控制器组成，现场探测与报警部件包括各种编码型火灾探测器、编码型手动报警器、编码型消防信号器（作为现场设备的编码接口）、编码型报警中继器、区域显示器等。

下面以 JB－QB－50－2700/076 二总线制区域报警控制器为例说明其工作原理和功能。

①工作原理：在二总线系统中，区域报警控制器的线路传输只需二条总线。每个部位的探测器都有自己的一个编址单元。

该型区域报警控制器采用先进的单片机技术。CPU 主机将不断地向各编址单元发码，当编址单元接收到主机发来的信号，加以判断，如果编址单元的码与主机的发码相同，该编码单元响应。主机接收到编址单元返回的地址及状态信号，进行判断并处理。如果编址单元正常，主机将继续向下巡检；经判断如果是故障信号，报警器将发出部位故障声光报警；发生火灾时，经主机确认后火灾信号被记忆，同时发出部位的火灾声、光报警信号。

为了提高系统的可靠性，报警器主机和各编址单元在地址和状态信号的传输中，采用了多次应答、判断的方式。各种数据经过反复判断后，才给出报警信号。火灾报警、故障报警、火灾记忆、音响、火灾优先等功能均由计算机自动完成。其原理框图如图 8-14 所示。

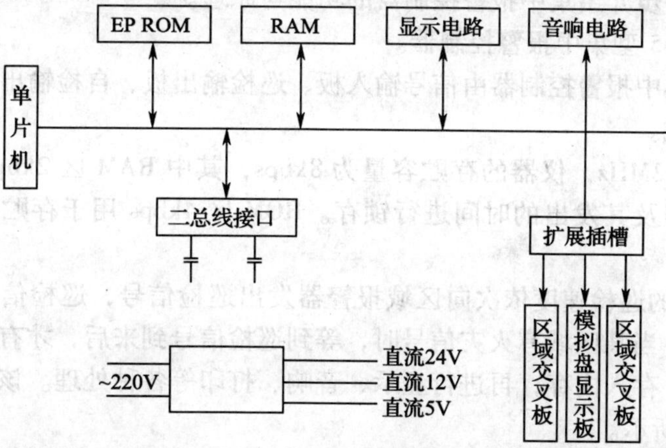

图 8-14　JB－QB－50－2700/076 型区域火灾报警控制器电路方框图

②主要功能：

A. 如果一台区域报警控制器控制一个防火分区，在二总线可接 50 个编址单元。

B. 如果一台区域报警控制器控制两个防火分区，在每区的二总线上可以接 35 个编址单元。

C. 如果一台区域报警控制器控制三个防火分区，则每区的二总线上可以接25个编址单元。

D. 二总线到各编止单元的连线可以随意接。在编址单元上不分极性。

E. 区域报警器具有一定的编程能力，可以在现场定义三个分区以内的编址单元。对编址单元具备纠错、设置报警点、自检等功能。

F. 二总线区域报警器可与DM－098编址单元、F 732型离子感烟探测器、262/061、262/062型电子感烟探测器配套使用。

G. 报警器带有显示年、月、日、时、分的软时钟。该时钟开机对时后，始终计时不停，通过面板上的"触摸"按键即可对时。发生火灾时，首次火警时间显示于"首次报警时间"处。

H. 如果所警戒的区域，需要集中监控管理时，该报警器可与JB－QB－64－2700/092型三总线制集中报警控制器配套组成火灾自动报警系统。

I. 报警器所用的AC－DC型开关电源，装于机内，具有过压、欠压、主电源、备用电源故障监控报警、交直流自动切换等功能。

（4）集中报警控制器

集中报警控制器的工作原理与区域报警控制器类似，由若干个电路组成，主要有声报警单元、光报警单元、巡回检测单元、记时单元、电源单元等。它能将被监视区域内探测器送来的火灾信号（电压信号）转换为声报警，并以光报警的形式显示火灾部位。为了看清着火区域，当有火灾发生时，在着火区域巡检停2s，然后继续巡检。

为了检查集中报警器至各区域报警器间的连接是否完好，集中报警器上设有手动总检单元。

下面以JB－JB－2700/065型（多线制）和JB－JB－64－2700/092型（三总线制）集中报警控制器为例，进一步介绍集中报警控制器的功能与原理。

1）JB－JB－2700/065型集中报警控制器。

①电路原理。该型集中报警控制器由信号输入板、巡检输出板、自检输出板、控制板和主机板、面板几部分组成。

Z80CPU主机频率为2MHz，仪器的存贮容量为8kbps，其中RAM区2kbps用于存贮随机数据，对火灾故障信号及其发出的时间进行锁存。ROM区4kbps用于存贮用户程序，打印机打印程序为2kbps。

主机以每秒20分区的巡检速度依次向区域报警器发出巡检信号，巡检信号受区域报警器与门输出电路的控制，当某区域有火灾信号时，等到巡检信号到来后，才有输出。集中报警器接收到这一信号后，存入内存，再进行显示、音响、打印等各种处理。该型集中报警控制器系统框图如图8-15所示。

②主要技术指标与功能：

A. 报警容量。每台集中报警控制器可以接收32台区域报警控制器的报警信号。即基本容量为32个区。用户可在32个区内自由选择。每个区的基本容量为64个部位。

B. 报警方式。本机有两组报警显示窗（LED数码显示器），每组有五位数码显示器，前两位显示区域号，后三位显示部位号。第一组显示首次报警信号的区域部位号。第二组巡回显示所有报警点依次停2s，移动显示完后，再重复显示。

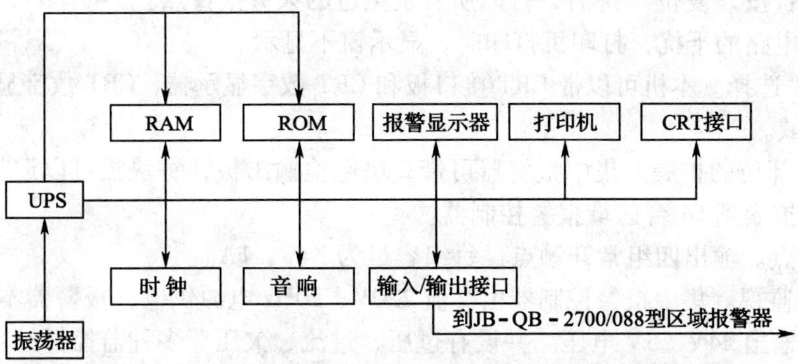

图 8-15 JB-JB-2700/065 型集中报警控制器系统框图

C. 火灾报警、故障报警与记忆功能。当集中报警器收到区域报警器的火灾信号时，发出火灾的声光报警信号，红色火灾报警灯闪亮，数码显示火灾发生的区域及部位，火灾声报警为变调音响，并自动记忆各报警部位与报警时间。

当区域报警器有故障信号，或区域报警器与集中报警器之间有断线时，本机发出故障声光报警信号。黄色故障灯亮。故障报警声为长音，数码显示故障发生的区域并自动记忆。

D. 火警优先。当不同的区域报警器分别发出火警、故障信号时，集中报警控制器首先转入只对火灾信号的报警。发出火灾的声光报警信号，待火灾信号全部消失后，按“复位”键，集中报警控制器则恢复到正常巡检状态。若故障没有消失，则发出故障的声光报警。

E. 巡检速度。集中报警器对区域报警器以每秒 20 区的巡检速度依次对所连接的各区域报警器巡检。巡检信号为 10mA 的电流脉冲信号。

F. 自检功能。报警器设有自检电路，以供检查区域报警器的输出电路和集中报警器的输入电路及之间的连线是否正常和可靠。

当按下“自检”键，集中报警器对系统进行自检，若集中报警器与区域报警器之间的连接与接口完好。则在第二组显示窗高位显示“O”的正常信号。停 2s，打印机打印“自检正常”。

若有故障时，则在第二显示窗显示故障发生的区域号及部位号。

自检完毕后，系统自动执行复位操作进入正常监视状态。

G. 时钟。集中报警器上的时钟是由主机 CPU 与 CTC 定时器进行控制而产生的，面板上的键盘可以进行对时操作，时钟显示月、日、时、分。火灾发生时，显示暂停，显示火灾首次报警时间，内部自动连续记时，并记忆所有火灾发生的时刻。火灾处理后，按“复位”键，时钟显示当前时间，正常走时。

H. 扩展功能：

a. 备用打印机。集中报警器主要电路留有打印机的接口电路，若用户需要有书面火灾记录，并满足打印机的使用条件，可配带 TP 801 微型点阵式打印机。用汉字打出故障及火灾的类别、部位、时间。打印机有实时打印和复位打印两种方式。

实时打印：按“控打”键后，随时打印火灾及故障发生的部位和时间。

复位打印：按“复位”键后，打印所有发生过的火灾报警点。

为了减少电路的干扰，打印机打印时，显示窗不显示。

b. 带 CRT 选择。本机可以带 CRT 接口板和 CRT 数字显示器，CRT 数字显示火灾发生部位、时间、区域。

c. 区域、部位的扩展。集中报警器可带 2 块巡检输出板，每块板可以巡检 32 台区域报警器，故可以扩展到 64 台区域报警控制器。

I. 外控触点。输出四组常开触点，每组容量为 24V、1A。

J. 电源与监视。集中报警控制器由交流 220V、50Hz 电源供电，报警器本身设计有可靠的稳压电源。输出 24V、5V 电压。并设有过压、过流、欠压等多种监控保护功能。

配有 30V、5Ah 的直流电池组，交流停电时，备用的直流电池组可自动投入使用。

③系统布线：

JB－JB－2700/065 型输入导线根数：区域报警器的部位数（信号线）；需控制的区域报警器的台数（巡检线）；系统中最大容量的区域报警器部位组数（检查线），例如 088 报警器 8 个部位 1 组；标志线 3 根（开路、短路、火警）；地线 1 根。

例如：30 台 80 路的 088 区域报警器与集中报警相连，所需导线数为：

$$80+30+10+3+1=124\text{ 根}$$

2）JB－JB－64－2700/092 型三总线集中报警控制器。

①电路原理。该报警控制器由单片机 8031 为中央控制单元，计算机管理的总线制报警控制器，它的电路由 8031、存储器、输入单元电路、音响电路、显示电路、时钟电路组成，通过计算机软件及相应的硬件电路对全系统进行监督管理。开机后，机器自动进行复位并运行火警、故障监控程序，采用巡检方式对所监控的区域报警控制器依次巡检，如发现火警或故障信号时，进行多次确认，然后按火警或故障的处理方式进行显示、音响报警，并记忆火警或故障信息。其原理框图如图 8-16 所示。

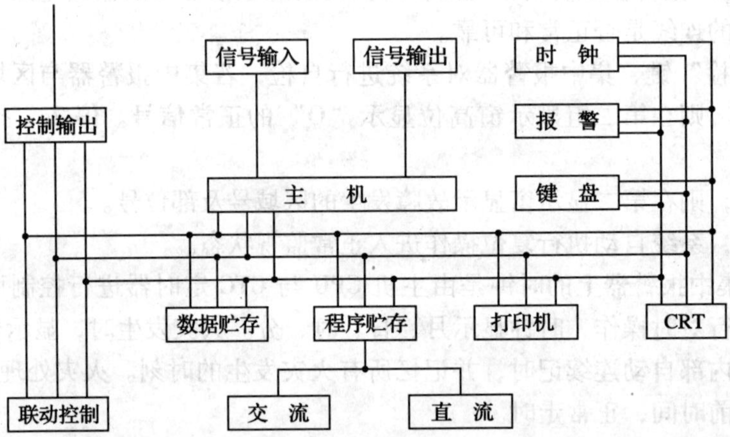

图 8-16 JB－JB－64－2700/092 型集中报警控制器电路方框图

②主要功能：

A. 通过三总线与被控的各区域报警控制器相连。三总线上允许 50 台 JB－QB－50－2700/076 型区域报警控制器或其他符合集中报警控制器要求的报警设备。

B. 采用了技术先进的单片机技术。火灾报警、故障报警、火灾记忆、故障记忆、音响、火警优先故障报警等功能都由计算机程序自动完成。每当采集到火警信号，可自动单区巡检判断处理。采集到区域报警控制器或总线故障时，具有容错功能，以排除干扰故障，同时，集中报警控制器对每台区域报警控制器或其他报警单元在巡检时有一定的等待时间，使区域报警控制器或其他报警设备有足够的响应时间，从而大大提高了本系统的可靠性，减少了误报率。

C. 采用三总线制。分为总线1——巡检线；总线2——应答线；总线3——公共线。不能接错。

D. 自检功能。按下“自检”键，可对报警器本身和所控制的区域报警器或其他报警单元进行自检，自检方式模拟火灾报警，但不显示报警时间。自检完毕后，报警器重新自动进入监控状态。

E. 时钟。本报警控制器带有可显示的软时钟，显示方式为数字式，该时钟开机后，开始不停地计时，可通过面板上的“年、月、日、时、分”键对时。当发生火警时，该时钟的时、分在首次报警时间区以数字形式显示。

F. 显示方式。本报警控制器采用两种显示方式，分区的地址采用数字显示，部位的地址采用一一对应的点阵显示，能直观地反应报警的分区与部位。

G. 系统扩展。报警器主机板上有三个标准槽口，均为总线结构，根据用户要求可扩展联控、同计算机系统联网、模拟盘显示、打印等功能，同时留有探测器接口，可直接控制编址单元，需要时可做区域报警器用。

H. 报警器台数选择开关。报警器主机板上设有区域报警的台数选择开关。拨码方式按二-十进制方法拨码，拨码开关高4位（1~4）为十位，低4位（5~8）为个位。系统连接完毕，根据所控制的区域报警器台数，将拨码开关拨到正确位置。

I. 供电方式。该报警器所使用的主电源为AC-DC型无工频变压器电源，装于机内，具有过压、欠压、过流保护，主电源断电备用电源可自动投入，工作电压为24V。

8.3 自动灭火系统

目前，火灾报警与自动灭火联动控制系统的应用愈来愈多。许多地下工程都不仅能满足火灾自动报警的功能，而且需要火灾能有效地自动熄灭，这就要求火灾报警系统与自动消防系统进行联动控制。

前节所述的火灾报警装置，能给人们提供监视现场的火灾信号、地址和报警的联动开关量，我们可以利用这个开关量信号，通过电气控制设备自动灭火。自动灭火系统分气体自动灭火系统和湿式水灭火系统。

8.3.1 气体自动灭火系统

HFC-227七氟丙烷、IG-541混合气体、CO_2、细水雾、低倍数泡沫等是具有很强灭火能力的灭火剂，其灭火效率高，对金属腐蚀作用小；不导电，长期存储不变质，不污伤灭火对象等，所以广泛应用于计算机房、通信机房、变电室、文物库、资料库、档案库、图书馆以及存有贵重财产的特殊建筑物内。气体灭火动作程序方框图如图8-17所示。

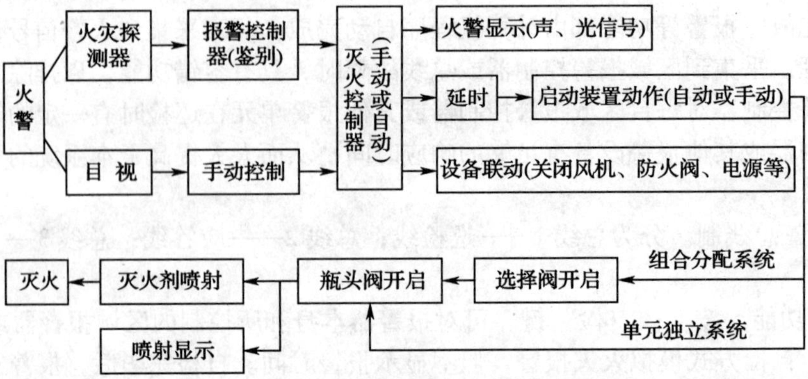

图 8-17 气体灭火动作程序方框图

以南京消防器材厂生产的 HFC－227 七氟丙烷为例，说明气体自动灭火系统工作原理、系统组成和灭火功能。由于卤代烷 1211、1301 灭火剂对大气臭氧层的耗损破坏，有碍于人类的生存环境，最终将被停止使用是必然的趋势。HFC－227ea 是目前为止研究开发比较成功的一种洁净气体灭火剂。HFC－227ea 灭火剂是以物理灭火方式为主的气体灭火剂，在整个消防系统中，作为独立单元处理。也就是说，需要 HFC－227 保护的场所的火灾报警装置，只要把 HFC－227 灭火的结果显示于消防控制中心。

气体自动灭火系统的核心设备是控制器，它可以接收报警控制器闭合触点的信息，确定火灾是否发生，实施灭火联动控制。现将南京金枪鱼消防电子设备厂生产的 JB－MB－9508 型火灾报警灭火控制器介绍如下：

（1）主要技术参数

JB－MB－9508 是一种通用型火灾报警灭火控制器，集通用火灾报警控制器和灭火控制器之所长，可处理 1～4 个回路的报警信号，在报警的同时，控制 1～4 个区的灭火。其主要技术指标和性能：

①采用液晶显示，显示更直观，操作方便；

②具有打印功能；

③多种抗干扰措施，系统稳定可靠；

④完善的电源保护与自动切换功能；

⑤工作电压：AC220V，5Hz；

⑥备用电源：DC30V，7Ah；

⑦功率：≤150W；

⑧环境温度：0～＋50℃；

⑨相对湿度：≤95%（40℃±2℃）；

⑩传输距离：≤1500m；

⑪外形尺寸：壁挂式（400mm×136mm×600mm）；

⑫联动输出：有源触点容量（DC24V，1A）；无源触点容量（DC24V，1A）；

⑬所需联动容量超过输出容量时，须外配电源。

（2）报警方式

当一种型号探头（感烟、感温）报警时，相应部位灯亮，发出慢变调音响，不自动执行灭火功能；当两种型号探头都报警时，相应部位灯亮，发出快变调音响，总火警灯闪亮自动执行灭火功能。

（3）灭火方式

1）自动控制方式。将灭火控制器上控制方式选择键拨到“自动”位置时，灭火系统处于自动控制状态。当防护区发生火情，火灾探测器发出信号，经报警控制器确认后，灭火控制器即发出声、光报警信号，同时发出联动指令，相关设备联动，并经过一段延时时间，发出灭火指令，打开电磁阀释放启动气体，启动气体通过启动管道打开相应的选择阀和瓶头阀，释放灭火剂，实施灭火。HFC－227 自动灭火系统气体自动灭火结构示意图如图 8-18 所示。

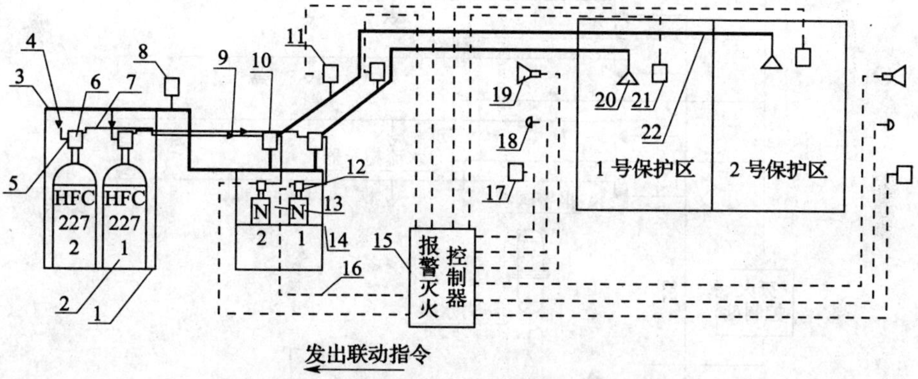

图 8-18 气体自动灭火电气结构示意图

1—灭火剂储瓶框架；2—灭火剂储瓶；3—集流管；4—液流单向阀；5—高压金属软管；6—瓶头阀；7—启动管道；8—安全阀；9—气流单向阀；10—选择阀；11—自锁压力开关；12—电磁阀；13—启动钢瓶；14—启动钢瓶架；15—报警灭火控制器；16—控制线路；17—手动控制盒；18—放气灯；19—声光报警器；20—喷嘴；21—火灾探测器；22—灭火剂输送管道

2）电气手动控制方式。将灭火控制器上控制方式选择键拨到“手动”位置时，灭火系统处于手动控制状态。当防护区发生火情，可按下手动控制盒或控制器上启动按钮，灭火控制器即发出声、光报警信号，同时发出联动指令，相关设备联动，并经过一段延时时间，发出灭火指令，打开电磁阀释放启动气体，启动气体通过启动管道打开相应的选择阀和瓶头阀，释放灭火剂，实施灭火。

3）机械应急手动控制方式。当防护区发生火情，控制器不能发出灭火指令时，应通知有关人员撤离现场，打开或关闭联动设备，然后拔出相应电磁阀上的安全卡片，压下手柄即可打开电磁阀，释放启动气体，即可打开选择阀、瓶头阀，释放灭火剂，实施灭火。如此时遇上电磁阀维修或启动钢瓶充换氮气不能工作时，可打开相应的选择阀手柄，敞开压臂，打开选择阀，然后用瓶头阀上的手动手柄打开瓶头阀，释放灭火剂，实施灭火。

4）紧急切断。当发生火灾警报，但确定没有火情而不需启动灭火系统进行灭火时，可按下手动控制盒或控制器上的紧急停止按钮，即可阻止灭火指令的发出。

8.3.2 水灭火系统

水灭火系统工作性能稳定，造价便宜，维修方便，灭火效率高，使用时间长。所以，水灭火系统是一种使用最广泛的灭火系统。目前广泛采用的是自动喷淋灭火系统、消火栓灭火系统和水幕灭火系统。

（1）自动喷淋灭火系统

图 8-19 所示的是自动喷淋灭火系统原理图，该系统中主要有水灭火设备及控制装置。喷淋灭火设备有：闭式喷头（如玻璃球阀喷淋头）、湿式报警阀、水力警铃、水力继电器（也叫压力开关）、延迟器、水流继电器以及管道、阀门等。控制装置为控制柜或控制盘均安装在消防控制中心（消防值班室）。接收水流指示器动作信号和压力开关等信号控制喷淋泵的启动、停止。

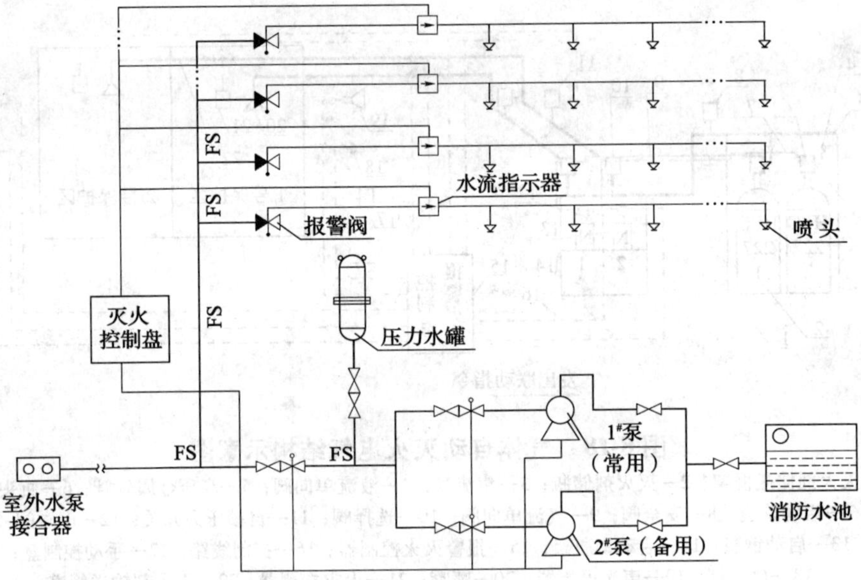

图 8-19 自动喷淋灭火系统原理图

建筑物每区（层）支管上安装有水流指示器，这些水流指示器均由各区（层）直接独立地接到消防控制中心的水灭火控制柜上。当某区（层）着火时、该区温度升高，并达到一定温度时闭式喷头感温元件便动作喷水，相应的此处水流指示器动作。其报警信号立刻输送到控制柜上，产生声光报警，明显指示报警部位。随着管内水压下降，湿式报警阀也动作，带动水力警铃报警，同时水力继电器也动作，给控制柜告警信号。水灭火控制柜在水流指示器和水力继电器的作用下，能自动启动喷淋泵，自动供水喷水灭火。喷淋泵一般设一主一备两套，以保证供水。喷淋泵还具有手动启动、停止功能。

自动喷淋系统中还设置有延迟器，以消除因管网中水压波动而产生的水力警铃和水力继电器的误动作。

（2）消火栓灭火系统

在建筑物的各区（层）均应设置消火栓，每个消火栓箱上均设有启动消防水泵的按钮。这些控制信号均直接连到消防控制中心（消防值班室）的消火栓控制器上，只要当某区（层）着火，启动消火栓，则消火栓控制器上立即发出声、光报警信号，继而启动消防泵，洒水灭火。一般消防泵为一主一备。消防泵的启动信号也要返回到各区，各消火栓箱上的指示灯均亮，每区都得知泵已运行。消防栓灭火系统原理图如图8-20所示。

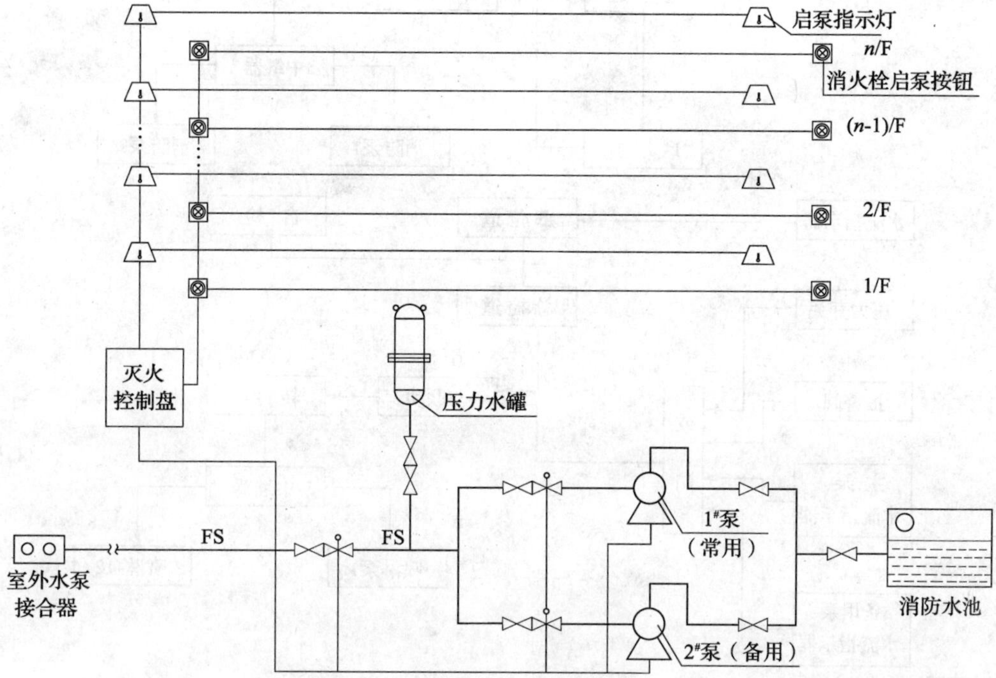

图8-20 消火栓灭火系统原理图

（3）SM－081水灭火控制柜

该控制柜由西安二六二厂生产，控制柜由消防部位道、水流指示器部位道、或动道、联动道、总控道、手动及自动控制显示面板和电源等几部分组成。

1）电路原理。火灾发生时，消火栓的动作信号或水流指示器的水流信号转换为24V电信号，同时推动音响电路和总控电路，联动中间继电器，外控触点闭合，启动消防设备。SM－081型水灭火控制柜电路方框图如图8-21所示。

2）主要技术指标与主要功能

①消火栓灭火控制。有火灾发生时，水灭火控制柜接受消火栓控制按钮动作的24V电压信号，发出部位的声光报警信号并记忆。总火警灯闪亮，声音为快变调，同时报警信号联动中间继电器，外控触点闭合，启动消防泵。触点容量为220V、2A。

消火栓部位道的最大容量为40路，每5路为一个标准插道，每路接受一个消火栓的动作信号。

水灭火控制柜上设有两个消防泵的启、停按钮，互为备用，必要时可以直接手动启动消防泵。手动控制输出均为触点控制，按钮触点的输出功率为220V、5A。

每个手动控制按钮分别对应一个显示灯，表明现场联动设备的动作状态。

②自动喷淋灭火控制系统。自动喷淋灭火系统主要由水流指示器、水压力开关、湿式报

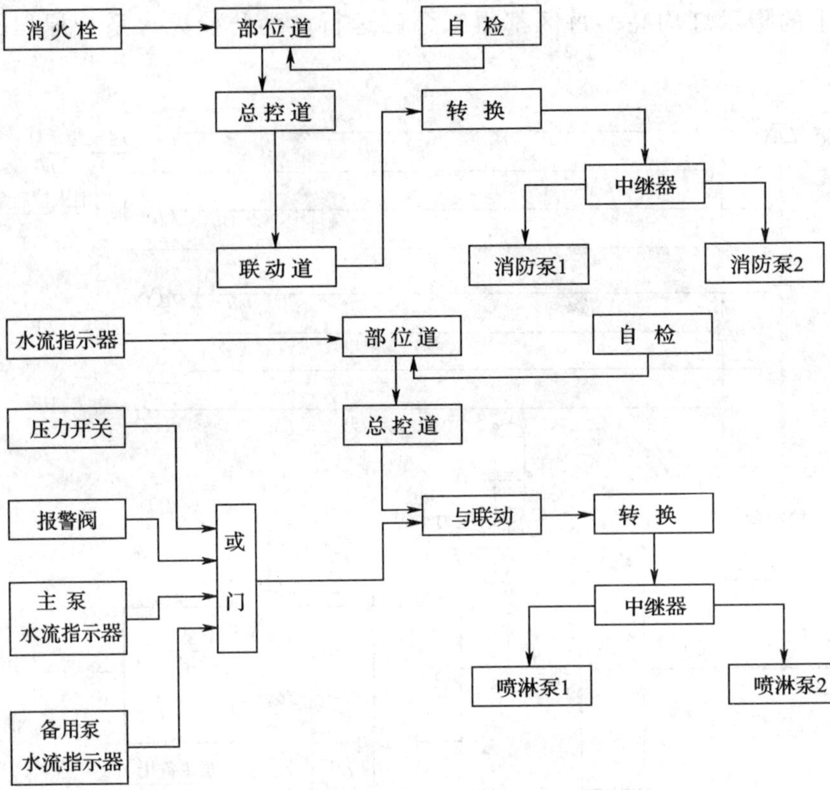

图 8-21 SM－081 型灭火控制柜电路方框图

警阀，主备泵水流指示器等组成。当火灾发生时，喷淋头的感温元件自动释放或爆裂，喷头喷水，水流指示器动作，发出 24V 电压信号传输到水灭火控制柜，控制柜发出部位的声光报警信号并记忆。总报警灯闪亮，声音为慢变调。

水流指示器部位道的最大容量为 35 路，每 5 路为一个标准插道，每路接受一个水流指示器的水流报警信号。

水灭火控制柜接受水压力开关，报警阀、主备泵的水流指示器的报警信号。总控道接受到这几种 24V 报警信号时，发出快变调的报警信号。总报警灯闪亮。

为了提高系统的可靠性，自动喷淋灭火系统的自动控制是由水流指示器，压力开关或者报警阀的报警信号进行“与”的组合而完成的。当水流指示器和压力开关都动作，发出“与”逻辑信号，推动中间继电器，启动喷淋泵。

水灭火控制柜上设有两个喷淋泵的手动启、停按钮，必要时可直接手动启动喷淋泵。手动按钮的控制触点为 220V、5A。

每个手动启、停按钮对应一个显示灯，表示喷淋泵的动作状态。

自动喷淋灭火控制还包括两个加压泵的手动控制及水位报警指示。加压泵的目的是为了维持自动喷淋管网中水的压力，防止水流指示器因管网水压的变化而误动作。

③水幕灭火控制。水幕系统不是直接用来扑灭火灾的，而是用于防火隔离或进行防火区降温保护，本柜采用了水幕手动启动方式，设有 6 个启、停按钮，按钮的触点容量为 220V、

5A。6个显示灯，表明水幕的工作状态。

④电源及监控。水灭火控制柜由220V、50Hz交流供电，稳压电源为24V、5A，可给水灭火系统供电。电源设有过压、过流保护功能，配有5Ah的直流电池组。交流停时，备用直流电池组可自动投入使用。

⑤其他功能。时钟：本柜装有电子钟，平常正常走时，有对时按钮可对时，当有报警信号时，总控电路发出声、光报警信号，这时时钟停走，记下火灾首次报警时间。

自检：为了使水灭火系统处于良好的工作状态，防止探测与控制设备的误动作，在各类部位道上部设有自检开关，可以对部位道自检，如果系统完好，则相应的部位道指示灯亮。总控道发出声、光报警，时钟不停走。不联动中间继电器。

自动与手动转换：喷淋泵与消防泵的手动显示面板上设有手动、自动转换开关，转换开关与现场的强控电路相接；置于自动时，被启动的设备受各种报警信号控制，经延时继电器延时后启动设备。当火情确切时，自动挡若失控，可不必换挡直接手动启动。

8.3.3 防火、防烟、排烟控制系统

在发生火灾时，为了有效地限制火情蔓延和扩散，必须及时地切断空调风管通道和有关门窗通道。为此，在通风管道、空调管道上和有关门窗上，设有防火阀或防火门；在由于建筑功能的要求而不便设防火墙的部位设置防火卷帘门；为了尽快排除烟雾、送入新风，冲淡建筑物内烟气浓度，保证人员安全疏散，所以还要安装排烟设施。

（1）电动防火卷帘的控制

一般在电动防火卷帘两则设专用的感烟及感温两种探测器，声、光报警信号及手动控制按钮。当感烟探测器发出火警信号后控制防火卷帘下落距地1.5m处停止，感温探测器发出火警信号才使防火卷帘下落到底，并应将报警及动作信号送至消防控制室，同时消防控制室应设有应急控制按钮。

当电动防火卷帘采用水幕保护时，水幕电磁阀的开启通常采用定温探测器与水幕管网有关的水流指示器组成的控制电路控制。

（2）防火、排烟阀的控制

排烟阀通常由排烟分区内设置的感烟探测器组成的控制电路在现场控制开启，同一排烟分区内的多个排烟阀，若需同时动作时，可采用接力控制方式开启，并由最后动作的排烟阀发送动作信号。

排烟阀动作后应启动相关的排烟风机和正压风机，停止相关范围内的空调风机及其他送、排风机。

设在排烟风机入口处的280℃防火阀动作后应联动停止排烟风机。设在空调通风管道上的防排烟阀，通常采用定温保护装置直接动作阀门关闭。

送风机、排烟风机及空调设施的联动除由上述防排烟控制装置控制外，也可由集中报警控制器控制并设置手动操作。

如果建筑物较大，防排烟设备较多，采用上述一一对应的控制方法，走线多，控制装置上布置的按钮也多，这样势必造成操作繁杂和紊乱。为了减少按钮和引线，也可以采用如图8-22的接线方法。防火阀、排烟阀，防火卷帘的控制可与相应分区的区域报警控制器的外控继电器触点联动。

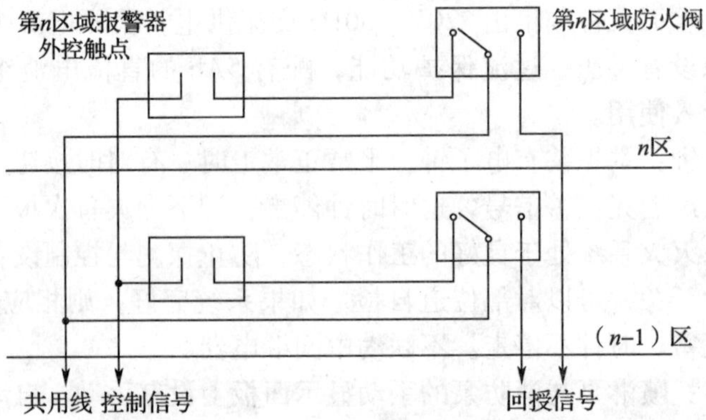

图 8-22 防排烟设备引线与控制方法接线图

8.4 消防广播、消防电话及应急照明

8.4.1 消防广播

为了指挥火灾现场工作人员疏散、指挥消防队员灭火，经常在较大规格的火灾报警与自动灭火系统中附设有紧急广播系统。

在建筑物的各区（层）安装有事故广播扬声器，这些扬声器的设置应符合下列要求：

1）走道、大厅、大型商场等公共场所，扬声器的设置数量，应能保证从本防火分区（层）任何部位到最近一个扬声器的步行距离不超过15m，在走道交叉处、拐弯处应设扬声器，走道末端最后一个扬声器距墙不大于8m。

2）走道、大厅、大型商场等公共场所装设的扬声器，额定功率不应小于3W，实配功率不应小于2W。

3）设在空调、通风机房、洗衣机房、文娱场所和车库等处，有背景噪声干扰场所内的扬声器，在其播放范围内最远的播放声压级，应高于背景噪声15dB，并据此确定扬声器的功率。

4）火灾事故广播系统宜设置专用的播放设备，扩音机容量宜按扬声器计算总容量的1.3倍确定。

5）若与建筑物内设置的广播音响系统合用时，应符合下列要求：

①火灾时应能在消防控制室将火灾区的扬声器和广播音响扩音机，强制转入火灾事故广播状态。

②消防控制室应能监控火灾事故广播扩音机的工作状态，并能遥控开启扩音机和用传声器直接播音。

③广播音响系统扩音机，应设火灾事故广播备用扩音机，备用机用手动或自动投入。

火灾事故广播应按报警区域划分分路配线并按疏散顺序控制，播放疏散指令。广播分路配线应符合下列规定：

1）各输出分路，应设有输出显示信号和保护控制装置。

2）当任一分路有故障时，不应影响其他分路的正常广播。

3）火灾广播线路，不应和其他线路（包括火警信号、联动控制线路）同管或同线槽槽孔敷设。

4）火灾事故广播所用的扬声器不得加开关，如加开关或设有音量调节器时，则应采用三线式配线强制火灾事故广播开放。

5）火灾事故广播馈线电压不宜大于100V，各分区宜设置馈线隔离变压器。

8.4.2 消防电话

在一些大、中型建筑火灾报警与自动灭火系统中，常常在建筑物的各区域安装有火灾专用对讲电话。这些电话是直接与集中报警控制室或消防中心的专用对讲电话总机联系的独立系统，能起到迅速确认火情，迅速采取措施扑灭火灾的作用。

（1）消防电话设计要求

消防专用电话应为独立的系统，不得与其他系统合用。选用电话总机应为人工交换机或直通对讲电话机。消防专用电话系统中主叫与被叫用户间应为直接呼叫应答，中间不应有转接通话。呼叫信号装置要求用声光信号。消防专用电话设置应符合下列要求：

1）消防控制室或集中报警控制室应设城市119专用火警电话用户线。

2）建筑物内消防泵房、通风机房、主要配变电室、内部发电机房、区域报警控制器及卤代烷等管网灭火系统应急操作装置处，以及消防值班、保卫办公用房等处均应装设火警专用电话分机。

3）消防专用电话用户机或送受话器的颜色宜采用红色。电话机挂墙安装时，底边距地高度为1.5m。

4）消防专用通信系统的供电装置应选用带蓄电池的电源装置，要求不间断供电。

5）消防专用通信布线不应与其他线路同管或同线束布线。

（2）GT－128火灾事故广播通信柜简介

火灾事故广播通信柜设于消防控制中心或集中报警控制室内，与火灾自动报警及消防联动控制系统配套使用。该柜主要由扩大机、广播分路控制盘、火警电话总机、火警电话录音装置、电源等几部分组成。其原理框图如图8-23所示。

1）用途。值班人员一旦得到火情，可以通过电话总机与各防火分区通话（分机设置在区域报警控制器值班点）了解火灾情况，用以指挥处理火灾事故，或火灾现场、消防设备房间向消防控制中心汇报灭火情况和设备运行情况，必要时通过广播及时通知有关人员采取相应措施，进行疏散诱导，并由广播录音录下现场指挥情形。所以火灾事故广播通信柜是现代消防的必要设备之一。

2）主要技术指标及主要功能。

①火警专用广播：

A. 基本功能。本机有四路输入：两路送话输入、一路拾音输入、一路磁带放音。可进行单路输出或混响输出，附有监听装置。

B. 主要技术指标。额定输出功率：150W，定压输出120V；电源消耗：可交直流两用、额定功率输出时不大于 350VA；输出电平：送话 ≤ 10mV、拾音 ≤ 150mV；频率特性：150Hz ~ 5kHz。

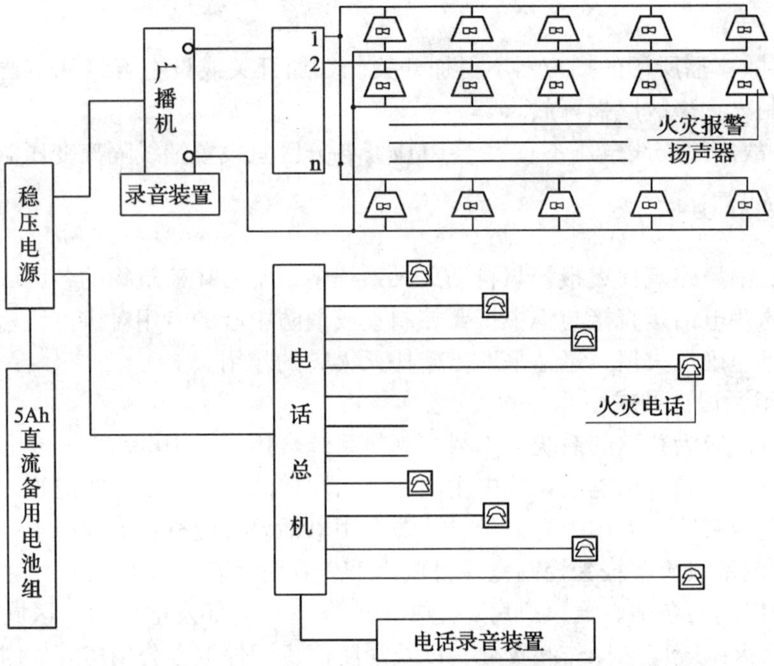

图 8-23　GT－128 广播通信原理框图

C. 广播录音。广播机附有盒式磁带录放装置，可以随机地录制送话、拾音的播音信号，并可以将录好的磁带进行扩音输出。

D. 广播分路控制方式。本机附有广播分路控制盘，最多可以控制四十分路，手动控制，控制方式：$n+1$。即打开 n 区时；第 n 区相邻两区有广播输出，并有相应的灯光显示。每路输出功率≤24W（若 3W 的喇叭每路可带 8 只）。

E. 广播机与喇叭的匹配。广播机输出电压 120V，必须通过相应的线间变压器接喇叭，切不可将喇叭并接在输出端，以免损坏喇叭。一般推荐用 3W、8Ω 具有防火功能的喇叭箱，所用线间变压器为 120V/8Ω。

F. 传声器。本机配备 CD－10 型传声器一个，输出阻抗为 600Ω 不平衡输出。

②火警专用对讲电话总机：

A. 基本功能。机柜设置有电话总机一部，可控制四十门分机，总机可同时与多门分机通话，在三路分机同时通话时，声音不衰减。任一分机呼叫总机时，总机面板上发出断续声响，与之对应的分机号码指示灯闪亮，此时总机拿起手机即可通话。总机呼叫任一分机时，分机铃声续响，直到分机拿起时停止，总机面板上与之对应的分机号码指示灯亮，表示线路接通。

B. 电话录音。当电话总机拿起手机，便自动启动录音装置进行电话记录。在电话录音过程中，线路已加入录音标志音，用以鉴别当时通话内容的真伪。

③电源。本机装有 24V/5A 稳压电源和 5Ah 备用电池组，两电源间采用互投联锁装

置。

④布线。本系统布线采用截面积大于1mm^{2}多股软线为宜。为保证通话质量，电话总机与分机布线最长2000m为好。

消防中心至各分路的连线数为N，分路数为n，广播线$N=2n$或$N=n+1$（“-”线共用）电话线$M=2n$。

要求扩音机输出端“+”用红色导线，接喇叭箱红色接线柱上；扩音机输出端“-”用黑色导线，接喇叭箱黑色接线柱上。

8.4.3 应急照明

火灾事故照明是指在正常照明失效时，为继续工作（或暂时继续工作）而设的备用照明；为使人员在火灾情况下，能从地下安全撤离到地面，或从火灾区安全撤离到某一安全区而设置的疏散照明；在正常照明突然中断时，将导致人员伤亡的潜在危险场所（地下工程尤为突出）而设置的安全照明。

（1）火灾事故照明设置的部位

下列部位须设置火灾事故照明：①疏散走道及安全出口，疏散楼梯间；②值班室、消防控制室、消防水泵房、消火栓处、变配电室、通信机房、通风空调及排烟机房等；③观众厅、展览厅、餐厅、医院、旅馆、商场营业厅等人员比较密集的场所。

（2）火灾事故照明设置原则

1）火灾事故照明在疏散走道上的最低照度不应低于5lx。

2）消防控制室、消防水泵房、柴油发电机室、变配电室、通风空调室、排烟机房等房间的火灾事故照明，应保持最低工作照明的照度。

3）楼梯间、疏散走道及其交叉口、拐弯处、安全出口等处应设置疏散指示标志灯。疏散指示标志灯的间距不宜大于15m，并宜距室内地坪1.0m以下的墙面上。标志灯正前方0.5m处的地面照度不应低于1lx。

4）安全出口标志灯应设置在安全出口上部的顶棚上或墙面上，疏散楼梯应安装于楼梯口的里侧上方。

5）疏散走道上的安全出口标志可明装，而厅室内宜采用暗装。安全出口标志灯应有图形和文字符号，在有无障碍设计要求时，宜同时设有音响指示信号。

6）火灾事故照明在正常电源断电后，其电源转换时间应满足：疏散照明≤15s；备用照明≤15s（金融商业交易场所≤1.5s）；安全照明≤0.5s。

7）疏散照明平时应处于点亮状态，但在假日，夜间定期无人工作或使用而仅由值班或警卫人员负责管理时例外。

8）当采用带有蓄电池的应急照明灯，在上述例外情况下应采用三线式配线，以使蓄电池处于经常充电状态。疏散标志灯设置原则示例如图8-24所示。

火灾事故照明和疏散指示标志灯工作电源断电后，应能自动投入。火灾事故照明和疏散指示标志灯应采用玻璃或其他非燃材料制作的保护，应急照明灯规格标准见表8-8，应急照明灯的设计要求见表8-9。

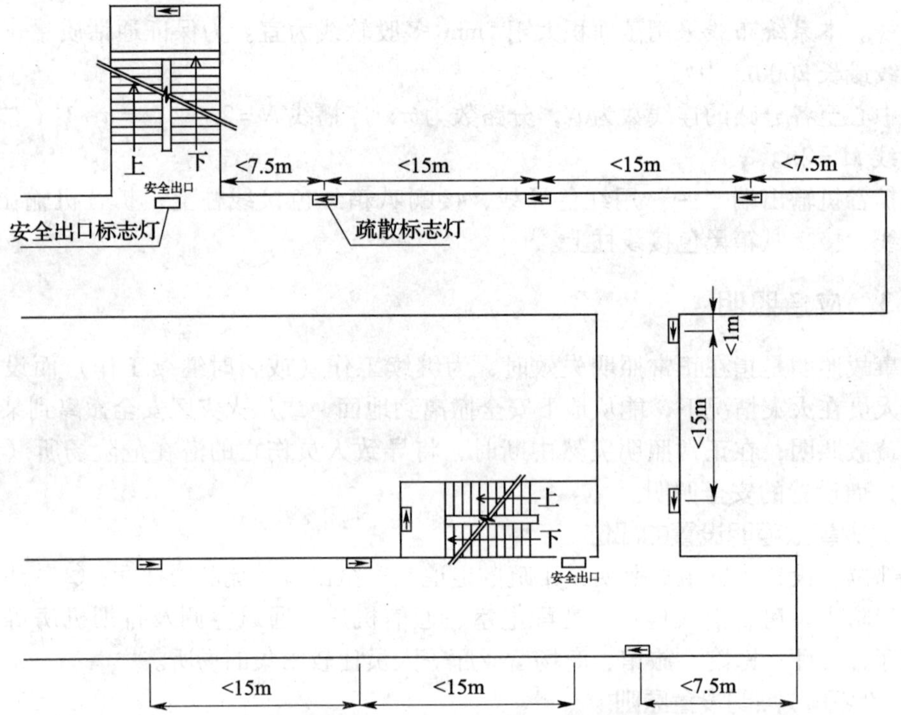

图 8-24 疏散标志灯设置原则示例

表 8-8 应急照明灯规格的建议标准

类别	标志灯规格		采用荧光灯时的光源功率（W）
	长边/短边	长边的长度（cm）	
Ⅰ型	4:1 或 5:1	>100	≥30
Ⅱ型	3:1 或 4:1	50～100	≥20
Ⅲ型	2:1 或 3:1	36～50	≥10
Ⅳ型	2:1 或 3:1	25～35	≥6

表 8-9 应急灯的设计要求

应急照明类别		标志颜色	设计要求	设置场所示例
疏散照明	安全出口标志	绿底白字或白底绿字（用中文或中英文标明《安全出口》并宜有图形）	正常时：在 30m 远处能识别标志其亮度 15cd/m²，不高于 300cd/m² 应急时：在 20m 远处能识别标志 照度水平：>1lx 持续工作时间 ≥30min	观众厅、多功能厅、楼梯口、疏散出口、展厅、营业厅

续表 8-9

应急照明类别		标志颜色	设计要求	设置场所示例
疏散照明	疏散指示标志灯	白底绿字或绿底白字（用箭头和图形指示疏散方向）	正常时：在 15m 远处能识别标志其亮度不应低于 15cd/m²，不高于 300cd/m² 应急时：在 10m 远处能识别标志 照度水平：>1lx 持续工作时间≥30min	疏散走道和长度 >15m 的内走道 防烟楼梯间及其前室
	疏散照明	宜选专用照明灯具	正常照明协调布置布灯： 距高比≤4；照度水平：≥75lx 观众厅通道地面上的照度水平≥0.2lx 持续时间≥30min	疏散走道和长度 >10m 的内走道 防烟楼梯间及其前室
备用照明		宜选专用照明灯具	消防控制室、消防泵房、发电机房、变配电室、电话总机室、中央监控室等应保持正常照明的照度水平，其他场所可为不低于正常照度的 1/10 但最低照度宜不低于 5lx，持续工作时间 >120min	消防控制室、消防泵房、排烟机房、发电机房、电话总机房、中央监控室、展览厅、营业厅、观众厅、多功能厅、餐厅、会议厅、办公室、面积 >300m² 的地下车库
安全照明		宜选专用照明灯具	应保护正常照明的照度水平	医院等因瞬时停电会危及生命安全的场所

8.5 火灾自动报警及消防控制系统设计

8.5.1 消防配电及线路敷设

(1) 消防配电

地下工程发生火灾时，主要是利用建筑物本身的消防设施进行灭火和疏散人员、物资。如果没有可靠的电源，就不能及时报警、灭火，不能有效地疏散人员、物资和控制火势蔓延，势必造成重大的人员伤亡和经济损失。因此，合理地确定负荷等级，保障消防用电设备的供电可靠性是非常重要的。根据我国的具体情况对于中小型地下工程消防用电按二级负荷要求供电；对于大型或有条件地区的中型地下工程按一级负荷要求供电。

结合我国目前经济、技术条件和供电情况，凡符合下列条件之一的均可视为一级负荷供电：①电源来自两个不同发电厂，如图 8-25（a）。②电源来自两个区域变电站（电压在 35kV 及 35kV 以上），如图 8-25（b）。③电源一个来自区域变电站，另一个设有自备发电设备，如图 8-25（c）。

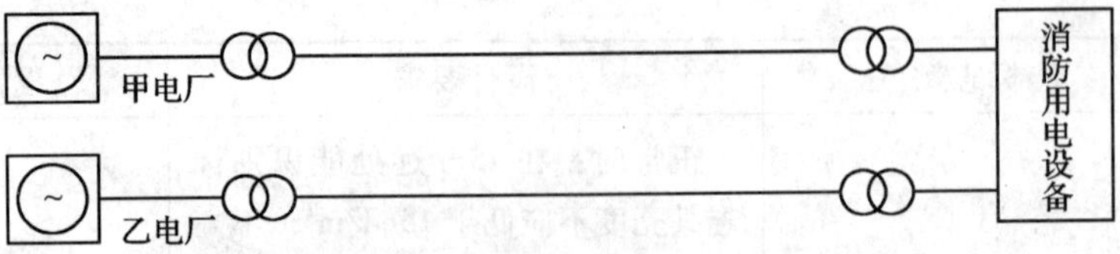

(a) 电源来自两个不同发电厂示意图

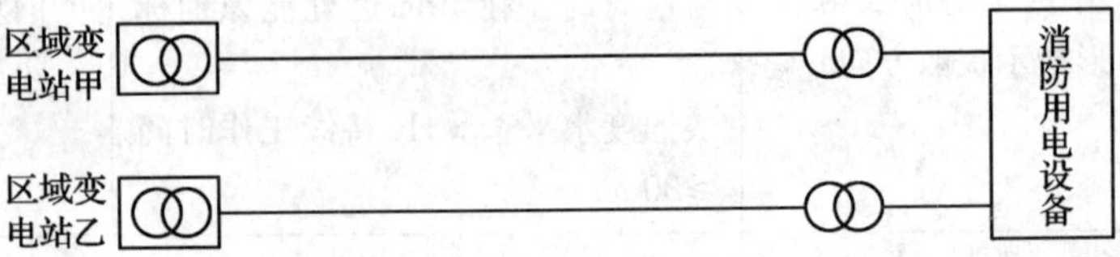

(b) 电源来自两个区域变电站示意图

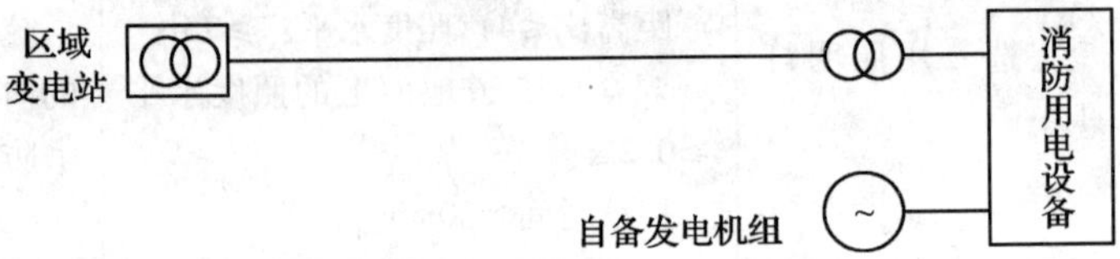

(c) 电源来自一个区域变电站,另一个设置有自备发电设备示意图

图 8-25　一级负荷供电示意图

消防设备供配电原则：

①消防控制室、消防水泵、防排烟设施、火灾自动报警器、自动灭火装置、火灾应急照明、火灾事故广播及火灾专用通信设备、电动防火门窗、电动卷帘、阀门等消防用电设备应采用两个电源或两回路供电。

②消防配电箱两电源互相切换时间≤30s。

③火灾自动报警系统，应设有主电源和直流备用电源。主电源应采用消防电源，直流备用电源宜采用火灾报警控制器的专用蓄电池。当直流备用电源采用消防系统集中设置的蓄电池时，火灾报警控制器应采用单独的供电回路，并能保证在消防系统处于最大负载状态下不影响报警控制器的正常工作。

④火灾报警控制器的直流备用电源的蓄电池容量应按火灾报警控制器在监视状态下工作24h后，再加上同时有两个分区报警30min用电量之和计算。

⑤消防联动控制装置的直流操作电源电压、应采用24V。

⑥消防用电设备必须采用专用的（即单独的）供电回路，电源直接取自配电室的母线，当切断工作电源时，消防电源不受影响，并且还应设有紧急情况下方便操作的明显标志。

⑦对容量较大（或较集中）的消防用电设备应自配电室采用放射式供电；若采用分散供电时，在各区应设置专用消防配电屏（箱）。

⑧消防用电设备的两个独立电源（或两回路）宜在下列场所的配电屏（箱）处自动切换：消防控制室，消防泵房，防排烟设备机房，火灾应急照明配电箱，各区消防配电屏（箱）等。

⑨消防用电设备配电系统的分支干线和分支线不应跨越防火分区。

⑩消防用电设备的电源不应装设漏电保护，当线路发生接地故障时，宜设单相接地报警

装置。

⑪消防用电的自备发电机组，应设有自动启动装置，并能在15s内供电。

⑫设在地下工程内的电力变压器宜采用干式变压器。

（2）导线选择

①火灾自动报警系统的传输线路和采用50V以下供电的控制线路，应采用耐压不低于交流250V的铜芯绝缘多股电线或电缆。采用交流220V/380V供电或控制的交流用电设备线路，应采用耐压不低于交流500V的铜芯电线或铜芯电缆。

②建筑物内电力、照明、自控等线路宜用阻燃型电线和电缆，但重要的消防设备（如消防水泵、排烟风机等）的供电回路，有条件时可采用耐火型电缆或采用其他防火措施以达到耐火配线要求。

③消防联动控制系统的电力线路，其导线截面的选择应适当放宽，一般可加大一级。

④火灾探测器的传输线路，宜选择不同颜色的缘绝导线。同一工程中相同线路的绝缘导线颜色应一致，接线端子应有标号。

⑤火灾自动报警系统传输线路其芯线截面选择，除满足自动报警装置技术条件的要求外，还应满足机械强度的要求，导线的最小截面积不应小于表8-10规定。

表8-10　铜芯绝缘电线、电缆线芯的最小截面

序　号	类　别	线芯的最小截面（mm^2）
1	穿管敷设的绝缘电线	1.00
2	线槽内敷设的绝缘电线	0.75
3	多芯电缆	0.50

（3）线路敷设

①火灾自动报警系统传输线路采用绝缘电线时，应采用穿金属管、不燃或难燃型硬质、半硬质塑料管或封闭式线槽保护方式布线。

②消防联动控制、自动灭火控制、通信、应急照明及紧急广播等线路，应采用穿金属管保护，并宜暗敷在非燃体结构内，其保护层厚度不宜小于3cm。当必须明敷时，应在金属管上采取防火保护措施（如在管外表面涂防火涂料等）。采用绝缘和护套为非延燃性材料的电缆时，可不穿金属管保护，但应敷设在电缆竖井、电缆沟、电缆桥架内。

③不同系统、不同电压、不同电流类别的线路，不应穿于同一根管内或线槽的同一槽内。但电压为50V及以下回路、同一台设备的电力线路和无抗干扰要求的控制回路可除外。

④横向敷设的报警系统传输线路如采用穿管布线时，不同防火分区的线路不宜穿入同一根管内，但探测器报警线路若采用总线布设时可不受此限制。

⑤建筑物内宜按防火分区设置配线箱做线路汇接。当同一系统不同电流类别或不同电压的线路在同一配线箱内汇接时，应将不同电流类别和不同电压等级的导线，分别接于不同的端子板上，且各种端子板应作明确的标志和隔离。

⑥人工接线盒、线槽、电缆桥架等处引至探测器底座盒、控制设备盒、扬声器箱等的线

路应加金属软管保护。

⑦建筑物内横向布放的暗管管径不宜大于$\phi 25$，在天棚或墙内水平或垂直敷设的管路管径不宜大于$\phi 40$。

⑧穿越外墙、临空墙、防护密闭隔墙、密闭隔墙的线路可合穿在一根保护管内，但应采用暗管加密闭盒的方式进行防护密闭或密闭处理。保护管径不得大于$\phi 25$。

⑨布线使用的非金属管材、线槽及其附件，应采用不燃或非延燃性材料制成。

⑩各端子箱内宜选择带锡焊接点的端子板，其接线端子上应有标号。

8.5.2 火灾报警与自动灭火系统配套装置

（1）探测器底座

探测器底座是探测器的配套装置，它主要是用于探测器接线、部位号的编址等。按功能可分为编址型底座（如 JB－TE－J1839 底座）、非编址底座（如 JB－TE－J1840，专用于配接非编址感温探测器 JTW－ZD－J1836）等。JB－TE－J1839 地址编码底座上设有 2 个接线端子，接线时不分极性，分别任意与二总线联结。底座上设有编码器，在现场安装完毕，依次编好地址码。用二进制码，8 是最低位，1 是最高位。ON 为“0”，OFF 为“1”。

（2）防火门释放开关

防火门释放开关，由电磁铁等组成，一般安装在门和墙上，门与门框上需另配合门顶弓使用。在火灾发生时，由报警控制器送来的（常开接点）电源，切断防火门释放开关电路，电磁铁失磁，门在门顶弓的作用下自动关闭，使火情控制在小范围内。

（3）警铃

警铃是火灾报警的一种讯响设备，一般安装在门口、走廊、楼梯等人员众多的场所，每个火灾监测区域至少安装一个，应安装在明显的位置，能在防火分区任何一处都能听见响声。警铃的控制线，都直接接到消防中心的控制器上，当有火情时，手动操作，使有关区域的警铃响。

（4）门灯

多个探测器并联时，可以在房门上方或建筑物其他明显部位安装门灯显示器，用于探测器或者探测器报警时的重复显示，在接有门灯的并联回路中，任何一个探测器报警，门灯都可以发出报警指示。

（5）短路隔离器

短路隔离器（如 DB－4751 型）是二总线火灾报警系统的配套件。串接在二总线中，短路时起隔离作用。当总线上发生短路时，隔离器将短路部分断开，隔离器指示灯亮，区域报警器发出故障报警。报出从总线上被断开的所有编址单元的部位，即可查出总线的短路部位。

（6）地址编码盒

现场需在二总线上连接水流指示、压力开关、手动报警器等开关量的报警信号时，需选用 DM－097 地址编码盒。DM－097 地址编码盒，可报出开关量的动作信号及地址，也可监控断线故障。通过两总线输给区域报警控制器。

（7）编码音响器

BZ－4736 编码音响器用于火灾的声光报警。接入两总线，和其他的编址单元统一编址，常设在设有区域报警器的附近或者楼梯口的重要部位。使用编码音响器时，除总线外，外加 2 条电源线。

（8）区域（楼层）复示器

LZ－4710/32 区域复示器与信号接收编址单元、JB－JB－2700/092 型火灾报警控制器配套使用，用于各区的火灾声光报警，组成区域一集中报警控制系统。

（9）CRT 彩色显示系统

这是一种智能化的显示系统，其优点是，采用计算机技术代替以往庞大的模拟显示屏。系统将建筑物的所有与火灾报警及消防联动系统有关的平面图存入机内，一旦发生火警，系统自动显示该区的土建平面图，除房间分割、楼梯等位置外，还以不同颜色显示各种探测器、报警开关、消火栓、水喷淋、风机、排烟口等的位置，发生故障或火灾时该部位颜色分别为黄色（故障）或红色（火灾）同时有不同音响提醒，显示屏的一侧开了一个窗口，依次显示发生故障和火警的时间、部位，系统火灾信号不复位，显示总是存在，直到灭火结束系统手动复位为止，同时系统发生的一切均由打印机自动打印出拷贝，便于事故分析及存档。该系统也可由操作员键盘输入，随意调出所需观察的区域平面图。

（10）探测器的接线

探测器接线指的是探测器底座的接线。目前普遍应用的是智能型编址探测器，内置微处理器，探测器对自身采集到的数据进行存储和判断，具有自诊断功能。

下面以南京消防器材股份有限公司生产的普通型 JB－TE－J1839 底座为例，其接线端子编号如图 8-26 所示。

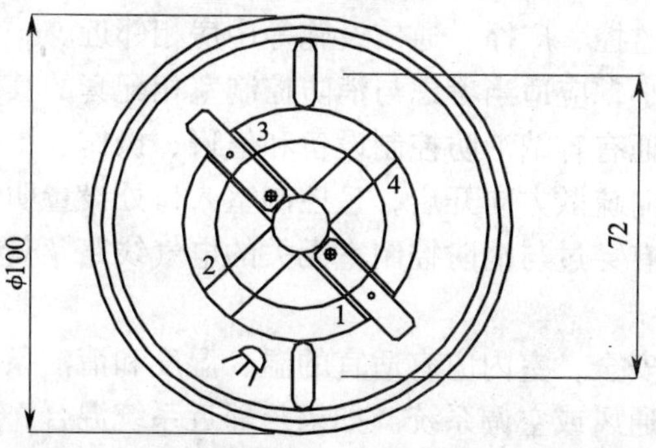

图 8-26 JB－TE－J1839 探测器底座

将探测器底座 JB－TE－J1839 用 2 只 M4 的螺钉紧固在预埋盒上，注意底座上的门向指示应朝向房门入口或视野所及之处；采用 2×（1.0～1.5）mm^2 导线，将回路两总线 L1、L2 分别接在端子 1 和端子 3 上，接线不分极性，然后用编码器对探测器写入部位号（1～127），最后将探测器嵌入底座，然后按顺时针方向拧紧即可。探测器接入线路如图 8-27 所示。

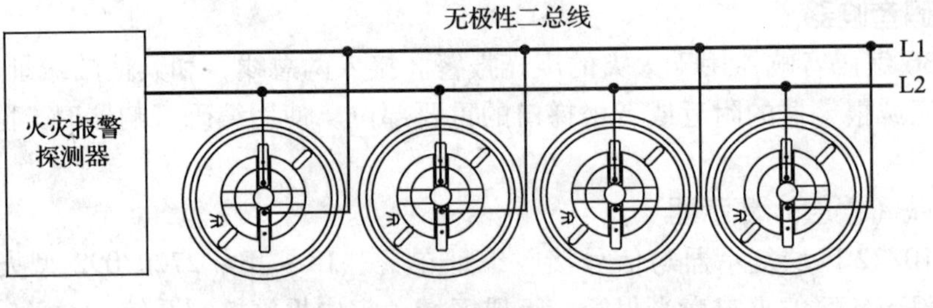

图 8-27　探测器接入线路示意图

8.5.3　消防值班室与消防控制室

设有火灾自动报警系统、自动喷水灭火系统、机械防烟排烟设施的人防工程，应设置消防控制室。仅有火灾报警系统而无消防联动控制功能时，可设消防值班室。当规模较大，保护控制对象较多，且需要集中管理建筑物或建筑物群，应设置消防控制中心。

（1）消防值班室与消防控制室位置选择及设置要求

①消防值班室设在主要出入口附近，可与经常有人值班的部门房间合并设置，如保卫值班室、变配电室等；当地面建筑设置有消防控制室时，可与地面建筑消防控制室合用。

②消防控制室应设置在地下一层，并应邻近直接通向（简称“直通”）地面的安全出口处。

③内部和外部的消防人员容易找到并可以接近的房间部位，并应设在交通方便和发生火灾时不易延燃的部位。

④消防控制室应采用耐火极限不低于 3h 的隔墙和耐火极限不低于 2h 的楼板与其他部位隔开。隔墙上的门应采用甲级防火门。

⑤不应将消防室设于厕所、浴室、汽车库、变压器室等隔壁和上、下层相对应的房间。

⑥有条件的宜与防灾监控、广播、通信设施等用房相邻近。

⑦根据工程规划的大小，应适当考虑与消防控制室相配套的其他房间，如电源室、维修室和值班休息室等；应保证有容纳消防控制设备和值班、操作、维修工作所必要的空间。

⑧消防控制室的门应向疏散方向开启，且控制室入口处设置明显的标志。

⑨消防控制室内不应有穿过与消防控制室无关的电气线路及其他管道，也不可装设与其无关的其他设备。

⑩为保证设备的运行安全，室内应有适宜的温、湿度和清洁条件。根据建筑物的设计标准，可对应地采取独立的通风或空调系统。如果与邻近系统混合，则消防控制的送回风管在其隔墙处应设防火阀。

（2）消防控制室内控制装置的组成

消防控制室应具有接受火灾报警、发出火灾信号和安全疏散指令，控制各种消防联动控制设备及显示电源、各种消防设备运行情况等功能。消防控制设备根据需要可由下列部分或全部控制装置组成：集中报警控制器，室内消火栓系统的控制装置，自动喷淋灭火系统的控制装置，泡沫、干粉灭火系统的控制装置，卤代烷、二氧化碳等管网灭火系统的控制装置，电动防火门、防火卷帘的控制装置，通风空调、防烟、排烟设备及电动防火阀的控制装置，疏散诱导的控制装置，火灾事故广播设备的控制装置，消防通风设备等，CRT 模拟显示器。

(3) 消防控制设备的布置要求

以图 8-28 为例，消防控制设备的布置应符合下列要求：

①区域报警控制器安装在墙上时，其底边距地面的高度不应小于 1.5m，靠近其门轴的侧面距墙不应小于 0.5m，正面操作距离不应小于 1.2m，如图 8-28（a）、（c）所示。

②盘面操作距离，单列布置时不应小于 1.5m，双列布置时不应小于 2m，如图 8-28（a）、（b）所示。

③在值班人员经常工作的一面，控制盘至墙的距离不应小于 3m，如图 8-28（b）所示。

④盘后维修距离不应小于 1m 如图 8-28（b）所示。

⑤控制盘的排列长度大于 4m 时，控制盘两端应设置宽度不小于 1m 的通道，如图 8-28（a）所示。

⑥消防控制室内设置的自动报警、消防联动控制器、显示等不同电流类别的屏（台），宜分开设置。若在同屏（台）内布置时，应采取安全隔离措施，并将不同用途的端子板分开设置。

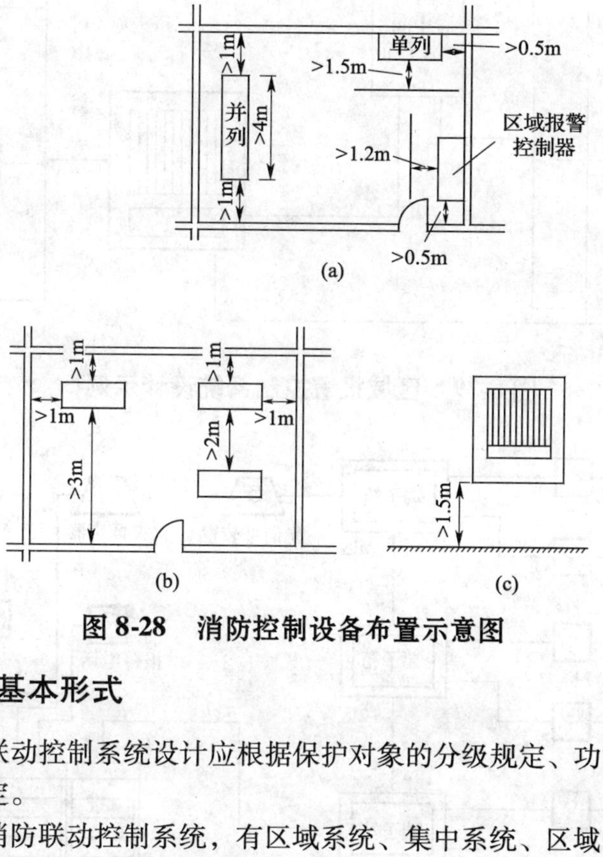

图 8-28 消防控制设备布置示意图

8.5.4 系统的基本形式

火灾报警与消防联动控制系统设计应根据保护对象的分级规定、功能要求和消防管理体制等因素综合考虑确定。

火灾自动报警与消防联动控制系统，有区域系统、集中系统、区域－集中系统及控制中心系统等几种基本形式。

(1) 区域系统

区域系统应符合下列要求：①保护对象仅为某一局部范围或某一设施。②应有独立处理火灾事故的功能。③在一个建筑物内只有一个这样的系统。④报警控制器应设在有人值班的房间或场所内（如保卫、值班等部门）。

图 8-29 所示的系统适用于小型工程或一个工程的某一局部范围。使用JB－QB－2700/088型挂壁式报警控制器，最大报警容量为 80 路，允许同时报警容量 16 路。探测器与报警器线制为 $n+1$。并有 8 对控制输出，可控制警报发声器、火灾信号装置、排烟阀和防火卷帘等消防报警灭火设备。

图 8-30 所示的系统适用于中小型工程或一个工程的某一局部，且消防报警灭火范围较集中的工程。系统使用 JB－QB－2700/088 型柜式报警控制器，最大报警容量为 256 路，允许同时报警容量为 52 路。探测器与报警器线制为 $n+1$，并由 16 对控制输出与广播通信柜、水灭火控制柜、气体灭火控制柜等组成一个完整的消防报警灭火系统。

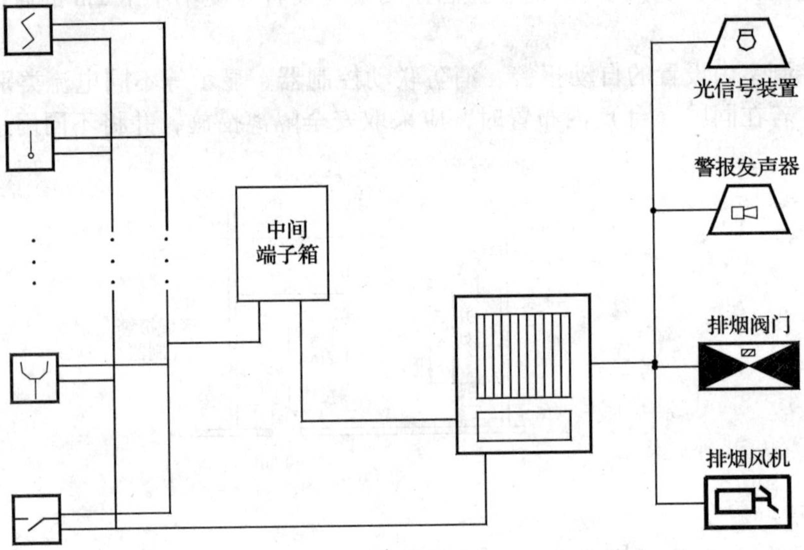

图 8-29　区域报警控制系统设计示例一

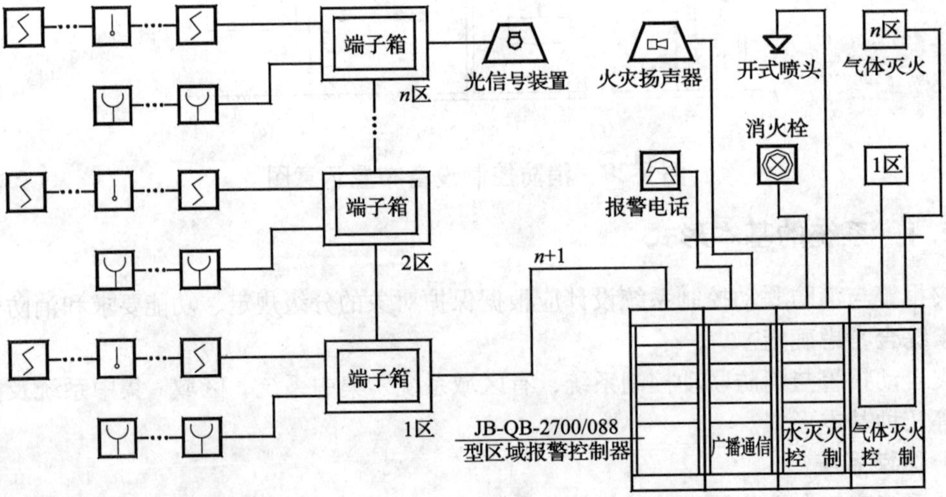

图 8-30　区域报警控制系统设计示例二

（2）集中系统

集中系统应符合下列要求：

1）集中系统适用于保护对象较少且分散，或虽保护对象较多但没有条件设区域报警控制器的场所。

2）当规划较大，保护控制对象较多。选用由微机构成的报警控制器时，宜采用总线方式的网络结构。

3）当采用总线方式的网络结构时，报警和消防联动控制宜采用如下方式：

①报警采用总线制，消防联动控制系统可采用按功能进行标准化组合的方式。现场设备的操作与显示，全部通过控制室，各设备之间联动关系由逻辑控制盘确定。

②如有条件，报警和联动控制皆通过总线的方式，部分就地，大部分是由消防控制室联动控制。

4）集中系统用的报警控制器，对于一个建筑物内的消防控制室，设置数量不宜超过两台。

5）应在每个防火分区的主要出入口明显部位，装设火灾部位复示器。没有条件装设火灾复示器时，可在报警单元门口装设火灾声光显示装置。

6）集中报警控制器应设置在有专人值班的消防控制室内。

图 8-31 所示的是由 JB－JB－2700/092 型总线制集中报警控制器，与 LZ－4710/32 型区域复示器组成的集中报警控制系统。一台集中报警控制器可以带 64 台区域复示器，每台复示器最多报 32 个编码部位。如果一个编码部位需要多个探测器保护，则可采用编码母探测器与编码子探测器并联，一个编码母探测器最多能并联五个子探测器，但并联后的探测器组只占一个地址码。集中报警控制器与区域复示器连线为五总线制（通信线三根，直流备用电源线两根），区域复示器与探测器连线为二总线制。

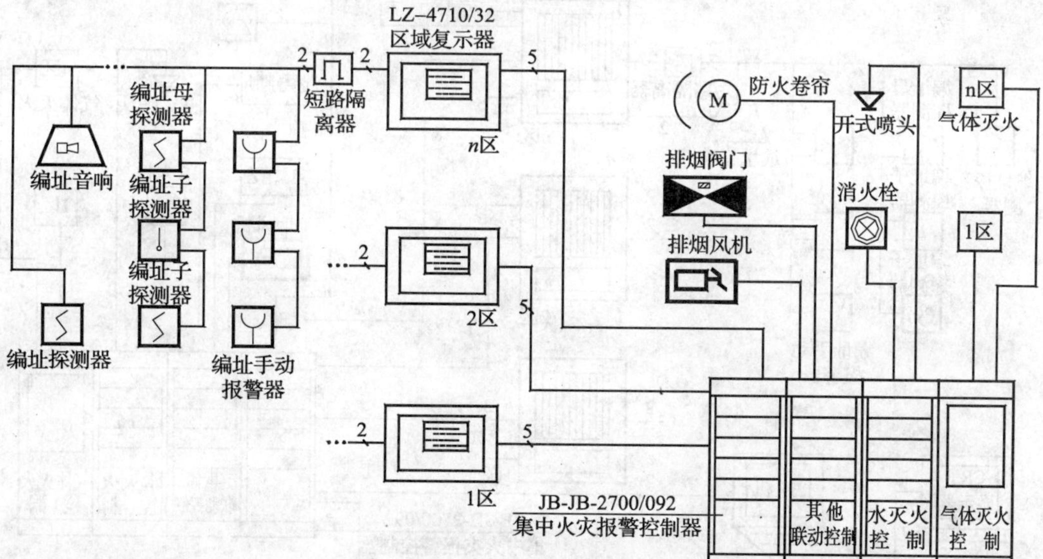

图 8-31 集中报警控制系统设计示例

该系统报警控制器通过计算机软件对消防联动控制设备按功能进行标准化组合编程。根据设计要求与消防联动控制柜、水灭火控制柜、气体灭火控制柜等组合，对防火卷帘、排烟防火阀、排烟风机、消防喷淋泵和气体灭火系统等实施控制和显示。

(3) 区域–集中系统

区域–集中系统应符合下列要求：

1）本系统适用于以下场合：规模较大，保护控制对象较多；有条件设置区域报警控制器；需要集中管理或控制。

2）系统中应设有一台集中报警控制器和二台以上区域报警控制器。

3）当控制点数较多，有条件时宜采用上、下位机总线制微机报警控制方式，其功能要求为：

①下位机（区域机）：接收火灾信号后，能输出控制程序，启动本区消防设施的联动装置。

②上位机（集中机）：能显示全系统中各火灾探测器、联动装置和各区域机的工作状态；当需要时，亦可直接发出动作指令启动公共的消防设施或通过区域机启动所需要启动的火灾区消防设施。

4）集中报警控制应设置在有专人值班的消防控制室内。

图 8-32 所示的是总线制区域–集中报警控制系统图，该系统上位机（集中机）采用 JB–JB–2700/092 报警控制器。

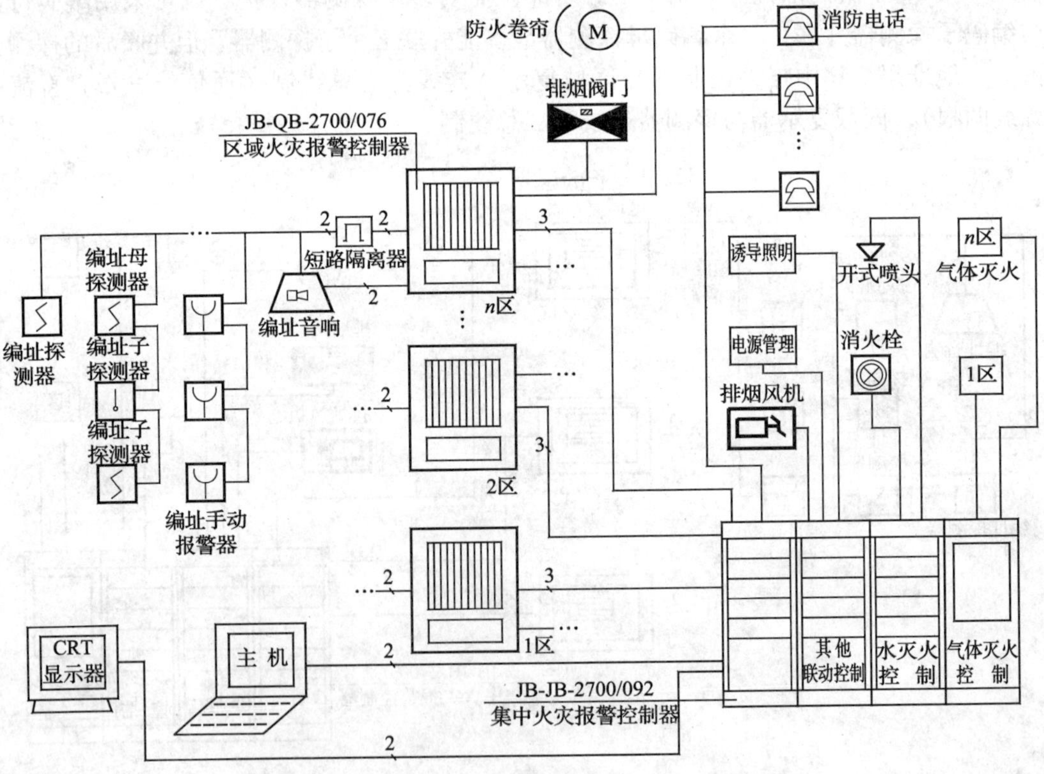

图 8-32 区域–集中报警控制系统设计示例

下位机（区域机）采用 JB－QB－2700/076 区域报警控制器。上位机与下位机连线为 3 总线。下位机与探测器连线为二总线。如果一台下位机控制一个防火分区，在二总线上可接 50 个编址单元；如果一台下位机控制两个防火分区，在每区的二总线上可以接 35 个编址单元；如果一台下位机控制三个防火分区，在每区的二总线上可以接 25 个编址单元。上位机（集中机）最多能接 64 台下位机（区域机），仅与各防火分区有关的消防联动设施，如本区的防烟阀、防火卷帘、声光报警装置等可利用下位机（区域机）外控输出接点，来实施现场控制并将这些设备的运行情况通过总线送到上位机（集中机）。公共的一些消防设施，如消防喷淋泵、消火栓泵、气体灭火系统等则由上位机根据控制要求进行标准化组合与相应的控制柜配合来完成消防灭火控制功能。

（4）控制中心系统

控制中心系统应符合下列要求：本系统适用于规模大，需要集中管理的群体建筑；系统能显示各消防控制室的总状态信号及能担负总体灭火的联络与调度职能；系统宜与有线电视监控等系统一起组成一套完整的防灾救灾系统；当建筑物内设有 BAS 系统时，消防报警控制系统宜通过 BAS 或作为其一个子系统，实现报警、自动灭火的各项功能；一般不宜超过两级管理。

本书消防报警控制设备的原理、设计要求及设计示例主要以西安二六二厂生产的设备为例加以叙述的。目前国内外消防器材设备厂家很多，型号各不相同，但其工作原理、控制方式大同小异。所以，在实际工程设计时应根据选定的设备厂家及型号，详细阅读其产品性能说明书，再进行设计。

8.5.5 远程监控网络系统

火灾报警控制器（联动型）可以通过与不同功能的网卡连接实现同型号控制器间的联网、通过公用电话网完成与远程监控设备的连接，实现城市火灾报警监控网络，也可与建筑内中央监控中心的 CRT 显示系统连接完成图形化监控即系统集成控制等功能，控制器对网卡运行状态进行实时监测，实现即插即用。

（1）网络系统的连接

1）控制中心控制网络的连接。控制中心里组成控制网络的各控制器本地网卡的总线端子均接入 RS－485 网络总线，总线采用截面积≥1.0mm 的双绞线，且总线的总长度应≤1km。可采用远距离联网接口，使网络中每 2 台控制器间的总线距离延长到 4km。

2）CRT 的连接。控制器监控网卡提供了一个标准九针 RS－232 接口。当构成 CRT 系统时，RS－232 接口通过三芯屏蔽线与上位控制计算机（PC 机）相连接构成 CRT 显示系统。应注意：连接线最大距离≤15m；屏蔽线屏蔽层接大地；计算机机壳接大地。

3）电话线远程网络的连接。控制器可使用本地网卡连接电话线联网接口，以通过公用电话网络实现多控制器的联网。

（2）控制中心控制网络系统

下面以 JB－QB/QG（QT）－GST500/GST5000 火灾报警控制器（联动型）网络为例，介绍 GST 控制网络。GST 控制网络是 GST 系列控制器专用网络，可实现

GST200、GST500 和 GST5000 控制器之间的网络连接，完成对网络中所有设备的监视与控制。

1）网络构成简介。GST 网络系统采用主从式网络结构，最多可实现 32 台控制器联网。网络拓扑结构如图 8-33 所示。

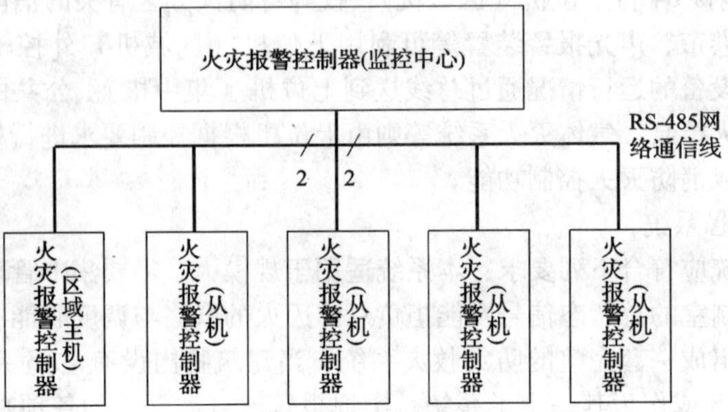

图 8-33　GST 网络系统网络拓扑结构

2）网络功能。GST 网络系统适用于分布式建筑群，每个建筑体相对独立，同时又需要信息交互或集中监控。

GST 网络系统可完成网络中各控制器间的信息交换，这些信息包括：系统内的任一控制器所连接的外部设备发生的火警、动作、故障等信息；任一控制器对网络中所连接设备发出的启动、停止等控制命令信息。因此，网络中的每一台控制器均可完成对网络信息的显示和对网络中任意设备的控制。网络控制器对网络现场设备的控制包括两种方式：一种是手动启动方式，一种是自动联动方式。手动启动方式即通过任意一台控制器的手动盘或控制键盘均可启动网络中的任意一个现场设备；自动联动方式即当网络中的火警信息满足任意一台控制器所存储的联动公式时，该控制器将发出自动启动对应现场设备的控制命令。正因为如此，在 GST 200/GST500/GST5000 网络系统设备定义中千万要注意不能出现不同设备具有相同二次码的情况，以免出现误启动。

控制器接入本地网卡后便进入联网状态，当控制器通过此卡相互连接起来时，便构成 GST 网络系统。通过控制器的本地网卡不仅可以完成 GST500/GST5000 控制器间的网络连接，也可实现与 GST 200 控制器的网络连接，实现联网控制。

3）组网方式。要完成 GST 系列控制器联网，首先必须对接入网络的控制器进行网络地址设置，每台控制器均有一个唯一的地址，且其地址号范围为 1～32。

利用提供的功能设置方法，可实现单监控中心和多监控中心两种组网方式。

①单监控中心组网方式。单监控中心组网方式是指 GST 网络系统中只有一台控制器全部显示整个网络的所有火警、动作、故障及启动（停动）信息，监控人员仅监控此台控制器便可了解整个网络系统的运行情况。

②多监控中心组网方式。当有多于一台的控制器显示整个网络的所有火警、动作、故障及启动（停动）信息时，称为多监控中心组网方式。

采用何种组网方式可依据联网系统监控区域的结构和用户要求而定。

（3）远程监控网络系统

控制器接入本地网卡后，通过 GST－NET200 电话线联网接口与公用电话网相连，即可加入远程监控网络系统，实现多控制器联网。

1）远程网络功能。远程监控系统是借助现有的公用电话网络，利用部分辅助设备组成的集散式报警网络监控系统，其网络拓扑图如图 8-34 所示。

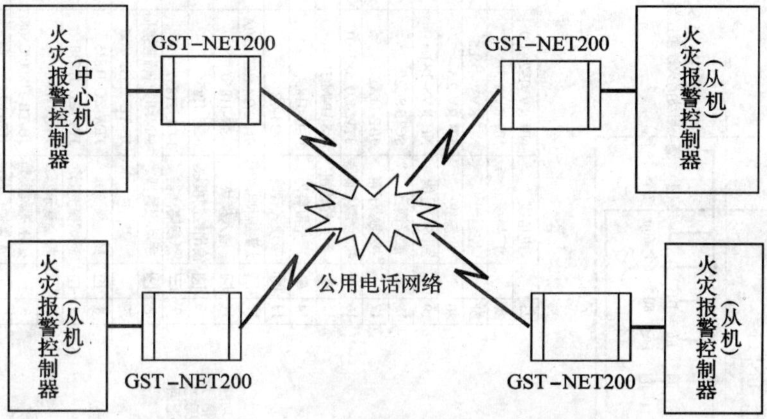

图 8-34　远程监控系统网络拓扑结构

每台中心机可连接 31 台从机，并可以作为上一级网络中的从机，远程网络系统可组成每级 32 台联网控制器的多级网络。

远程报警网络监控系统是为了加强对独立的火灾报警及联动控制系统的管理而设计的，目的在于实现对报警系统的工作状态及报警信息实施监控，此系统可用于消防管理与系统维护。

2）网络功能及组网方式。网络系统中的控制器可实时向消防中心传输火警信息，定时向监控中心传输故障、动作等信息。

（4）CRT 显示系统

控制器接入监控网卡后即可与控制计算机连接实现图形化的监视与控制。

1）功能介绍。CRT 显示系统可通过上位控制计算机完成与火灾报警控制器相同的显示和控制操作（包括设备检查、记录检查、联动检查、隔离、释放、启动、停动、设备定义、联动编程等操作），并提供图形界面，使用户直观的了解系统设备状况，并可对设备进行便捷的控制。

2）设置及操作。控制器接入监控网卡、与控制计算机正确连接并完成设置后，便可进行 CRT 显示系统操作了。一台 CRT 可最多和 99 台火灾报警控制器相连构成 CRT 系统，每台控制器有一个唯一的地址，要求地址设置从 1 开始连续设置。

8.5.6　设计实例

图 8-35 所示是某工程火灾自动报警及消防控制的系统图，本工程平时为两个防火分区的地下汽车库，战时为三个防护单元的六等人员掩蔽部。

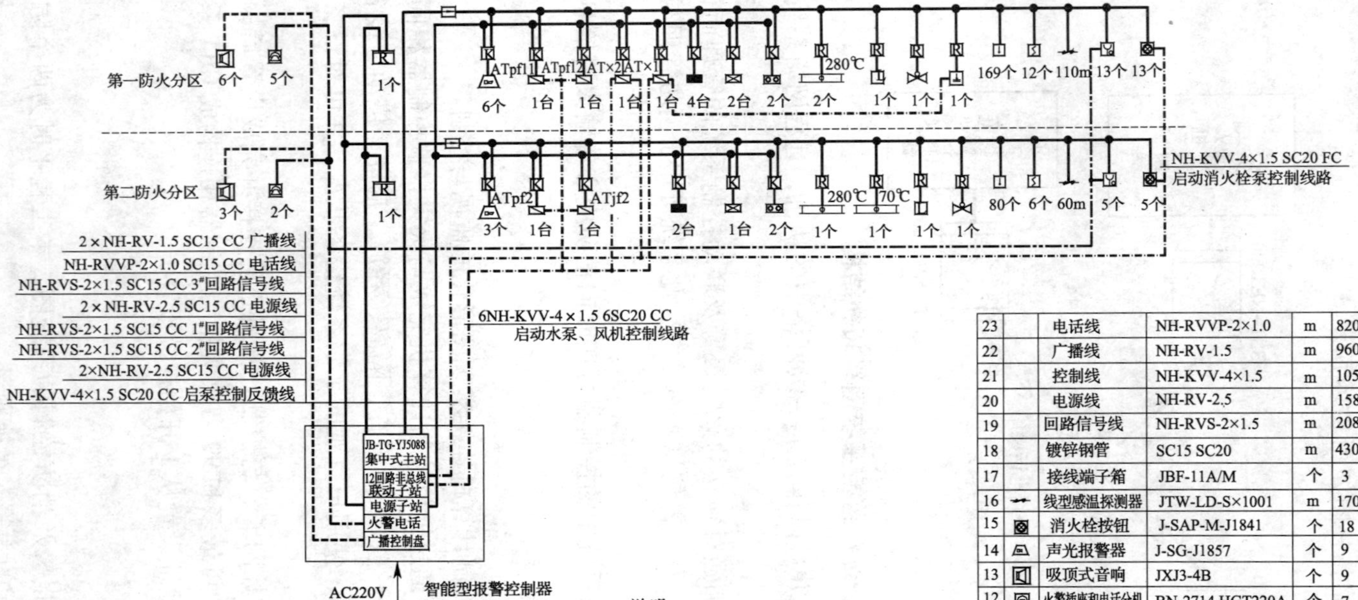

火灾自动报警系统图

说明：
1. 在接到火灾报警后，应自动实现以下功能：
 1) 启动排烟风机，排烟防火阀动作后信号送至消控室,排烟防火阀与排烟机实现联锁。
 2) 启动控制消防水泵，动作后的信号返回至消控室。
2. 在火灾确认后，应自动实现以下功能：
 1) 接通事故照明和疏散指示灯。
 2) 接通消防广播。
 3) 切断有关部位的非消防电源。
3. 表中型号为参考设备。

序号	图形	名称	型号规格	单位	数量	备注
23		电话线	NH-RVVP-2×1.0	m	820	
22		广播线	NH-RV-1.5	m	960	
21		控制线	NH-KVV-4×1.5	m	1050	
20		电源线	NH-RV-2.5	m	1580	
19		回路信号线	NH-RVS-2×1.5	m	2080	
18		镀锌钢管	SC15 SC20	m	4300	
17		接线端子箱	JBF-11A/M	个	3	
16		线型感温探测器	JTW-LD-S×1001	m	170	
15		消火栓按钮	J-SAP-M-J1841	个	18	
14		声光报警器	J-SG-J1857	个	9	
13		吸顶式音响	JXJ3-4B	个	9	
12		火警插座和电话分机	BN-2714 HGT220A	个	7	
11		输入模块	J-SR-J1850	个	9	
10		输出控制模块	J-SC-J1855	个	28	
9		总线隔离器	J-GL-J1857	个	2	
8		手动报警器	J-SAP-M-J1841/H(带电话插孔)	个	18	
7		基座	JB-TE-J1839	个	267	
6		感温探测器	JTW-ZO-J1835	个	249	
5		感烟探测器	JTY-GD-J1830	个	18	
4		报警复示器	J-FS-J1880	台	2	
3		报警控制器(联动型)	JB-TB-J1800/C508B	台	1	
2		火警通信盘	J1865/24	台	1	
1		广播控制盘	JB-TB-J1800/LF	台	1	

主要设备材料表

图 8-35 某工程火灾自动报警及消防联动控制系统设计举例

9 安全技术防范系统

安全防范主要包括三个基本手段：人力防范（简称人防）、技术防范（简称技防）和实体防范（简称物防）。对任何重要目标的全面安全防范应是这三个基本手段的密切配合和有机组合，其中人防和物防是基础，技防是充分利用各种技术手段来协助或局部替代人来进行安全防范，所以称为安全技术防范。随着科技的进步，安全技术防范的功能更完善，产品也更成熟，在安全防范系统中所起的作用越来越重要。

人防工程一般属于地下工程，具有多个出入口，完全由保安人员来增加安全效果有一定的困难。首先，人员的管理和费用问题；其次，人终究不能像机器设备那样24h不间断地工作，也不能像机器设备那样坚持原则，所以现代化的人防工程，应充分利用安全技术防范系统来增加安全效果。此外，对于人防工程来讲，由于在和平时期各种设备只处于维护状态，不可能为工程配备更多的运行人员，而利用视频监视系统不仅起到安全防范的作用，还能增加对设备的集中和远程可视监控功能，利于工程的维护。例如对防护门的视频监控可以随时观察门的状态，以便在需要的时候开门通风，在适当的时候闭门防潮；在发电机房增加带变焦和云台的摄像机（或球机），以便更直观地观察发电机的运行状态，与传统的通过观察窗来观察发电机运行情况相比更直观，能看到房间中各个细节情况；在风机房、除湿机房增加摄像机来掌握为工程服务的重要设备的运行情况。从这个意义来讲，人防工程的视频监控系统不能完全简单地从安全技术防范的角度来理解，它同时还是提高工程管理自动化程度的重要手段。

本章在介绍了安全防范技术基础知识后，对安全防范涉及的视频监控系统、门禁系统、入侵报警系统以及停车场管理系统的原理和设计方法进行了阐述，最后本章给出了一个综合性人防工程安全技术防范系统的设计实例。

9.1 安全技术防范基本知识

安全防范是公安防卫部门使用的术语，是指以维护社会公共安全为目的，防入侵、防被盗、防破坏、防火和安全检查等措施。随着电子技术、传感技术和计算机技术的发展，安全技术防范逐步发展成为一项专门的公共安全的技术学科。

9.1.1 安全防范概述

安全防范系统设计就是将若干部分或因素按照一定的方案集合在一起，以实现特定目的。安防系统的设计者必须明确，安全防范系统的根本目的就是要发现和阻碍公开或隐蔽的未被授权的入侵行为。

（1）安全防范的功能

安全防范有两种作用：威慑、制止。安全防范的威慑作用就是让潜在的入侵者在没有行动之前，即认为该系统难以攻破，使被保护对象在入侵者的眼中成为没有诱惑力的目标。由于在受到入侵者挑战之前，往往不易确定系统威慑作用是否有效，所以威慑作用的最大问题是不能对威慑效果进行实际测量。安全防范对突破防范系统行为的制止作用，虽然是取决于反应力量发现入侵行动之后，完成既定防范目的的行动，但反应力的行为必须依靠安全防范的基本功能方可实现。彻底理解安全防范的各项功能及每项功能的测量方法，才有可能对系统功能进行评估。安全防范系统的基本功能可以概括为探测、延迟、反应力量三部分：

①探测（Detection）：感知显性和隐性风险事件的发生并发出报警。

②延迟（Delay）：延长和推迟风险事件发生的进程。

③反应力量（Response）：组织力量为制止风险事件的发生所采取的快速手段。

探测、延迟和反应力量三个基本要素之间是相互联系、缺一不可的关系。要求探测要准确无误、延迟功能时间长短要合适、反应功能要迅速，总时间应符合下式：

$$t_{\text{Response}} \leqslant t_{\text{Detection}} + t_{\text{Delay}}$$

1）探测功能。探测功能就是对入侵行为的发现能力。为了发现入侵行为，探测系统必须考虑：发生的不正常行为，探测器应能重复感知，并引发报警；来自探测器的信息应该报警显示；判断报警的真伪，决定探测是否有效。

对探测功能有效性的度量，通常以探测系统发现入侵行为的探测率和探测反应所需时间两项来表征。

探测功能有时是通过警卫力量或值班人员来实现的。警卫定点值班或巡逻，对感知入侵来说是很重要的。在重点区域如果采用双人值班制，值班人员可以起到探测的作用。

反应与探测有关的信息：报警是真还是假；引起报警的详细原因，也就是“为什么、是谁、在哪儿和有多少”。

2）延迟功能。延迟是安全防范系统的第二功能，可以减慢入侵者行动的速度。延迟可以通过设置障碍物、安装锁具，以及采用动态延迟方法来实现。如果警卫力量处于受到良好保护的固定位置，也应作为延迟因素给予考虑。

延迟功能有效性的测量，是通过度量被探测到的入侵者绕过每个具有延迟功能的障碍物所需要的时间来实现的。虽然入侵者可能在被探测之前即受到阻碍延迟，但这种延迟对安全防范来说，通常是无价值的，因为这种延迟是在入侵行为被探测发现之前，不能提供对入侵做出反应的附加时间。

3）反应功能。反应功能是由反应力量成功阻止入侵者的侵入行动所构成。

反应功能的有效性是用计算从入侵报警开始，到制止住入侵行动所花费的时间来度量的。反应功能应由阻碍和制住两步骤来完成。

阻碍定义为反应力量到达适当位置阻止入侵的行为，包括通告有关入侵的确切信息及部署反应力量。

对反应力量通信有效性的度量，是由有效通信概率和完成通信所需时间两部分组成的。部署反应力量就是从报警发生时刻开始，到反应力量到达制止非法入侵这段时间内反应力量的行为。度量这一功能有效性的方法，是参考在入侵可能出现的地方部署值守力量的概率和部署反应力量所需时间两项来决定的。

制止住非法入侵是指在入侵者达到目标之前停止其破坏行为。对这一功能有效性的度量取决于反应力量制止非法入侵的有效性。

安全防范必须体现探测、延迟和反应力量等功能，这些功能必须在小于入侵者达到其目的时间之内发挥作用。图 9-1 显示了入侵者达到其目的所花费的时间与安全防范系统发挥作用所需要的时间的相互关系。入侵者达到其目的所花费的时间称为作案时间（t_C）。而作案时间（t_C）依赖于安全防范的延迟功能。入侵者或许在如图 9-1 所示的首次报警时间（t_0）之前的某一时间开始作案。在 t_0 以前由于不能被探测到，所以延迟是无效的。在报警时刻之后，必须确定该报警是否有效。评估确定报警为有效所花费的时间被称为探测报警评估时间（t_A-t_0）。而在 t_A 时刻之后，反应力量阻碍和制止住入侵者必须花费一段时间。反应力量制止住入侵行为的时刻被称为 t_1。很明显，安全防范要想体现防范功能，必须使 $t_1<t_C$，并且，第一次报警应该尽可能早，这样 t_0（或 t_A、t_1）就可以尽可能处于远离 t_C 的左边。

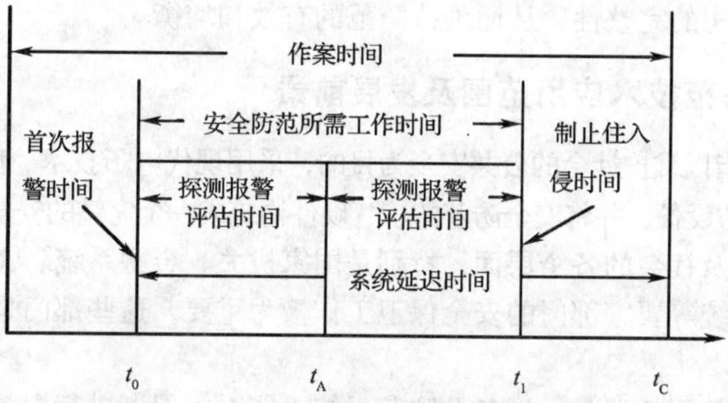

图 9-1 入侵者达到其目的与安防系统发挥作用时间的相互关系

（2）安全防范的具体措施

安全防范系统所有的硬件因素都应妥善安装和维护，并且安全防范的操作程序必须与被保护设施的运行程序相协调，使安防措施、安全设备及实际操作在任何时间都处于最佳状态。所以，设计良好的安全防范系统应包含以下具体措施。

1）防范纵深（Protection - in - depth）。防范纵深意味着入侵者要想达到目的就必须顺次躲过或破坏若干防范措施。例如，某个入侵者要突破周界报警、视频监视和门禁三类分离的障碍物才能进入核反应堆控制室。突破这些障碍物中某一类所用的时间不一定相同，每一类的有效性也可能不同。当入侵者按照其行动路线经过时，每层所表现出的防范特性应是完全不同的，系统的这些不同特性作用于入侵者的效果主要表现为：增加系统防范措施的严密性，使入侵者在攻击系统之前必须进行更广泛的准备；设置附加步骤让入侵者出错使入侵失败。

2）最大限度减少部件损坏造成的后果。对复杂系统来说，在运行期间不发生部件损坏是不可能的。对安全防范系统来说部件损坏的原因是多种多样的，可以是环境因素，也可以是敌对破坏行为，并且一般敌对破坏行为可能会超出系统设计所考虑的威胁范围。找出部件损坏的原因，恢复系统正常运行固然很重要，但是制定出系统出现故障后仍可以继续运行的应急方案更为重要。人们希望在设计应急方案时，其中某些部分可以被自动执行，让替补设备自动接替故障设备工作，从而最大限度地减少部件损坏所造成的影响。

3）均衡防范（Balanced Protection）。均衡防范意味着无论入侵者怎样企图达到其目的，都会遭到安全防范的有效反击。通常被保护目标都以设置障碍物来屏障。这些障碍物包括：不同形式的墙壁、地板、天花板；各种各样的门，以及用铁栅间隔的暖气、通风、空调设备的入口等。对完全均衡的防范系统来说，突破每道障碍所花费的最短时间应该是相同的，并且对各处障碍入侵行为的探测率也应该是相同的。虽然完全均衡是一种理论上的设想，但实际上某些因素，如加固的墙壁对入侵者来说已是非常坚固的，它并不是出于实体防范的要求，而是出于建筑结构或安全的要求。虽然门、出口及铁栅的延迟程度远远低于墙壁的延迟程度，但在实际应用中，一般也是合乎要求的。

过分突出某一部分防范的设计是无效的。例如，在石棉板制成的墙壁上安装昂贵的金库门，这种门用炸药爆破尚需要几分钟才能打开，而突破石棉板制成的墙壁用手工工具只需要几秒钟，这种防范措施就显得太不均衡了。

在针对某种形式的威胁设计防范措施时，防范措施应多样化，这样可以对付多种形式的威胁。切合实际地防范在全部可能通道上的威胁，应结合多方面的情况综合考虑，如造价、设备安全性及建筑结构的完整性，从而维持防范的有效和均衡。

9.1.2 安全防范技术应用范围及发展前景

安全防范技术是指以维护社会的公共安全为目的，采用现代电子技术、传感器技术和计算机网络技术为基础的安防设备，并将安全防范的软、硬件构筑成一个完整的安全防范系统。

安全防范技术涉及社会的各个层面，特别是国家机关、金融系统、文物博物馆系统、军事设施、文化通信系统等要害部门的安全保卫工作极为重要，这些部门是安全防范技术工作的重点。

安全防范技术中使用的器材、设备及防范系统，能对入侵者进行视频监控，并能及时发现并发出报警，对入侵者有强大的威慑作用。另外，安全防范技术可以及时发现事故的隐患，预防火灾，减少事故的发生。

随着科学技术的发展，入侵者威胁安防系统使用的技术更先进，隐蔽性也更强，这就对安全防范技术手段提出了更高的要求。例如：入侵探测器需要由原来比较简单、功能单一的产品发展成为多种技术复合的高技术产品。使用微波 - 被动红外复合探测器，可以大大降低探测器的误报率。这种复合型报警探测器将微波和红外探测技术集中运用在一体，只有在两种报警技术的探测器都产生报警信号时产生报警。这种复合报警探测器的误报率是单技术微波报警器误报率的几百分之一。

视频监控系统使得安全防范技术更有效、更直观，它是安全防范系统的重要组成部分。微光、红外摄像机的出现，使安全防范可提供全天候的服务。另外，摄像机的微型化和智能化使得探测器更隐蔽。尤其数字化技术的出现，如数字化摄像机、数字录像机以及大容量硬盘存储技术已投入实际应用，使录像装置能够 24h、48h、72h、24h ×7 长时间地录像，图像更清晰、保存时间更长、检索回放更方便。

多媒体技术在视频监控系统中的应用，使得图形、图像、声音、文本等多种信息资源由计算机处理，人机交互界面因此而更为友好，能够对图像进行数字化处理和加工，提取有用的信息。值得注意的是，建立一个综合的安全防范系统也是今后发展的趋势之一。

探测信号的传输由模拟有线信号转为数字无线信号也是安防系统的发展趋势之一。这种信号传输的转换，可以大大降低施工中的布线工作量，节省材料。报警控制器采用大容量主机，使信号和控制实现计算机管理，提高了安全防范系统的可靠性和稳定性。

随着科技的进步，安全技术防范的功能更完善，产品也更成熟，在安全防范系统所起的作用越来越重要，所以安全技术防范系统成为现代人防工程的一个重要的、必要的建设内容。

9.1.3 人防工程安全技术防范系统

人防工程中的安全技术防范系统主要是指技术防范层面系统的一个统称，从使用的技术、实现的功能及用途的不同，一般分成：视频监控系统、门禁系统（也称为出入口控制系统）、入侵报警系统、电子巡更系统、周界报警系统、停车场管理系统等几个子系统。一个综合的安全技术防范系统应是根据工程的实际需要，组合使用这些安全技术防范子系统。

（1）视频监控系统

视频监控系统是在重要的位置安装摄像机，以便在控制室让值班人员监视整个工程的内外情况。视频监控系统可以根据入侵报警系统或门禁系统的示警信号，自动进行实时录像，以供事后分析时重放。带云台的摄像机或活动球机，接到示警信号后，可以自动转换到某个预定的位置进行跟踪录像，数字硬盘录像系统一般还能对摄像镜头中图像进行分析，发现图像中物体或人的移动后报警并自动录像。

（2）门禁系统

门禁系统是对出入工程以及工程内某些重要区域或房间的人员的管理系统。只有经过有效授权的人员才能出入授权所规定的区域。实现门禁系统的技术途径很多，在后续的章节中将介绍目前成熟的门禁系统。

（3）巡更系统

巡更系统是在规定的巡查路线上设置巡更开关或读卡器，要求巡更人员必须在规定的时间里、按规定的路线进行巡逻，以保障巡更人员的安全以及工程的安全。巡更系统在智能楼宇及生活小区中有广泛的应用，在人防系统中可适用于大型的、平战结合的人防工程。

（4）入侵报警系统

入侵报警系统是在建筑物的重要位置布置探测器来检测非法入侵并及时示警。入侵报警系统可定时布防或撤防，只有在布防时检测到非法入侵后才示警。门磁开关、玻璃破碎报警器可有效探测外来的入侵，红外探测器可感知人员的活动情况。一旦发生入侵报警，可同时启动视频监控系统进行跟踪录像，系统主机能记录入侵时间、地点。

人防工程同样应根据人防工程的种类和用途来综合设计安全技术防范系统。比如，人防工程应着重建设视频监控系统、门禁系统，而平战结合的大型地下人防工程，一般还应包括电子巡更系统、停车场管理系统等几部分，如果有重要物资存储，还可能包括入侵报警系统、周界报警系统。在设计的时候，应根据实际情况进行综合选择。下面着重介绍人防工程的视频监控系统、门禁系统的选型和设计，并简要介绍入侵报警和停车场管理等相关系统。

9.2 视频监控系统

视频监控系统又称为闭路视频监控系统（CCTV）。由于视频监控系统就像人的双眼，能够实时、形象、真实地反映被监视的现场情况，所以在各种场合得到了广泛的应用。在安全技术防范系统中，利用视频监控系统与其他安防系统相结合，可构成严密的安全技术防范系统。同时利用视频监控系统还能延伸人的视觉能力，获得大量的实时图像信息，提高管理的效率和自动化的水平。

9.2.1 视频监控系统的特点

安防领域的视频监控系统，是一种防范能力极强的综合系统。它的主要功能是通过摄像机及其辅助设备，监视被控场所，并把监测到的图像、声音内容传送到监控中心。

视频监控通常都采用同轴电缆或光缆作为电视信号的传输介质，其特点都是不向空间发射信号。视频信号有两种传输方式：一种是射频信号传输；另一种是视频信号传输。视频传输又称基带传输，即不经过频率变换等任何处理，直接传送摄像机等设备输出的视频信号。

视频监控系统与一般的广播电视系统相比具有以下特点：①视频监控系统与扩散型的广播电视不同，是集中型，一般作监测、控制、管理使用；②视频监控系统的信息来源于多台摄像机，多路信号要求同时传输、同时显示；③用户是在一个或几个有限的点上，比较集中，目的是收集或监视信息，传输的距离一般较短，多在几十米到几千米的有限范围内；④一般都采用闭路传输，极少采用开路传输方式。1km 以内用电缆传输，1km 以上可以用光缆传输；⑤一般用视频直接传输，不用射频传输；⑥除向接收端传输视频信号外，还要向摄像机传送控制信号和电源，因此是一种双向的多路传输系统。

9.2.2 视频监控系统的组成

视频监控系统由前端、传输、控制和终端四部分组成，其结构如图 9-2 所示。

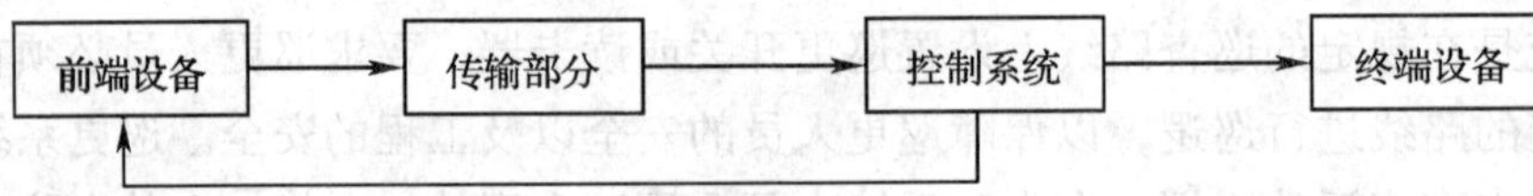

图 9-2 视频监控系统的组成

（1）前端设备

前端设备包括摄像机、镜头、防护罩和云台等。

1）摄像机。摄像机是视频监控系统的眼睛，它是摄取图像信号的设备。被监视场所通过摄像机将画面的光信号变为电信号（图像信号）。无论彩色还是黑白摄像机，其光电转换的器件均采用 CCD 器件，即“电荷耦合”器件。摄像机布置在被监视场所的某个位置，使其视场角能覆盖整个被监视的部位。

摄像机通过镜头把被监视场所的画面成像在 CCD 片子上。通过 CCD 的电子扫描（CCD 电荷转换），把成像的光信号变为电信号，再通过放大、整形等一系列信号处理，最后变为标准的电视信号输出。

摄像机输出的图像信号经过传输部分、控制部分之后到达监视器上，则到达监视器上的图像信号噪声比将下降。这是由于传输及控制部分的线路、放大器、切换器等引入了噪声的原因。

衡量摄像机性能的主要技术指标如下：

①清晰度：视频监控系统使用的摄像机：彩色摄像机水平清晰度在 300 线以上，黑白摄像机在 350 线以上。

②最低照度：指当被摄景物的光亮度低到一定程度而使摄像机输出的视频信号电平低到某一规定值时的景物光亮度值。

③信噪比：信噪比是摄像机的一个重要指标。它的定义是，摄像机的图像信号与它的噪声信号之比，用S/N表示。S表示摄像机在无噪声时的图像信号值；N表示摄像机本身产生的噪声值。信噪比一般用分贝表示，信噪比越高，则指标越好。视频监控中使用的摄像机，一般要求其信噪比高于46dB。

④输出信号的幅度：输出信号的幅度，一般用输出信号电压的峰－峰值表示。摄像机输出的图像信号是1～1.2V_{P-P}，即1～1.2V峰至峰值，并且为负极性输出。

2）镜头。摄像机使用的镜头可以分为以下三类。

①定焦距镜头：所谓定焦距镜头是指焦距不可变的，只能改变光圈的大小。它适用于拍摄位置相对固定的目标。

②自动范围、电动变焦距镜头：常用的电动变焦距镜头有6倍、8倍、10倍几种，它的指标一般为焦距从多少毫米至多少毫米。例如，某变焦镜头的焦距为8.8～88mm，即为10倍的变焦镜头。

③自动光圈、自动聚焦、电动变焦镜头：使用这种镜头，通过云台和电动变焦改变拍摄方向和目标时，不需要人工调整对景物的聚焦。

一般来说，镜头的焦距长时，视角就小。根据监视目标的视场大小及距离选择镜头和焦距。焦距的计算公式如下：

公式1（以被监控物体的高度为计算依据）：

$$f = v \times D/V$$

公式2（以被监控物体的水平宽度为计算依据）：

$$f = h \times D/H$$

式中 f——镜头的焦距（mm）；

V——被测物体的高度；

H——被测物体的水平宽度；

D——被测物体的距离；

v——靶面成像的高度；

h——靶面成像的水平宽度。

3）云台。云台是承载摄像机进行水平和垂直方向转动的装置。云台的选用有以下几方面内容需注意：

①室内云台和室外云台：室内使用的云台承重小，没有防雨设备。室外使用的云台承重大，配有防雨装置。

②承重的选择：根据选用的摄像机及防护罩的总重量，选用不同的承重的云台。室内云台承重量大约为1.5～7kg，室外云台承重量大约为7～50kg。

③控制方式：通常的云台是有线控制的电动云台。控制线有五个输入端，其中一个为电源的公共端，另外四个为上、下、左、右控制端。当电源的一端接在公共端上，电源的另一端接在“上”控制端时，云台带动摄像机头向上转；接在“下”控制端时，云台带动摄像机头向下转。当云台装有继电器等控制电路时，云台有六个控制输入端，其中一个为电源的公共端，一个是自动转动端和四个上、下、左、右控制端。

4）防护罩。防护罩是防护摄像机的装置，一般分为两类。

①室内防护罩：室内防护罩结构简单、价格便宜。其主要功能是防止摄像机落灰且起一

定的安全防护作用，例如：防盗、防破坏等。

②室外防护罩：室外防护罩具有降温、加温、防雨、防雷的功能。无论何种恶劣天气，均使摄像机在防护罩内正常工作。

(2) 传输部分

传输部分负责传输图像和声音信号。在电视监视系统中，由于传输方式的不同，在系统中采用的传输部件也不同。

1）远距离视频传输方式下的传输部件。远距离视频传输方式下的传输部件分为视频放大器、幅频和相频补偿器两类。

①视频放大器：视频放大器是装在摄像机输出端之后，传输线之前。也就是说，从摄像机输出的视频信号经视频放大后再经线路送至监控中心。视频放大器要求其输出的电压是可调的，一般峰－峰值为1.5～6V；其中幅频特性曲线在2.5～6MHz之间峰起，峰起的高度应为2.5MHz曲线的两倍以上。

②幅频和相频补偿器：幅频和相频补偿器安装在总控制台上的视频信号端口，以补偿送过来的视频信号。若是传输黑白电视信号，由于传输而造成的高频信号幅度的相移失真，一般不必进行相位补偿；若是传输彩色电视信号，则必须安装幅频和相频补偿器，否则会产生信号失真。

2）射频传输方式下的传输部件。射频传输方式下的传输部件有调制器、射频放大器、解调器等。这些器件与有线电视网使用的传输部件基本相同。

3）光纤传输方式下的传输部件。光纤传输方式使用的传输部件有光调制器、光放大器、光解调器等，与有线电视采用光纤传输时所使用的部件基本相同。光调制器与光解调器在工程应用上称为光发送端机和光接收端机。

4）电话电缆平衡传输方式的传输部件。电话电缆传输方式下的传输部件有发送中继器、地沟中继器、接收中继器、视频变压器和信号检测传感器等。

(3) 控制部分

控制部分是整个系统的核心。控制部分主要由主控制台和副控制台组成。

1）主控制台。主控制台也称总控制台。它是视频监控系统中的核心设备，对系统内各种设备的控制是通过总控制台来实现。

主控制台中主要的功能有：视频信号放大与分配，图像信号的校正与补偿，图像信号的切换，图像信号的记录，摄像机及辅助部件的控制。

典型的控制台的结构如图9-3所示。

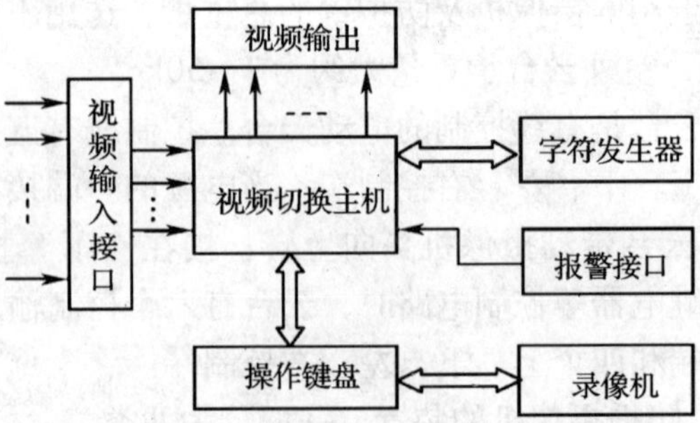

图9-3 典型的控制台结构示意图

主控制台是多种设备的组合，而这种组合是根据系统的功能要求确定的。组合主控制台时，应该遵循以下原则：

①根据视频监控系统中摄像机的台数，选择视频切换器的较大输入路数。

②根据视频监控系统所防范区域的风险等级，选择录像机的台数。

③当整个系统中有许多摄像机时，可考虑“多画面分割器”。

④根据视频监控的控制要求，确定是否在总控制台之外设立分控制台。

⑤系统有多路远距离信号传输时，根据信号传输方式，确定控制台是否增设调制解调器设备，对应视频传输设备，还原设备及远端切换控制装置。

⑥设置时间及地址符号发生器。时间可以随时设置，而地址则根据系统的需求设置，事先固化在集成块中。如果采用多媒体控制主机，地址符号可由主机上的操作自行设置。

2）副控制台。副控制台是一个操作键盘，通过副控制台可对整个系统进行各种控制和操作。副控制台主要是为了在总控制台之外，还需要设置一个或多个监控分点时使用的。副控制台采用总线方式与总控制台连接。

3）解码器。总控制台对摄像机及其辅助设备的控制采用总线方式，把控制信号送给摄像机附近的解码器（解码控制箱），在终端解码器上将总控制台送来的编码控制信号解出，成为控制动作的命令信号，再去控制摄像机及其辅助设备的各种动作。

4）画面分割器。视频监控系统中有多个摄像机时，可以采用多画面分割器，使多路图像在一台监视器上同时显示。常用的画面分割器有4、9和16画面。

一台较先进的画面处理器具有以下的功能和特点：

①具有时基校正功能；

②屏幕菜单编辑简单，面板控制操作容易；

③监视录制和重放录像画面可以同时进行；

④可以同时录制4、9、16路摄像机的图像信号，且在两个不同的监视器上显示；

⑤采用数字化处理技术，对输入的图像信号进行处理；

⑥可以使用现场监视和录像带重放两种工作方式；

⑦可以使用的格式有全屏，两倍变焦，画幅和2×2画面；

⑧可以采用动态时间分割技术（DTD），根据图像活动程度自动检测，动态地为每路图像分配不同的显示/录制时间；

⑨标准的SUPER－VHS录像机兼容；

⑩可编程跟踪图像的移动，移动目标编程范围为16H×12V；收到报警信号后自动调用对应的全屏画面，且可记录每路报警发生次数；双监视器输出，且有4、9、16路报警输入和RS－232通信接口。

（4）终端部分

终端部分通常设置一台或若干台监视器。它的主要作用是将传输过来的图像在监视器上显示出来。监视器的选择应当满足系统总的功能和技术指标的要求，对于非特殊要求的视频监控系统，监视器可用有视频输入端子的普通电视机，不必采用造价较高的专用监视器。如果采用了“画面分割器”，可选较大屏幕的监视器。

通常在视频监控系统中，一般是图像信号用一台监视器轮流切换显示。这是因为在被监视场所不太可能同时发生意外危险，当某个被监视场所发生意外危险时，可以通过切换器将这路信号切换到另一台监视器上显示，并且通过控制台对其遥控跟踪记录。一般情况下，摄像机对监视器的比例为4:1，即四台摄像机对应一台监视器，也可以采用9:1或16:1的设置方案。

在摄像机较多的视频监控系统中，可以使用“画面分割器”，用画面分割器把几台摄像机送来的图像信号同时显示在一台监视器上。这样可以节省监视器，并且观看起来比较方便。

9.2.3 视频监控系统的设计

（1）设计原则

人防工程的视频监控系统的设计应把握以下几个原则：

1）安全技术防范和设备监控相结合。人防工程中的视频监控系统的要求与一般民用建筑不同，应将安全技术防范和设备监控相结合，而不仅仅是定位在安全技术防范上。通过视频技术加强对重要部位的设备或环境的可视监控，可有效提高工程管理的自动化程度。

2）功能定位要准确。视频监控系统的功能显然是为工程管理服务，目的是加强工程的安全管理以及设备的维护管理。但是目前有的人防工程将视频监控制系统作为通信自动化的内容，将控制中心设在指控中心，真正的工程管理部门却不方便使用，显然是不合适的。针对人防工程，应将视频监控中心与设备监控、火灾自动报警设在一个控制室，以方便值班管理，同时视频监控系统应能够将所有的图像信号送到通信中心，当通信中心需要关心工程的情况时，也能够看到相关的图像信号。

3）系统选型要适当。弱电系统包括视频监控系统的技术发展很快，采用不同技术的系统结构和布线都不一样。而人防工程的特点是建筑结构非常结实，许多的施工布线必须在工程的土建阶段加以考虑，工程完工后要做二次施工几乎是不可能的。所以设计的时候既要考虑系统的稳定性、成熟性，又要有超前的眼光把握技术的发展方向。一般人防工程的弱电系统的设计，应做好充分的预埋、预留。在人防工程建设中往往存在这样的情况，从规范、管理的实际需要、技术的发展方面可能需要某个子项目，但是由于经费或其他原因的限制而不能立即实施。这时也应将其规划为后期建设内容，做好相应的设计和预留、预埋，以便时机成熟时具备实施这些项目的条件。

（2）系统设计

人防工程视频监控系统设计的一般过程：系统功能要求分析→监控系统形式的确定→监控点及摄像机的选择→信号传输方式的落实。

1）视频监控系统形式。视频监控系统的构成形式依赖所选择的技术及功能要求。常用的视频监控系统的形式包括以下几种：摄像机加监视器和录像机的简单系统；摄像机加多画面处理器监视录像系统；摄像机加视频矩阵主机监视录像系统；摄像机加硬盘录像监视录像系统；网络摄像机加硬盘录像监视录像系统。

根据目前的视频监控技术的发展趋势及人防工程视频监控系统的需要，结合工程成本的综合考虑，可选择摄像机加硬盘录像的监视录像系统。这种系统的特点是结构简单、易于维护，利用网络功能还可将图像在内部管理网络上传输而不增加额外的成本。

2）监控点的确定及摄像机选用。视频监控点是根据视频系统的目的和建筑物的特点来确定的，根据人防工程的视频监控系统应兼顾安全技术防范和设备运行维护管理的要求，在人防工程中需要设计的监控点如表9-1所示。

表 9-1 人防工程视频监控点的选择

序号	监控点	实现的监控功能	推荐的摄像机类型	备注
1	主要出入口的口部外面	口部外面人员活动情况	活动、室外摄像机	①
2	口部第一道防护门与第二道防护门之间。	在战时监视防护门的状态，关闭情况、受损情况	固定半球摄像机，吊顶安装	②
3	口部最里面一道密闭门后	监视密闭门的状态和出入工程内部人员情况	固定半球摄像机，吊顶安装	③
4	重要房间的外通道	监视接近和出入重要目标位置的人员情况	固定半球摄像机，吊顶安装	④
5	通道交叉口或功能分区交界处	监视人员情况	固定半球摄像机，吊顶安装	⑤
6	控制室	监视人员值班情况	活动半球或快球	⑥
7	发电机房	监视发电机的运行情况	活动枪机	⑦
8	变电所或配电房	配电设备的运行情况	活动枪机或快球	⑧
9	重要的通风设备房间	监视设备运行情况	活动枪机	⑨

注：①人防工程至关重要，不容无关人员随意接近，监视接近工程出入口人员情况有利于工程的安全管理。摄像机可安装在附近建筑的外墙或适当位置的立杆上，要求选用室外型摄像机，推荐选择一体化快球。

②没有吊顶时可通过安装盒固定在通道顶上，两个防护门不远时，可选择枪机安装于后一道防护门的墙上。

③在平时维护保养时，还可观察此门是否关到位，特别是在潮湿季节，确保工程密闭，减少除湿机的运行时间，达到降耗节能的目的。

④如功能大厅、首长休息区。如果两个方向都有通道，则应安装两个摄像机，确保重要目标位置的安全。

⑤如功能区、通信区、生活保障区之间的交界处。如果是多个通道的交界处，可选择活动半球或快球。

⑥此控制室是指工程运行和管理的值班室，通常设有设备监控、视频监控、火灾自动报警的主机，在此可控制全工程的设备、掌握全工程的情况，所以控制室的值班情况非常重要。在通信中心或其他值班室都可实时掌握控制室的情况。维护管理再好的地下工程，都不可能营造出与地面建筑一样的人员生存环境，在和平时期，利用弱电技术提高工程管理的自动化程度，将工程的运行值班建立在地面建筑中也是将来的发展趋势。

⑦发电机房噪声大，在战时还是染毒区，目前一般考虑通过观察窗来监视设备运行情况。但观察窗的视角有限，距离也可能比较远，难以对细节情况进行观察。可通过摄像机来延伸运行人员的视野，加强设备的管理。如果一台摄像机不能兼顾到发电机房的全部情况，可考虑多台摄像机。发电机房的图像信号，除传送到监控中心外，应同时传送到电站值班室。

⑧在变电所或配电系统自动化的基础上，为发展无人值班的变电所提供必要的补充设备管理手段，设备多、房间大时，应考虑多个摄像机、从多个角度实现设备的完全监控。

⑨通风设备的正常运行，在平时和战时都具有重要的意义。利用视频监控来进一步加强对设备的运行管理对于大型、长通道的人防工程具有积极意义。

视频监控系统应根据监视目标的照度选择不同灵敏度的摄像机。监视目标的最低环境照度至少应高于摄像机的最低照度的 10 倍。摄像机的照度选择可参照表 9-2 进行。

表 9-2　环境照度与摄像机最低照度的关系

序号	监视目标的环境照度	对摄像机最低照度要求
1	<50 lx	≤1 lx
2	50 ~ 100 lx	≤3 lx
3	>100 lx	≤5 lx

如果对人防工程口部外面的情况需要进行昼夜监控，则应选择自动光圈、电动光圈镜头。如需要，建议选用红外摄像机。逆光监视目标时，宜选用带逆光补偿的摄像机。

人防工程内部，在正常工作情况下的照度都比较高。但从节能的设计考虑，在无人工作状态下，通道的工作灯大都关闭而只保留最低照度，所以应考虑采用低照度摄像机或者采用感应装置，在监视目标处提供摄像机专用照明灯具。

3）信号传输方式。掘开式人防工程的建筑物的平面半径有限，采用 75Ω 的同轴电缆进行传输一般都能满足要求。表 9-3 是常用的同轴电缆的传输距离。

表 9-3　常用 75Ω 视频同轴电缆的传输距离

同轴电缆型号	基本传输距离①（m）	最大传输距离②（m）
SYV75－3	约 230	约 900
SYV75－5	约 350	约 1400
SYV75－7	约 450	约 1800
SYV75－9	约 600	约 2400

注：①同轴电缆的基本传输距离是在没有干扰的情况下，能够保证图像清晰地加以显示的理论距离，实际传输距离需要依赖现场的实际情况。另一个方面，随着材料和电缆技术的发展，在实际的工程中，也有许多超过理论传输距离的例子，但在这里不作为设计依据。

②最大传输距离是指采用视频放大器来进行信号补偿后能够传输的最大距离。上表中的最大传输距离是采用后均衡视频放大器（安装在监视器处）的传输距离，而不是前均衡放大器的最大传输距离。

下列情况下可以考虑光纤传输：

①视频信号传输距离较远时。大型掘开式人防工程或坑道式的人防工程，视频监控点到监控中心的距离可能比较远，直接采用同轴电缆传输（不加视频放大器时）难以保证视频信号的质量。理论上说，加视频放大器可大大提高同轴电缆的传输距离，但视频放大器本身可能引入干扰，而且调试比较烦琐。另一方面，随着技术的发展，光纤及光纤设备的成本不断下降，在传输路线上不会受到外界的干扰，所以目前一般较少使用视频放大器的方式来增加信号的传输距离，在距离远时，就采用光纤传输。

②传输路径中干扰信号很强时。当传输路径中存在很强的干扰信号时，可采用光纤传输来保证图像的清晰度，比如传输信号需要经过大功率变频设备旁边时。

③多路信号远距离传输时。如果在一个方向上有多个摄像机或者有多种信号（音频、视频、控制信号），且距离较远时，可考虑采用光纤传输，不仅可减少布线的工作量，信号质量也有保证。采用一根光纤，可同时传输四路或更多的视频信号，也可采用一根光纤同时传输视频信号、音频信号、控制信号。具体传输信号的数量和种类依赖所选择的光端机。

4）视频监控中心的设计。采用摄像机加硬盘录像的监视录像系统时，可大大简化视频监控中心的设计。特别对于小型视频监控系统，所有的视频信号线直接进硬盘录像主机，只要一台硬盘录像机就可满足所有的功能要求。

在传统的以监视器、视频矩阵、画面处理器、长时间录像机等设备组成的模拟视频监控系统中，通常采用录像磁带作为存储介质、以手动和自动相结合的方式实现现场监控。这种传统方法有回放图像质量不能令人满意、不能远距离传输、图像检索和管理困难等一系列的缺陷，所以传统的模拟视频监控系统已经逐渐被硬盘录像系统取代。

硬盘录像系统由于采用计算机来取代原来模拟系统的视频矩阵主机、画面处理器、长时间录像机的多种设备，从而大大简化了视频监控系统的结构。

硬盘录像机将模拟视频信号转化成数字信号加以存储和显示，所以又称为数字硬盘录像机（DVR）。硬盘录像机通过视频卡将模拟信号转换成 MPEG 格式的压缩数字图像信号实时存储于计算机的硬盘中。可采用大容量硬盘（如 120G 以上的硬盘）或增加硬盘的数量来扩大系统的存储容量，使连续录像的时间长达几十天而不用更换存储介质（超过时间的图像将被新图像所覆盖，可采用光盘自动进行备份）。硬盘录像机将图像信号进行分时存储于不同的文件中，所以图像检索的速度非常快，这是模拟磁带录像机难以做到的。

硬盘录像机将图像数字化后，可以通过网络传输，实现系统共享。录制的图像质量高，图像重放时，画面不会闪烁、抖动。

硬盘录像机所接的信号的路数可通过图像卡的数量进行配置。一般情况下，一个图像处理卡能接一路或四路图像信号。根据目前的计算机 CPU 处理速度，一般硬盘录像机能接 16 路图像信号，最多的还不能超过 24 路，超过 16 路时通常需要另增加一台硬盘录像机。

根据硬盘录像机采用的计算机的样式，硬盘录像机分成 PC 式硬盘录像机和嵌入式硬盘录像机。PC 式硬盘录像机采用了通用的计算机或工控机并安装的 Windows 或 UNIX 操作系统，由于硬件和软件都采用人们普遍熟悉的产品，所以操作方便、容易被接受。缺点是由于这些庞大的操作系统可能存在着各种安全漏洞，系统容易死机。而嵌入式硬盘录像机采用的是嵌入式计算机技术，操作系统也是采用简化后的操作系统或专门开发的操作系统，并将操作系统存储于电子硬盘中（由于容量限制，通常图像信号还是存储于机械式硬盘中），使系统的稳定性大大提高，减少系统故障的几率，维护工作减少，但缺点是系统灵活性差些、不易扩展，一般不能接鼠标、键盘，一旦发生故障必须由专业厂家进行维修。这两种硬盘录像机可以说是各有千秋，应根据实际情况及以后的技术发展进行确定。

总之，硬盘录像系统的优点很多，以后还在朝着网络录像系统的方向发展。在硬盘录像监视监控系统中，除了主机外，根据实际情况的不同，可能还需要用到以下一些设备：

①视频分配器。如果要设置电视墙，则应增加视频分配器（也有的硬盘录像机本身具有信号分配或环接的功能，如韩国的 Pos - Watch）。从摄像机来的信号一路进硬盘录像机，一路信号上电视墙或者通过矩阵切换后接到电视墙上。

②视频矩阵。如果需要接入电视墙的视频信号的个数大于监视器的个数，且信号需在不同的监视器上进行切换，则需要增加视频矩阵。

③控制器（或专用键盘）。如果要对矩阵进行控制，通常要另外加控制器（或专用键盘）。

如果系统中有快球，一般也需要加专用键盘（带三维摇杆）来对快球进行控制。PC 式硬盘录像机一般可通过鼠标、键盘实现云台和镜头的控制，嵌入式硬盘录像机可通过操作按钮实现云台和镜头的控制，但这些控制方式的速度都比较慢，不能充分发挥快球的作用，此时可考虑采用专用控制器。

④电视墙。硬盘录像主机一般采用显示器作为图像的输出装置。在显示器上可实现多画面监视或单画面监视，但摄像机较多时，采用一个显示器监视全部的摄像机图像可能会有一定的困难，这时可设置电视墙。

由于人防工程的单位建筑面积的建设成本比一般民用建筑高许多，所以控制室的面积有限，再采用传统的模拟监视器来做电视墙一般难以取得较好的效果，建议采用平板电视机来做电视墙。

目前平板电视机（液晶或等离子电视）的价格不断下降，同样显示尺寸的平板电视机的价格可能比传统的专用模拟监视器的价格还低；性能也在不断提高，其平均无故障时间能达到 5 万 h 以上，可以满足视频监控的需要；无闪烁的平板电视对值班人员的健康也是有益的。采用平板电视机来做电视墙时，可选用尺寸稍大些的平板电视机，屏的个数不一定要多，不仅可以省空间，还可以达到美观大方的效果。

⑤其他设备。依据所选择的视频监控系统和工程实际情况，还可能用到其他的一些设备，如码转换器、光端机等，可以在系统实施过程中根据需要进行配置。此外，在中控室为视频监控系统配备 UP S 电源也是非常必要的。

5）现场设备的供电。人防工程的视频监控系统中，中控室设备的供电比较简单，直接用中控室的电源即可。一般情况下中控室的电源已经是一级负荷，推荐另配 UP S 来提高供电的可靠性，也可以采用与设备监控系统共用一个 UPS 电源。需要供电的现场设备主要是摄像机、云台、解码器、光端机，下面统称为前端设备的供电。

在民用建筑中，视频监控系统的前端设备常采用分楼层集中供电。在人防工程中推荐采用分区、分方向的集中供电。即在人防工程的一个口部方向或一个分区从控制室的 UPS 供一个电源（220V 交流电源），这样有助于前端设备电源管理和提高供电的可靠性（UPS 电源）。如果这个分区或方向有多个摄像机时，可采用手拉手的方式供电。但手拉手的供电方式不适用于设备摄像机比较多的情况。如果摄像机较多，而且位置分散，从中控室的电源可先供到这个区域或方向的比较居中的某个摄像机的控制箱，再由这个控制箱放射性供到其他摄像机。当距离中控室非常远，集中供电不方便时，可采用就近电源为摄像机供电。

摄像机一般有 220V 交流和 12V、24V 直流两种供电方式。在人防工程中，由于通道一般不是很高，所以在这些部位的固定摄像机通常采用小半球，而小半球的摄像机通常采用直流供电，所以需要配 AC/DC；如果是配电动云台的摄像机，也可以从解码器为摄像机供电

（一般解码器都有此功能）。

建议为每个摄像机设置现场设备箱，用于安装 AC/DC、解码器、光端机等设备。摄像机所需要现场设备不多且位置比较近时，几个摄像机可共用现场设备箱。比如，工程口部，可将现场设备箱安装在风机房内，第一道防护门后的摄像机和最里的一道密闭门的摄像机可共用现场设备箱。如果配有安防的其他子系统，还可与其他子系统（如门禁）共用现场设备箱。

9.3 门禁系统

门禁系统是在传统的门锁基础上发展而来的，作为一种新型现代化安全管理系统，门禁系统集自动识别技术和现代安全管理措施为一体，涉及电子、机械、光学、计算机技术、通信技术、生物技术等诸多新技术。门禁系统在建筑物内的主要管理区、出/入口、电梯厅、设备控制中心机房、贵重物品的库房等重要部位的通道口安装门磁、电控锁或控制器、读卡器等控制装置，将这些装置接入门禁控制器，再通过通信总线将门禁控制器连接起来形成一个网络到监控中心，由管理人员在中心控制室进行监控，能够对各通道口的位置、通行对象及通行时间、方向等进行实时控制或设定程序控制，从而实现对出/入口的安全控制。授权人员在其授权范围内通行无阻，在非授权范围禁止通行。门禁系统使任何人在任何时间段内通过任何出/入口进行事先设置、实时监视和事后检查成为现实。它能对所有人员的出入事件进行详细的记录，并有丰富的扩展功能。扩展功能主要包括实时巡更、身份核实、考勤管理和人员定位等。

9.3.1 门禁系统的组成

门禁系统通常由出入凭证、识别仪、门禁控制器、电控锁、其他设备和门禁软件组成。

1）出入凭证。出入凭证是门禁系统开门的“钥匙”，这个“钥匙”在不同的门禁系统中可以是磁卡、IC 卡等各种卡片，密码，或者是指纹、掌纹、虹膜、视网膜、脸面、声音等各种人体生物特征。

2）识别仪。识别仪负责读取出入凭证中的数据信息（或生物特征信息），并将这些信息传输到门禁控制器。

3）门禁控制器。门禁控制器是门禁系统的核心部分，相当于计算机的 CPU，它负责整个系统输入、输出信息的处理、储存和控制等。它验证识别仪输入信息的可靠性，并根据出入法则和管理规则判断其有效性，若有效则对执行部件发出动作信号。

4）电控锁。电控锁是门禁系统中的执行部件。根据门的材料、出门要求等不同可选取不同的锁具。主要有以下几种类型：

①电磁锁：电磁锁属断电开门型锁具，适用于单向的木门、玻璃门、防火门、对开的电动门。

②阳极锁：阳极锁属断电开门型锁具，适用于双向的木门、玻璃门、防火门，它本身带有门磁检测器，可随时检测门的安全状态。

③阴极锁：一般的阴极锁属通电开门型锁具。适用于单向木门。因为停电时阴极锁是锁门的，所以安装阴极锁时一定要配备 UPS 电源。

5）其他设备。包括对出门无限制的情况下安装在门内侧的出门按钮，检测门的开/关状态的门磁，负责对整个门禁系统供电的电源等部分。

6）门禁软件。门禁软件负责门禁系统的监控、管理、查询等工作，监控人员通过门禁软件可对出/入口的状态、门禁控制器的工作状态进行监控管理，并可扩展完成巡更、考勤、人员定位等功能。

门禁系统的一般结构形如图 9-4 所示。在图 9-4 中，出入人员首先在前端输入设备上进行身份识别，如：通过按键输入密码、在读卡器上划卡或出示指纹、掌纹等生物特征。识别设备再将读到的信息送到控制器，由控制器根据系统所存储的数据进行比较处理，发出各种控制命令：对合法出入，控制自动开门器开门；对非法出入，发出报警信号（或与其他报警监控系统联动）。每一次的出入都作为一个事件存储起来，以便进行处理或有选择地输出。对系统参数、人员授权的设置，可通过控制器按钮或系统主机实现。

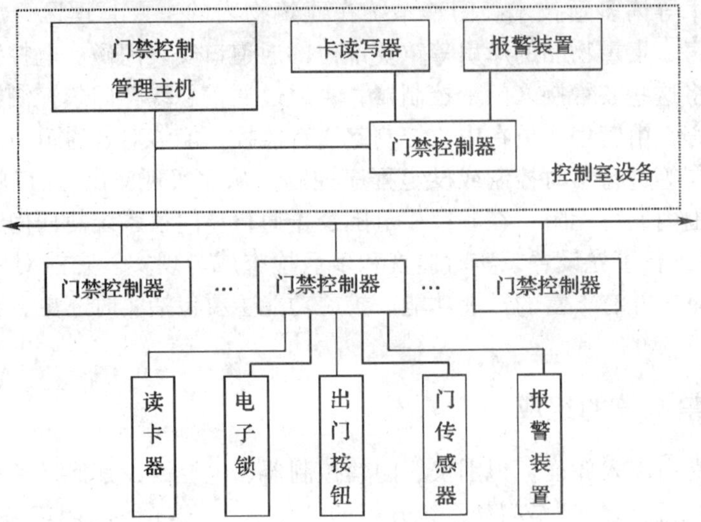

图 9-4　门禁控制系统的基本结构

9.3.2　门禁系统的工作原理

门禁系统应用自动识别技术，对进出人员的出入凭证与门的锁具开闭实现逻辑控制关系。根据出入凭证与识别方式，目前门禁系统工作方式可分为密码识别方式、卡片识别方式、生物识别方式三种。

(1) 密码识别方式的门禁系统原理

这种门禁系统通过检验输入密码是否正确来识别进出权限，在系统前端有一个键盘（通常为 12 键或 16 键），门禁控制器中存储有主管码、主用码、客户码三类密码。不同类型的密码有不同的权限。使用者在进门前需要从键盘上输入密码，门禁控制器通过对键盘传输来的密码与存储的密码进行比较，根据比较结果判断是否开门。这种方式的门禁系统操作方便，无需携带卡片，成本低，但同时也存在着密码容易泄露、没有进出者身份的记录、只能单向控制等明显的缺陷。

为了提高密码识别方式门禁系统的安全性，出现了乱序键盘型门禁系统。这种门禁系统的工作原理与上述普通密码门禁系统一样，但它前端的键盘不是普通键盘，而是一种乱序键盘，键盘上的数字不固定，可以根据设置来不定期自动变化键盘上数字排序，或者在用户键入一组密码后自动随机变换一次数字排序。每个数字的视锥角约为10°，因此仅供一人可视，可以确保用户密码保密。这种门禁系统除了安全性稍高、成本较高外，其他特点与普通密码门禁系统类似。

(2) 卡片识别方式的门禁系统原理

卡片识别方式的门禁系统通过读卡或读卡加密码方式来管理进出权限。这种门禁系统的出入凭证为各类卡片（包括磁卡、接触式 IC 卡、非接触式 IC 卡等），识别仪为相应的读卡器。

磁卡是在符合国际标准的非磁性基片上用树脂粘贴一个磁条而制成的一个卡片。贴在磁卡背面的磁条是一层薄薄的由定向排列的铁性氧化粒子组成的材料（也称为涂料），磁条上共有 3 个磁道，磁道 1、磁道 2 都是只读磁道，磁道 3 是读写磁道。磁条上记录的信息采用调频制编码技术，具有自同步能力。简单地说调频制编码技术就是在每个时钟周期 T 内，磁通至少变化一次。如在每个周期中间产生磁通变化表示逻辑“1”，无磁通变化表示逻辑“0”。在磁卡插入读卡器中时，读卡器将读出的磁条中的信息送入门禁控制器，门禁控制器根据事先设定的出入法则，进行判断、执行和事件记录。磁卡门禁系统成本较低，一人一卡，使用方便，可联微机，可记录开门事件，但磁卡与读卡器之间有磨损，寿命较短，而且磁卡容易被复制，卡内的信息容易因外界磁场而丢失，使卡片无效，因此安全性一般。

接触式 IC 卡是将一个集成电路芯片镶嵌于塑料基片中，封装成卡的形式，其外形与覆盖磁条的磁卡相似。卡片内没有电源，但有存储器，可记录卡片号码、发行商信息，也可记录持卡人的信息，卡片表面有从 C1 到 C8 共 8 个触点。这 8 个触点的功能见表 9-4。使用者在进门前需要将卡片插入读卡器中，读卡器通过触点 C1 和 C5 给卡片提供电源，并从触点 C7 串行读出卡片内信息。读卡器将读取的信息送入门禁控制器，门禁控制器根据法则执行比较判断，根据判断结果控制锁具的开启和闭合。由于 IC 卡不会被磁化，不易复制，因此这种门禁系统的安全性高于磁卡门禁系统。

表 9-4　接触式 IC 卡的触点功能

触点编号	功能	触点编号	功能
C1	Vco（电源电压）	C5	GND（地）
C2	RST（复位信号）	C6	VPP（编程电压）
C3	CLK（时钟）	C7	I/O 数据
C4	保留	C8	保留

非接触式 IC 卡又称为射频卡，与接触式 IC 卡相似，卡内没有电源，有存储器。但非接触式 IC 卡表面没有触点，而是在卡片内增加了一个电感线圈。使用者在进门前将卡片靠近读卡器，电感线圈在读卡器内发射装置的激励下产生微弱电流，保证卡内芯片工作，并以电磁方式将信息返回给读卡器。这种门禁系统的卡片与读写设备之间无接触，开门方便安全，使用寿命长，可联微机，有开门记录，可以实现双向控制，卡片很难被复制，安全性高，是今后门禁系统的发展方向之一。

(3) 生物识别方式的门禁系统原理

生物识别方式的门禁系统是通过检验人体生物特征的方式来进行出入口的控制。研究表明，人的指纹、掌纹、面孔、发音、虹膜、视网膜、骨架等都具有唯一性和稳定性的特征，即每个人的这些特征都与别人不同、且终生不变，因此可据此识别出人的身份。基于这些具有唯一性的特征，出现了指纹识别、面部识别、发音识别等多种生物识别技术，其中的指纹识别技术是生物识别技术的热点。这里就以指纹识别为例，讲述其工作原理。指纹识别技术主要涉及四个功能：读取指纹图像、提取特征、保存数据和比对。首先，通过指纹读取设备读取人体指纹的图像，之后对原始图像进行初步的处理，使之更清晰，如图 9-5 所示。

图 9-5 指纹特征示意图

指纹特征包括纹形（环形、弓形、螺旋形）、特征点的类型（Crossover 交叉、Core 核、Bifurcation 分叉、Edge Ending 脊断点、Island 岛形区域、Delta 三角形区域、Pore 孔）、方向、曲率、位置等。辨识软件从指纹上找出被称为“节点”（Minutiae）的数据点，也就是指纹纹路的分叉、终止或打圈处的坐标位置。接下来辨识软件建立指纹的数字表示——特征数据，这种单向转换将指纹转换成唯一的特征数据。这些节点同时具有七种以上的唯一性特征。由于通常手指上平均具有 70 个节点，所以这种方法会产生大约 490 个数据。这些数据通常称为模板，保存为 1kbps 的记录。最后，通过计算机模糊比较的方法，把现场提取的指纹模板和事先已经存储于数据库的指纹模板进行比较，计算出它们的相似程度，最终得到两个指纹的匹配结果。

20 世纪 80 年代，随着个人电脑、光学扫描这两项技术的革新读取指纹图像的工具成为现实，90 年代后期，低价位取像设备的引入和发展以及可靠的比对算法的发明为指纹识别的应用提供了条件，这些条件极大地促进了指纹门禁系统的应用和推广。

其他方式的生物识别原理与指纹识别相似，都是通过建立特征数据来实现识别功能。

由于生物特征具有确定性和唯一性，终身携带，不会遗失、不可复制，其他介质无法取代的优点，因此，利用生物识别技术的门禁系统从识别角度来说安全性极好，可靠性高，但成本很高，对环境的要求也较高，对使用者要求高（比如指纹不能划伤，眼不能红肿出血，脸上不能有伤，或胡子的多少），使用不方便（比如虹膜型的和面部识别型的门禁设备，安装高度位置一定，但使用者的身高却各不相同）。

9.3.3 人防工程门禁系统的设计

新建的重要人防工程应在工程的主要出入口、通道和重要的功能房间设置门禁系统。根据这一总体要求，可在人防工程的以下部位设置门禁装置：

1）最里面一道密闭门。从安全的角度应在最外面的防护门上安装门禁装置，但由于防护门太重，开启不方便，所以在和平时期的维护保养过程中，往往通过开关密闭门来控制人员出入和实现通风的控制。另一个理由是，根据人防工程视频监控系统的设计要求，在最里面一道密闭门的通道内一般应安装摄像机，门禁系统结合视频监控系统可以起到更好的安全防范作用。密闭门一般是单门，所以只需要配单锁进行控制。主要出入口密闭门的门禁装置应在门内外分别设置读卡器，实现出入的双向控制。

根据三种通风方式转换的要求，在战争时期对密闭门的开关是有要求的，所以门禁系统还应与设备监控系统进行集成，以便实现各种运行状态下门的控制要求。

2）主要通道。在人防工程中，根据防火规范要求，将工程分成多个防火分区，在主要通道上一般都设置一定数量的防火门。可以根据人防工程的功能分区要求，在适当的防火门上安装门禁装置来实现分区之间的人员出入控制。如通过首长休息区通道的防火门、功能区的防火门、通信保障区的防火门上的门禁装置，可以对出入这些重要分区的人员情况进行有效管理和控制。

3）重要功能房间。在特别重要的、涉及到工程安全和人防体系安全的功能房间可设置门禁装置，如人防工程的中控室、功能大厅、保密档案室等房间。

9.4 入侵报警监控系统

入侵报警是指用来探测入侵者的移动或其他行动的报警系统。当系统运行时，只要有入侵行为的出现，就能发出报警信号。

9.4.1 入侵报警系统组成

入侵报警系统的结构如图9-6所示。

图9-6 入侵报警系统的结构示意图

（1）探测器

探测器通常由传感器和信号处理器组成，有些简单的探测器只有传感器，没有信号处理器。传感器是探测器的核心部分，它是一种物理量的转换装置，在入侵探测器中，传感器把测到的物理量压力、位移、震动、温度、声音、光强等转化成一种容易处理的电量，如电流、电压、电阻、电容等。

探测器常使用的传感器有以下几种类型：

1）开关传感器。它是一种简单、可靠的传感器，也是一种最廉价的传感器，广泛应用在安防技术中，它将压力、磁、声或位移等物理量转化成一个开关信号，故称为开关传感器。

2）压力传感器。它把传感器上受到的压力变化转换成相应的电量，进行放大处理成探测电信号。

3）声传感器。把声信号（例如说话、走动、打碎玻璃、锯钢筋等）转换成一定电量的传感器，都称为声传感器。

声音是一种机械波，声音的传播是机械波在媒质中传播的过程。频率在 20～20000Hz 的声波，人耳能接收到，称为可闻波。频率低于 20Hz，人耳听不到的声波称为次声波。频率高于 20000Hz 的声波称为超声波。

4）光电传感器。它是一种将可见光转换成某种电量的传感器。光敏二极管是最常见的光电传感器。光敏二极管的外形与一般二极管一样，只是它的管壳上开有一个嵌着玻璃的窗口，以便于光线射入，为增加受光面积，PN 结的面积做得较大。光敏二极管工作在反向偏置的工作状态下，并与负载电阻相串联。

光敏三极管除了具有光敏二极管能将光信号转换成电信号的功能外，还有对电信号放大的功能。

5）热电传感器。这是一种将热量变化转换成电量变化的一种能量转换器件。热释电红外线元件是一种典型的热电传感器。一般的热释电材料为 LITaO3，当受到红外线的照射，热释电材料的温度发生变化，同时其表面电荷也会产生变化。当以 LITaO3 为代表的热释电材料处于自极化状态时，吸收红外线入射波后，结晶的表面温度改变，自极化也发生改变，结晶表面的电荷变得不平衡，把这种不平衡电荷的电压变化取出来，便可测出红外线。热释电材料只有在温度变化时才产生电压，如果红外线一直照射，则没有不平衡电压。一旦无红外线照射时，结晶表面电荷就处于不平衡状态，从而输出电压。

6）电磁感应传感器。电磁场也是物质存在的一种形式。电磁场的运动规律由麦克斯韦尔方程组来表示。根据麦克斯韦尔理论，当入侵者入侵防范区域，使原先防范区域内电磁场的分布发生变化，这种变化可能引起空间电场的变化，电场畸变传感器就是利用了这种特性。同时，入侵者的入侵也可能使空间电容发生变化，电容变化传感器就是利用这种特性制作成的传感器。

（2）信道

信道是探测器将探测到的信号传到控制器或控制器将各种处理信号传送到控制室的信息传输通道。信道的种类较多，通常分有线信道和无线信道。有线信道是指通过双绞线、电话线、电缆或光缆等线缆进行信息传输的通道。无线信道则是将电信号先调制到专用的无线电频道由发送天线发出，控制器或控制中心的无线接收机将空中的无线电波接收下来后，解调还原出控制报警信号。

（3）控制器

报警控制器由信号处理和报警装置组成。报警信号处理是对信道中传来的探测电信号进行处理，判断出电信号中“有”或“无”情况，并输出相应的判断信号。若探测电信号中含有入侵者的入侵信号时，则信号处理器发出告警信号，报警装置发出声或光报警，引起防范工作人员的警觉。反之，若探测电信号中无入侵者的入侵信号，则信号处理器送出“无情况”的信号，则报警器停止发送声光报警信号。

（4）控制中心（报警中心）

通常为了实现区域性的防范，可把几个需要防范的小区域的入侵报警系统联网到一个报警中心，一旦出现报警信号，可以集中力量处理某个入侵事件。各个区域的报警控制器信号，通过电话线、电缆、光缆或用无线电波传到控制中心，同样控制中心的命令或指令也能回送到各区域的报警值班室，以加强防范的力度。控制中心通常设在工程的值班室。

9.4.2 入侵报警系统的设计

入侵报警系统是安防工程中很重要的系统，该系统的设计应遵循相应的国家规范和行业规范。

（1）系统设计的一般要求

1）入侵报警系统应由入侵探测器、传输系统、控制设备组成，并应附加音、像（或两者之一）复核装置（监听装置）。

2）入侵报警系统在系统受到入侵时应具备相应的声、光报警功能，具有用于指挥调动处警力量的通信手段，其防范能力应与设计任务书的要求相一致。

3）入侵报警系统的设计，必须按国家现行的有关规定进行，必须结合实体防护系统和接处警力量的情况设计。

4）入侵报警系统设计，应在现场勘察的基础上进行。

5）设备及线路敷设方式的选择应符合防范要求，满足使用环境条件，并有合适的性价比。

6）所选用设备、器材均必须为符合国家有关技术标准和安全标准，并经过国家指定检测中心检验合格的产品；进口设备、器材至少应有商检合格证书。

7）系统设计应考虑到系统进一步发展的可能性，应有利于系统规模的扩充及新技术的引用。

8）系统应考虑安装方便、配置方便、使用方便。

9）系统自身安全性、保密性要强。

（2）探测器的安装设计

1）探测器的安装设计应遵循的基本原则：

①在防护区域内，入侵探测器盲区边缘与防护目标间的距离应大于等于5m。

②探测器的作用距离、覆盖面积，一般应留有25%～30%的余量，应能通过灵敏度调整进行调节。

③设防部位的探测应满足以下条件：防护区域内无盲区；探测灵敏度满足防范要求；在交叉覆盖时应避免相互干扰。

④重点防护目标或部位宜实施多层次防护（如室外周界、室内空间、重点防护目标或者部位本身三层防护）。

⑤有报警联动的摄像机或照相机的防范区域，应设置与探测同步的照明系统。

⑥安装设计应避免各种可能的干扰。

2）常见入侵报警设防措施：

①栅栏加电场线感应式探测器组成的周界防护系统。

②砖墙上加栅栏结构，配置电场线感应式探测器组成的周界防护系统。

③以主动红外入侵探测器、阻挡式微波探测器、电动式震动（地音）探测器或埋入式泄漏电缆探测器等组成的无屏障周界防护系统。

④玻璃破碎探测器组成的室内周界探测系统。

⑤磁控开关与门、窗组成的室内周界探测系统。

⑥各种微动开关构成的具体保护目标探测装置。

⑦通道安装的压力探测装置。

⑧控制空间某一区域的各种入侵移动探测装置。

⑨固定或移动式紧急报警装置。

⑩视频报警装置。

⑪ 出入口控制装置。

(3) 传输方式的选择与布线设计

1）传输方式的选择要点。

①传输方式必须能快捷、准确地传输探测信号，而且应性能稳定，受环境影响小，并具有防破坏能力。

②传输方式的确定取决于报警系统中警戒点分布、传输距离、环境条件、系统性能要求及信息容量等因素。

③可靠性要求高的系统或布线便利的工程，应优先选用有线传输方式，最好是选用专用线传输。

④布线困难的情况，可考虑采用无线传输方式，但要注意选用抗干扰能力强的设备。

⑤报警网的主干线（特别是借用公共电话网构成的区域报警网）及防护级别高的系统（如金融、文物单位等），宜采用以有线传输为主、无线传输为辅的双重报警传输方式，并配以必要的有线、无线转接装置。

2）专用线入侵报警系统的布线设计。

①基本原则：一是系统布线设计应符合现行国家标准《工业企业通信设计规范》GBJ 42－81 中的要求及国家现行的有关规定和规范。二是前端探测器的信号线一般应全部采用铜芯屏蔽线。三是信号传输线路耐压应不低于交流 250V，线芯截面大小除了应满足系统的技术要求外，还应满足机械强度的要求。四是探测器的电源供电线路，应采用耐压不低于交流 500V 的铜芯绝缘多股电线或电缆，供电距离大于 50m 以上距离的电源线，所选用线径应不小于 $\phi 0.75$mm。五是路径选择应以美观、施工维护方便为原则，走线路径应尽量短捷，安全可靠。六是尽量隐蔽，防止被破坏。七是强电、弱电一般应分开敷设。

②室内布线设计：

- 室内线路敷设应符合《建筑电气设计技术规程》JBJ 16－83 的有关规定。
- 室内布线一般应采用金属管、硬质或半硬质塑料管、塑料线槽等，探测器信号线优先选用金属管。
- 布线使用的非金属管材、线槽及附件应采用不燃或阻燃性材料制成。
- 选用的管线内截面应至少留有 1/3 的余量，线槽的内截面应至少留有 1/3 的余量。
- 探测器至接线盒或管线间的连线应加金属软管予以保护。
- 信号线路暗敷时，不能与照明线、电力线同管（或同槽）、同出线盒、同连接箱。

● 报警系统线路的电缆竖井宜与强电电缆的竖井分别设置，如受条件限制必须合用时，报警系统线路和强电线路应分别布置在竖井两侧。

③室外布线设计：

● 室外线路敷设可采用如下方式：

架空式：线路路径上有可利用的线杆时可考虑采用架空敷设方式。

管道式：线路路径上有可利用的管道时可优先考虑采用管道敷设方式。

直埋式：线路路径上没有管道也不便立杆，可采用直埋敷设方式。

壁挂式：线路路径上有建筑物可利用时可考虑采用墙壁固定敷设方式。

● 架空敷设时，同共杆架设的电力线（1kV以下）的间距不应小于1.5m，同广播线的间距不应小于1m，同通信线的间距不应小于0.6m。

● 直埋式引出地面的出线口，应尽量选在隐蔽地点，并宜在出口处设置从地面计算高度不低于3m的出线防护钢管，且周围5m内不应有易攀登的物体。

● 电缆线路由建筑物引出时，应尽量避开避雷针的引下线，不能避开处两者平行距离应大于等于1.5m，交叉间距应大于等于1m，并应尽量防止长距离平行布线。在不能满足上述要求时，可在间距过近处的电缆外面加缠铜皮屏蔽，屏蔽层要有良好的就近接地装置。

● 在中心控制室电缆汇集处，宜对每根入室电缆在接线架上加装避雷装置。

3）无线传输系统设计。

①传输频率必须经过国家无线电管理委员会批准。

国家无线电管理委员会分配给报警系统专用的无线传输频率有：

第一组 36.050MHz　36.075MHz　36.125MHz；

第二组 36.350MHz　36.375MHz　36.425MHz；

第三组 36.650MHz　36.675MHz　36.725MHz。

1999年1月1日起新增入侵报警专用的微功率无线传输频率有：

315.0～316.0MHz；

430.0～432.0MHz。

除了对频率的限定外，对无线设备的功率也有相应的要求，限定无线报警控制设备所发射的电场强度在距离设备3m处不得超过6000μV/m。

②发射功率限制在1W以内，经批准最大发射功率不超过15W。

③当探测器进入报警状态时，发射机应立即发出报警信号，并应具有在间隔预先设定的时间周期后重复发出报警信号的功能。

④控制器宜具有同时接收处理多路报警信号的功能，不应产生漏报警。

⑤宜具有自检和对使用信道进行监视的功能，当出现连续阻塞信号或干扰信号的持续时间超过30s，足以妨碍正常接收报警信号时，接收端应有故障信号显示。

⑥接收机安装位置应由现场试验确定，以保证接收到防范区域内任意发射机发出的报警信号。

⑦固定安装的无线报警发射机，应具有防拆报警和防止人为破坏的实体保护壳体。

⑧固定安装的无线报警发射机，应有电源欠压指示，当其电源工作在欠压状态时，应发射一个故障信号给中心控制室的接收机，以便及时更换发射机的电源。

⑨发射机使用的电池应保证有效使用时间不少于6个月，在发出欠压报警信号后，电源应能支持发射机正常工作7d。

9.5 停车场管理系统

根据建筑设计规范，大型建筑必须设置汽车停车场，以满足交通组织需要，保障车辆安全，方便公共使用。特别是人防工程，更需要考虑停车场（车库）的设计，平时可以用于民用车辆停放，战时可以作为交通工具安全隐蔽的重要场所，尽可能保障战时交通工具的完好。对于一般办公用建筑，按建筑面积计每1万m^2需设置50辆小型汽车停车位；住宅为每100户需设置20个停车位；对于商业建筑，则按营业面积计每1000m^2需设置10个停车位。

现代化建筑物通常设有停车场，需要有效的停车管理。一般在车位超过50个时，需设停车场管理系统（Parking Management System）。因此，停车场管理系统作为智能建筑的一个新型子系统，而被纳入智能化系统。

9.5.1 停车场管理系统工作方式

(1) 停车场指示

车辆接近各入口站时，先见到停车场指示标志、停车场剩余车位。停车数未达设定满车数时，允许车辆进场停车；停车数达到设定满车数时，入口车道前的满车灯点亮，指示车辆不要再进入，入口控制设备停止动作。设定满车数，可由操作人员通过中央计算机加以调整。

(2) 停车场出入口控制

车辆驶入停车场入口车道，驾驶人员可选择使用月票或计时停车方式，当自动发票机位于地面下的车辆探测器感应到车辆时，自动发出“请取票，谢谢”的声音，此时，印有入场序号、入场时间（年、月、日、时、分）的票券自动或经按钮发放，并将信号传至中央计算机，驾驶员取下票券，自动闸门将开启，车辆通过后，闸门车辆探测器的感应线圈再启动闸门关闭，以阻止下一辆车进入。停车场的停车数自动加1，各入口处可不需要工作人员，完全实现自动操作。

(3) 收费管理

车辆进场、出场，除依照进、出场的行车路线行驶外，其付费方式主要分月票（月租卡）和时租卡（临时卡），两种方式管理主要过程如下：

1) 月租卡管理。

①月卡发行。车主到主控室登记，领取卡片（感应卡），并根据车场规定交纳押金和月租费，同时在电脑中记录车辆的资料和车主的资料。

②入口操作：

- 驾车人士持有月租卡（感应卡），进入车场时，将感应卡在读卡器天线前出示；
- 读卡器读取卡片资料，并判断卡片是否有效；
- 如卡片有效，则开启车闸，并记录进场时间，同时将卡片资料送到主控台，主控台电脑可显示车辆的资料；
- 车辆进场后，自动关闭车闸；
- 如卡片无效，车闸不开启，驾车人士可以和值班员通过对讲系统联系，由值班员处理。

③出口操作：

- 出车场时，驾车者将感应卡在出口读卡器天线前出示；
- 读卡器读取卡片资料，并判断卡片是否有效；
- 如卡片有效，则开启车闸，并记录离场时间；
- 待车辆离场后，自动关闭车闸。

④卡片管理：

- 挂失：当卡片遗失后，车主可向管理处挂失，并领取新卡，原卡作废；
- 租金：车主应定期交纳车场租金，如超过时间还未交纳租金，车辆每次出场时，系统自动向管理员提示应向车主收费。

2）时租卡管理。

①入口操作：

- 驾车人士进入车场时，到发卡箱前按发卡键，卡箱自动吐出一张临时卡，车主取出卡片；
- 将卡在读卡器前出示，车闸自动开启；
- 读卡器读取临时卡资料，并提示操作员记录车辆的类型和车牌号（或自动通过摄像系统录下车辆照片），同时自动记录进入时间；
- 车辆进场后，自动关闭车闸。

②出口操作：

- 车辆离场时，驾车者在收费亭将临时卡在读卡器前出示或交给管理员将卡片在读卡器前出示；
- 感应器读取卡号，记录出场时间，由电脑计算停车费用，并由显示屏显示出来（同时通过摄像系统对车辆拍照，并可和进场资料对比，如有问题管理员马上拦截车辆）；
- 驾车者交费，并将卡片交还管理员；
- 收费后，电脑自动开启车闸，让车辆出场，电脑记录收费情况；
- 待车辆离场后，自动车闸关闭；
- 管理员应将卡片回收后定期将卡片还回到发卡箱中。

9.5.2 停车场管理系统设计

（1）停车场管理系统的设计原则

停车场设计主要有以下几个原则：

1）先进性。系统必须采用先进的技术和设备，这一方面反映了系统所具有的先进水平，另一方面又使得系统具有强大的发展潜力。同时，由于本系统是一实际使用的工程，因此其技术和设备又必须是相对成熟的。所以，在投资费用许可的情况下应当充分利用现代最新技术、最可靠的成果，以便该系统在尽可能长的时间内与社会发展相适应。从长期的观点考虑，这也是最经济的。

2）可靠性。必须考虑采用成熟的技术与产品，在设备选型和系统的设计中都尽量减少故障的发生。

3）可维护性。可维护性是当今应用系统成功与否的很重要的因素。这里的可维护性包含二层含义：一是易于故障的排除；二是日常管理操作简便。

4）安全性。系统运作设计必须规范，保证系统自身的安全和管理人员的安全。因此，对系统安全的考虑，应当足够重视，必须采取多种手段防止各种形式与途径的损失。

5）整体性。系统的整体性，涉及方方面面，对于本系统这样的工程必须对这些因素统筹考虑，以构成一个有机的综合管理系统。

6）应用性。设计本系统，应首先考虑能满足停车场功能要求和实际应用的需要，同时考虑司机出入的方便与安全。

7）开放性。为保证各供应商产品的协同运行，同时考虑到投资者的长远利益，本系统必须是开放系统，并结合相关的国际标准或工业标准执行。

8）可扩充性。本系统考虑今后发展的需要，必须具有在系统产品系列、容量与处理能力等方面的扩充与换代的可能。这种扩充不仅充分保护了原有投资，而且具有较高的综合性能价格比。

9）规范性。由于本系统是一个综合性系统，在系统设计和建设初期应着手参考各方面的标准与规范，并且应遵从该规范各项技术规定，做好系统的标准化设计与管理工作。

（2）停车场管理系统构成

一般设计的停车场管理系统的基本构成如图 9-7 所示。

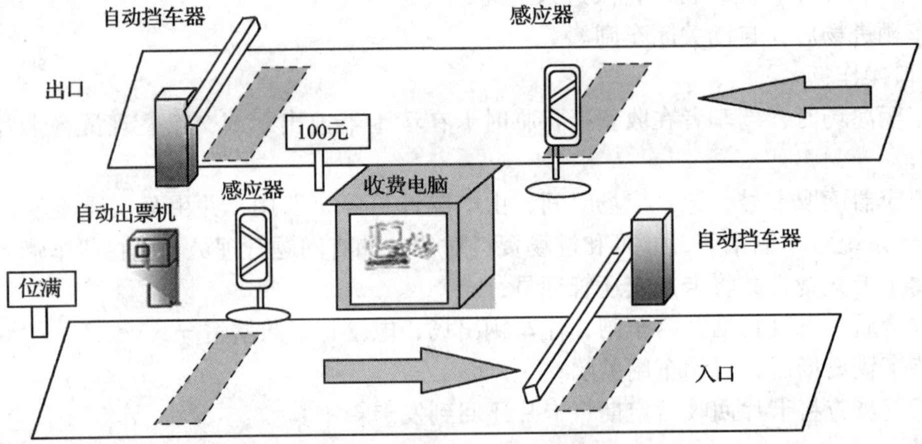

图 9-7　停车场管理系统构成图

（3）停车场管理系统主要组件设计

1）自动发卡箱。

①发卡箱和地感线圈配合起来工作；

②车辆压在地感线圈上时，按发卡箱的红色按钮，卡箱可吐出一张感应卡，如没有车辆，按发卡按钮不吐卡；

③如发卡箱无卡，管理员应及时将临时卡补充到卡箱中；

④管理员可通过对讲提示司机如何操作；

⑤采用定制外壳，防水、防锈、防撞，外形美观。

2）感应器。

①感应器包括天线、感应处理模块、控制模块、控制箱、专用电源；

②在车辆经过感应器天线时，地感被触发，同时启动天线工作；

③车主持卡在天线1~2m范围以内，出示卡片，天线即可读取卡片资料，并将资料送给感应处理模块，再传给电脑处理；

④电脑判断卡片的合法性后，将开闸或关闸指令传给控制模块，由控制模块输出继电器信号，从而将车闸开启关闭。

3）自动道闸。

①采用性能优异的低速免维护电机，无机械或液压减速机构，可有效地减小磨损和功耗，最大限度地延长车闸使用寿命；

②配合地感线圈工作，具备防砸车自动检测功能，保证车辆安全通过，当栏杆下落时，如有车辆通行，栏杆立即抬起，当车辆通过后，栏杆自动落下，可有效避免砸车；

③车过后，车闸才关闭。车闸还可以用手控开关由管理员控制，管理灵活方便。可配红外开关无线控制。

4）收费显示屏。

①如司机使用临时卡，在收费亭缴费时将卡片在感应器前出示，收费显示屏即会清楚地显示须收金额，防止人为计算误差；

②采用超亮LED显示，不锈钢外壳包边。

5）收费电脑。

①收费亭设一台工业控制电脑，监视控制车辆出入情况，记录出入车辆的车牌和车型，并收取临时停车费；

②电脑可和网络相连，实现数据共享。

6）车位显示。

在车场入口，由电脑控制，显示当前车场车位情况："空"、"满"、"当前车位数量"。

7）主控中心。

①主控室中心设网络服务器，作用是：卡片发行、收取月租费、监控车辆收费情况、及时了解车场状况和收入情况；

②可打印各类统计报表、实现财务监控。

（4）停车场管理系统配置

1）入口设备。

①自动发卡箱：发卡箱箱体（电源），发卡机构，地感应模块，地感应线圈，提示对讲。

②自动车闸：挡车栏杆2.5m（长度可选），箱体（电源，控制机构），控制主板（自动落闸，防砸车功能），地感应模块，地感应线圈。

③入口感应器：感应器控制模块，感应天线，感应距离1~2m，控制箱（供应电源，防水设计）。

④停车场满车位显示：位满显示，当车场位满时灯亮。

2）出口设备。

①自动车闸：挡车栏杆2.5m（长度可选），箱体（电源，控制机构），控制主板（自动落闸，防砸车功能），地感应模块，地感应线圈。

②出口感应器：感应器控制模块，感应天线，防水设计，感应距离1~2m；地感应模块；地感应线圈，控制箱（供应电源，防水设计）。

3）收费亭设备。

①收费电脑：工控机 P4 2.4GHz/256M RAM /80G HD/15″；网卡：3C905 10/100M；S422 通信卡；视频采集卡（可选）。

②UPS 不间断电源。

③车闸手控开关。

④电源控制箱，12V 稳压电源。

⑤收费显示屏。

（5）停车场管理系统设备清单

表 9-5 为一进一出停车场设备清单。

表 9-5 一进一出停车场设备清单

序号	产品名称	产品规格型号	产地	数量	单位
1	自动道闸	Highfulway	深圳	2	台
	含地感模块、地埋线圈				
2	感应控制器			2	套
	感应天线	RI－ANTI－GO4E	英国	2	个
	感应处理模块	PM－3000	台湾	2	个
	地感模块、地埋线圈		美国	2	个
	防水箱		台湾	2	套
	固定支架、防水箱基座	不锈钢	深圳	2	套
	天线线缆		上海	5	m
3	收费亭设备				
	工业控制主机			1	台
	不间断电源	APC 1500VA		1	台
	打印机	HP5700		1	台
4	通信卡	RS102	台湾	1	片
5	停车引导指示牌	定制	深圳	1	个
6	收费显示牌	定制	深圳	1	个
7	停车场管理软件	Windows 版本		1	套
8	自动发卡箱			1	套
	含地感模块、地埋线圈				
	双向对讲				

9.6 安全防范系统设计实例

安全防范系统是在人防工程中起着重要的作用，可以保护有关人员、财物安全的重要设施，必须遵照国家有关安全防范规定进行设计。

9.6.1 设计要点

安防系统设计的要点如下：

1）设计时必须和建筑、结构、空调专业人员密切配合，取得有关建筑物的建筑图样资料及暖通空调、给排水设计资料，并和安防专业人员密切配合。

2）设计时必须根据有关标准进行，按照建筑物使用性质确定安全防范等级，采取相应的安全防范措施。

3）安防系统应按工艺性质、机密程度、警戒管理方式等因素组成独立系统，宜设专用控制室。无特殊要求时，亦可与火灾报警系统合并组成综合型报警系统。

4）安防系统的探测、遥控等装置宜采用具有两种传感功能组成的复合式报警装置，以提高系统的可靠性和灵敏度。

5）入侵报警系统的警戒触发装置应考虑自动和手动两种方式，在建筑物内安装时应注意隐蔽和保密性。

6）特别重要的场所，如自选商场和大型百货商场的营业厅，安防系统中应有视频监控和自动长时间录像装置、自动顺序图像切换显示装置及手动控制录像装置等。有条件时，可装备远红外等微光摄像机。

7）安防系统的布线宜采用钢管暗敷设。若采用明管敷设，敷设路由应隐蔽在可靠、不易被人发现和接近的地方。管线敷设一般不能与其他不同系统的管路、线槽或电缆合用。在室外应有抗雷电干扰措施和在自然环境下工作的能力。

8）安防系统的电源应有主电源和蓄电池备用电源，供电负荷等级应符合规范的规定。

9）出入口控制、视频监控及入侵报警系统等应与人防工程设备监控系统进行系统集成，组成综合性的系统，便于各种功能相互配合。

9.6.2 设计实例

某掘开式人防工程，有1号到3号共3个出入口，其中1号为主要出入口，3号为次要出入口，2号为与车库的连通口，工程内部设有完备的人防工程的功能体系要素。为了加强安全防范和提高自动化管理的水平，拟设视频监控和门禁控制两个子系统。要求采用硬盘录像系统实现，并设置独立的门禁管理主机。

(1) 系统要求

1）在出入口、通道及重要设备和功能房间等关系工程和设备安全的位置安装摄像机，向监控中心提供实时现场信息，同时监控中心可自动进行录像，录下报警时的现场状况，供分析时使用。应达到重要地点无死角，具有报警联动功能。

2）在工程内设一个视频监控中心（与设备监控和消防监控合用），在内部局域网上经过授权的用户可调看系统图像。

3）采用彩色摄像机，水平清晰度不低于420线。

4）照度不低于0.1lx，系统在低照度使用时，监视画面应达到可用图像。

5）在口部、通道及主要功能房间，设置门禁系统。在中央控制室设置门禁系统主机，对出入口进行管理。

（2）图像监控点配置

1）1号及3号口的口外场地各设一台快球；

2）1~3号口的第一道防护门后各设一台固定摄像机；

3）1~3号口的最里面的一道密闭门后的通道上各设一台固定摄像机；

4）两个空调机房各设一台活动枪机；

5）电站机房设两台活动枪机；

6）配电房设一台活动半球（快球）；

7）功能大厅外通道的两个方向各设一台固定半球；

8）控制室设一台活动半球（快球）。

（3）门禁点配置

1）1~3号口的最里面的密闭门设双向门禁（MJ01~MJ03）；

2）功能大厅的两个门设单向进门门禁（MJ04~MJ05）；

3）生活区至功能区通道的防火门上设单向门禁（MJ06）；

4）生活区至通信区通道的防火门上设单向门禁（MJ07）；

5）值班控制室设单向门禁（MJ08）；

6）配电室设单向门禁（MJ09）；

7）档案室设单向门禁（MJ10）。

（4）信号传输及前端设备的电源控制方式

1）信号传输方式。视频监控系统的信号可分为：控制信号及视频信号两种。视频信号采用同轴电缆传输方式，采用的电缆为SYV－75－7型。控制信号通过RS485网络传输，网络线采用屏蔽双绞线1.0m^2。

2）前端设备的供电方式。本设计因主控室到前端设备的传输距离远，故采用交流供电方式，在前端设备附近用变换器。

该工程部分用电负荷为一级负荷，设有两路220/380V电源，可保证视频监控、门禁等用电的双电源要求，另设UPS。

（5）系统图及设备清单

视频监控系统的系统图如图9-8所示，设备清单如表9-6所示。

表9-6 视频监控系统设备清单

序号	设备名称	型　号	数量	备　注
1	嵌入式数字硬盘录像主机	POS－Watch PRO	1	包括显示器
2	控制器	POS－Watch专用	1	
3	一体化快球（吊装）	PELCO SPECTIII	2	

续表 9-6

序号	设备名称	型　号	数量	备　注
4	活动半球（吸顶）	PELCO SPECTIII	2	
5	固定半球（吸顶）	PELCO CC3651H2	8	配亚安护罩
6	活动枪机	HoneyWell 755	4	配相应的云台及护罩、解码器

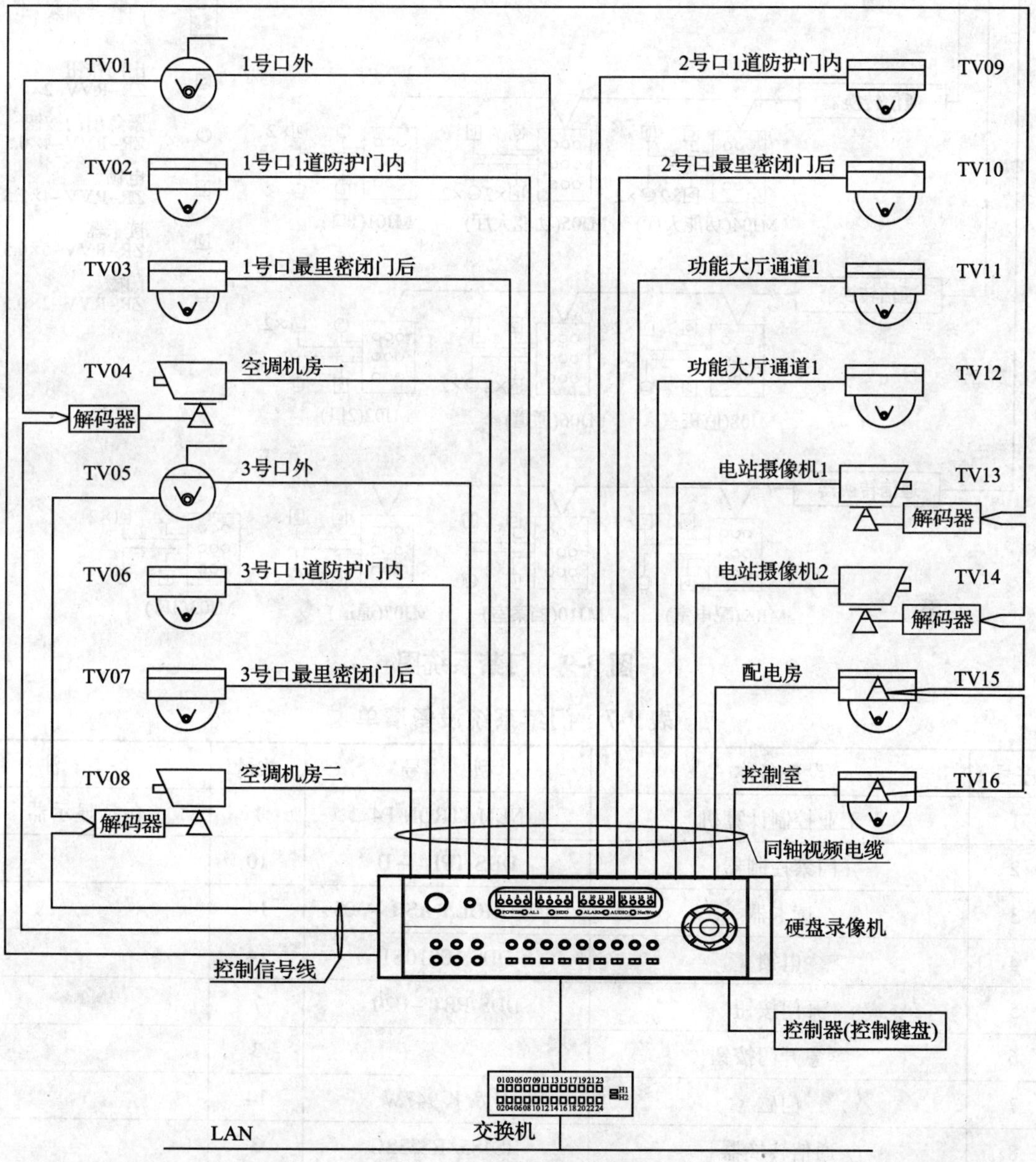

图 9-8　视频监控系统图

门禁系统的系统图如图9-9所示，设备清单如表9-7所示。

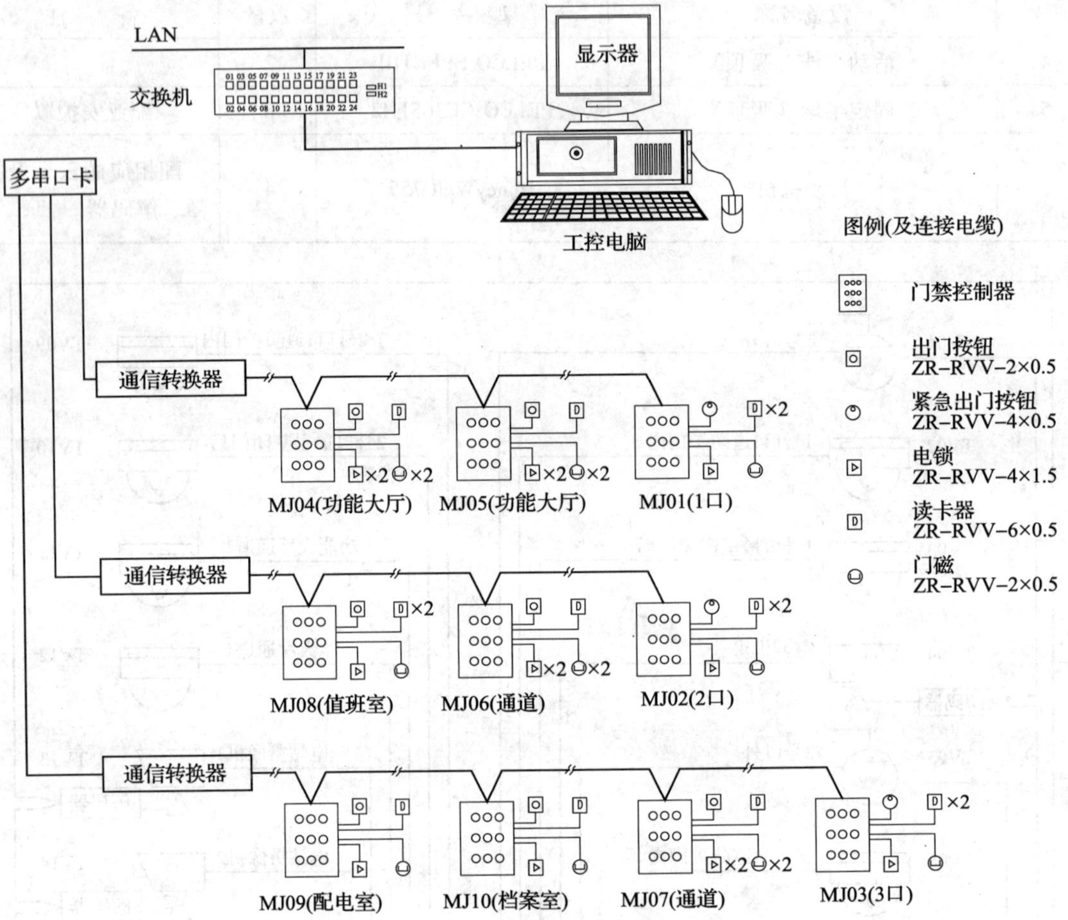

图9-9 门禁系统图

表9-7 门禁系统设备清单

序号	设备名称	型 号	数量	备 注
1	工业控制计算机	NEMATRON P4	1	包括显示器
2	门禁控制器	DDS TPL4 – D	10	
3	读卡器	MOTOROLA ASR – 503	14	
4	电锁	DDS 10010ST	14	
5	开门按钮	DDS PBT – 020	7	
6	紧急开门按钮		3	
7	门磁	C & K 947W	14	
8	通信转换器	RS485/RS232C	3	
9	多串口卡	PCI – RS232	1	

10 智能化系统软件及系统集成

在智能化系统中，设备监控系统是基础，是智能化系统发挥节能、节省人力作用的一个关键手段，所以本章首先介绍设备监控系统软件，再介绍系统的集成及系统管理层软件。

10.1 设备监控系统软件

10.1.1 设备监控系统的软件功能

顾名思义，设备监控系统就是实现设备监视和控制的系统。而设备监控系统的功能又是通过监控系统的软件来实现的。除了具有民用智能建筑中设备监控系统的一般功能外，人防工程的设备监控系统还有三防通风方式切换和显示及空气品质监测两项功能。

1）流程图显示功能。系统提供生动的流程画面来仿真工程中的风、水、电等系统，使工程值班人员通过计算机界面就能对整个工程的各种设备运行情况一览无余。

2）远程控制功能。值班人员可在画面上通过点击鼠标完成启停风机、除湿机、发电机组、水泵以及开关电动密闭阀门等操作。

3）三防通风方式切换及显示功能。根据三防报警主机传来的毒剂或射线报警信号，设备监控系统应能自动实现三防转换，同时也应支持基于鼠标点击或控制台按钮操作的手动三防切换，确保在工程没有配置三防报警主机的情况下，值班人员能够根据现场情况实现清洁、滤毒、隔绝三种方式间的切换，切换过程快速、准确、安全。在切换相关的设备工作的同时，计算机将指令发送到三防信号显示屏，显示当前通风方式。

4）空气品质监测功能。系统在重要位置（如功能大厅、总控制室、三防值班室等）设置了温湿度及 CO_2 传感器，值班人员能通过监控主机画面，随时了解各个位置的空气品质情况。

5）实时及历史曲线功能。能以曲线的形式显示实时或历史数据的变化趋势。

6）事件记录功能。系统能准确记录用户对设备的操作事件，如何时启停风机，何时关闭阀门等。

7）故障分析功能。用户可结合事件日志、历史曲线、数据报表等手段分析出设备故障发生的时间及原因。

8）数据报表功能。用户可任意选择参数查询其在任意时间段的数据，并能以表格的形式显示和打印输出。

9）安全功能。系统设置有不同级别的用户，低级别的用户（Guest）只能监视不能进行控制操作，而高级别的用户可执行系统的所有操作。

10）与其他子系统的联动。例如与火灾报警系统的联动，当有火警信号时，监控软件自动开启防护密闭门，强制停止空调系统等。

10.1.2 监控软件的实现方法

智能化系统监控软件的实现方法主要有直接开发法和组态法两种方式。

(1) 直接开发法

直接开发法是利用编程工具（如 Visual Basic、Visual C + + 和 VS. Net 等）结合具体的工程应用直接开发符合实际需要的监控软件。在20世纪90年代，这种方法用得较为普遍。这种方法要求编写大量的源程序的代码，通用的图形和符号（如设备符号、实时历史曲线等）都需通过编程实现，对开发人员的要求较高，而且软件投运后的维护也极为不便。直接开发的方法开发出的软件很难做到通用性，也就是针对某一工程开发的监控软件很难直接用于另一个工程，因此直接开发法是一种耗时、耗力而且开发的软件的可靠性较难保证的方法。目前这种方法已经很少采用。

(2) 组态法

目前智能化系统监控软件的主流开发手段是采用工业控制组态软件。自20世纪80年代初期诞生至今，组态软件已有20多年的发展历史。组态的概念最早来自英文“Configuration”，含义是使用软件工具对计算机及软件的各种资源进行配置，使计算机或软件按照预先的设置，自动执行特定任务，以满足使用者的要求。

监控组态软件指的是具有组态功能，面向数据监控和数据采集，能生成目标应用系统的应用软件。

与传统的监控软件相比，组态软件具有通用性好、成套速度快、监控画面丰富、界面友好、易于使用、灵活组态等特点。针对具体的工程，采用组态软件，开发人员不需要编写任何代码，只需根据不同的监控要求和监控对象，对组态软件的相关功能模块进行设置，就可以自动实现实时监控。

采用监控组态软件避免了重复编码的繁琐，提高了监控系统的成套性、通用性和灵活性，保证了系统软件的成熟性和可靠性。

10.1.3 工业控制组态软件

(1) 产生背景及发展状况

1）产生背景。随着计算机技术、控制技术、通信技术的发展，以计算机为基础的各种自动控制系统和过程监控装置在工业领域的广泛应用，人们对这些系统或装置的要求越来越高，使得传统的工业控制软件已经无法满足用户的各种需求。在开发传统的工业控制软件时，当工业被控对象一旦有变动，就必须修改其控制系统的源程序，导致其开发周期变长；已开发成功的工控软件又由于每个控制项目的不同而使其重复使用率很低，导致它的价格非常昂贵；在修改工控软件的源程序时，倘若原来的编程人员因工作变动而离去时，则必须由其他人员或新手进行源程序的修改，因而相当困难，可靠性也很难得到保证。

通用工业自动化监控组态软件的出现为解决上述实际工程问题提供了一种崭新的方法，因为它能够很好地解决传统工业控制软件存在的各种问题，使用户能根据自己的控制对象和控制目的任意组态，完成最终的自动化控制任务。

2）组态软件在我国的发展。组态软件产品于20世纪80年代初出现，并在80年代末期进入我国。但在90年代中期以前，组态软件在我国的应用并不普及。究其原因，大致有以下几点：

①国内用户还缺乏对组态软件的认识。

②在很长时间里，国内用户的软件意识还不强，面对价格不菲的进口软件（早期的组态软件多为国外厂家开发），很少有用户愿意去购买，甚至在很多项目预算中都不包含软件平台的费用。

③当时国内的工业自动化和信息技术应用的水平还不高。组态软件提供的是性能稳定、功能全面、适应于复杂系统应用平台，能够实现数据采集和控制功能，并完成数据的加工处理以及将处理的结果生成用于高级管理所需的数据，而这些市场需求在当时并未完全形成。

随着工业控制系统应用的深入，在面临规模更大、控制更复杂的系统时，人们逐渐意识到原来使用的上位机编程的开发方式本意是经济、更贴合用户需要，结果费时费力，还得不偿失。在1995年以后，组态软件在国内的应用逐渐得到了普及。

（2）组态软件的基本组成、结构和功能

组态软件的原理是将系统软件的基本部分和工具固定，而与应用有关的部分变成数据文件，这些数据文件由组态工具在屏幕上编辑而成。组态软件一般有图形画面系统、实时数据库系统、I/O系统、网络通信系统等部分组成，如图10-1所示。图形画面系统面向用户，为用户呈现各种流程图形和实时数据、报警信号等信息，同时接收和响应用户操作命令。实时数据库系统是组态软件的核心，从现场采集来的数据以及从画面系统来的操作控制命令或由程序所产生的自动控制输出命令都缓存在这里，数据越限报警、控制逻辑运算、历史数据存储等功能的实现，在实时数据库系统中都由专门的任务来完成。I/O系统是组态软件同硬件I/O控制器交互的接口，其中封装I/O控制器的驱动程序。I/O驱动程序采集现场数据，写入到实时数据库系统中，同时接受实时数据库系统发来的控制命令并将之发送到I/O控制器上进而控制现场设备。网络通信系统主要实现组态软件之间的联网以及组态软件与其他软件系统（如SQL Server）交换数据。采用通用、开放的HMI组态软件，可以使最终的应用系统可以支持VBA、OPC、ActiveX等目前通用软件标准和技术。

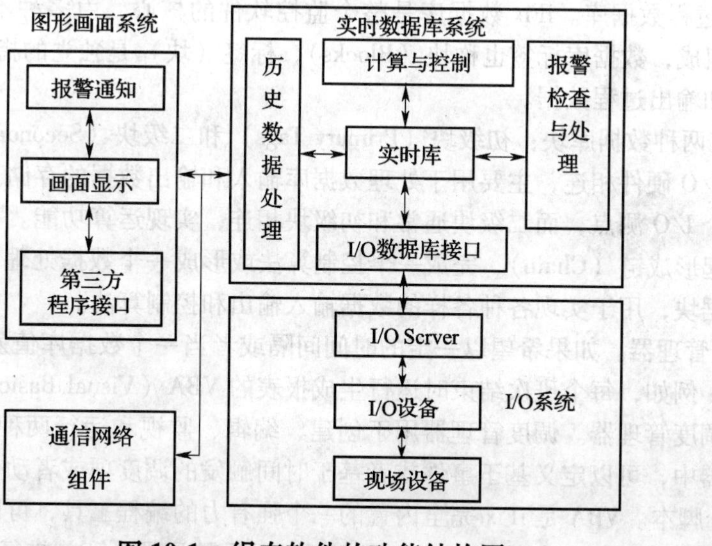

图10-1 组态软件的功能结构图

（3）iFix 组态软件

iFix 是美国 GE 公司研制的通用监控组态软件，在全球拥有比较高的市场占有率。作为工业自动化监控软件，其基本功能有两个：数据输入输出和数据管理。数据输入输出是指组态软件从现场设备获取数据并将输出命令传送到现场设备的功能，组态软件是通过 IO 设备驱动程序实现同现场设备的数据交互功能；数据管理是指 iFix 处理和操纵数据的能力，包括过程监视（图形显示）、监督控制、报警、报表、数据归档等。iFix 支持当前最新和先进的工业标准技术：OLE for Process Control（OPC）、Visual Basic for Applications（VBA）、ActiveX、DDE、ODBC、OLE 等。

下面讨论 iFix 组态软件中重要的概念和技术。

1）iFix 组态软件基本组成。iFix 主要包括 WorkSpace、数据库管理器、SAC、SCU 配置程序、PowerTool 等组件。

WorkSpace 是整个 iFix 软件开发的工作空间，具有制作和开发 HMI 画面、创建调度和编辑脚本、集成 ActiveX 控件等功能。

数据库管理器是对 iFix 实时数据库进行管理和维护的可视化工具，实现数据库测点的添加、删除和修改等功能。

扫描、报警和控制程序（SAC，Scan、Alarm and Control）是在 SCADA 节点上运行的后台系统应用程序。SAC 具体功能包括：从不同的数据源检索数据、将数据转换成数据库需要的格式、根据报警限值检测数据并产生报警信息、执行控制逻辑、检测异常、根据需求对数据库进行写操作。

SCU（System Configuration Utility）配置程序是对 iFix 的数据库通信接口、网络、冗余、用户及安全进行配置的软件工具。

PowerTool 是 iFix 与其他软件互操作的通信接口。如与 OPC Server 通信时 PowerTool 便充当 OPC Client 的功能，使 iFix 能与 OPC Server 进行数据交换。

运行 iFix 的计算机称之为节点，直接同现场 IO 硬件通信的节点称之为 SCADA（Supervisory Control And Data Acquisition）服务器。

2）iFix 过程数据库。iFix 数据库是整个监控软件的核心，由多种不同类型的数据库标签（Tags）组成，数据库标签也称块（Blocks），标签（块）是独立的指令单元，它能接收、检查、处理和输出过程数据。

iFix 中有两种数据库块：初级块（Primary Tags）和二级块（Secondary Tags）。初级块通常同实际的 I/O 硬件相连，主要用于处理数据库输入和输出数据的存储。一般情况下一个初级块对应一个 I/O 测点，而二级块通常和初级块相连，实现运算功能。一系列初级块和二级块连接在一起形成链（Chain），完成一个控制算法或形成一个数据处理回路。iFix 数据库提供了很多数据块，用于实现各种各样的数据输入输出和控制算法。

3）调度管理器。如果希望以一定的时间间隔或者当一个数据库值发生变化时执行某个特定的任务，例如，每个班次结束时运行生成报表的 VBA（Visual Basic for Applications）程序，可使用调度管理器。调度管理器用于创建、编辑、监视和运行两种类型的调度项动作。在调度管理器中，可以定义基于事件或者基于时间触发的调度项或者动作。

4）VBA 脚本。VBA 是 iFix 完全内置的一个强有力的编程工具，可以快速方便地生成自动的操作任务和自动化解决方案。VBA 脚本可以根据需要写得简单或复杂，通过 VBA，iFix

可根据需要适应不同的自动化策略。它的强大和易用的开发环境允许重新使用现有的 Visual Basic 编码。VBA 替代了以往 FIX 的脚本语言，提供了一个千百万 VB 开发者非常熟悉的并且功能完善的集成开发环境。它提供了对 iFix 组件和外部数据及对象无限制的读取和扩展能力。iFix 的 VBA 工具包括以下特性：

①访问所有列出的 iFix 对象的属性、方法和事件。

②支持多种数据源，包括 iFix 过程数据库、任何 OPC 服务器、其他对象的属性和 SQL 数据库。

③ODBC 的支持。

④ActiveX 控件支持。

⑤VBA 脚本生成向导及 iFix 命令可以帮助为常用任务自动生成程序代码。

⑥第三方 ActiveX 控件的安全容器。

WorkSpace 提供了访问 Visual Basic Editor（VBE）的能力，VBE 是一个内置编辑器和调试器，允许观看、停止、暂停和恢复当前程序的运行。在 VBE 中，可以对所有 iFix 对象生成 VBA 形式，获得任何有效数据源，使用对象浏览器显示并调试脚本。可以使用 VBA 为工具条按钮写程序，还可以为 Scheduler 的调度任务入口写程序脚本。

iFix 为公共全局子程序提供了一个可在一个地方修改的全局库。它提供对数以千计的商业对象和 ActiveX 控件的完全支持。增强的剪切和粘贴特性能复制所有窗体、方法和脚本，这些增强的特点能显著地减少开发时间和增强系统的总体性能。

iFix 封装了诸多的 VB 子过程，从而实现了 VBA 的快速编程。

5）全局变量。全局变量能够为整个工作台应用程序所共享，但其不能被后台调度直接访问。

全局变量在工作台的 GLOBAL 中创建。

全局变量能够为 VBA 脚本所访问，在 iFix 工作台画面环境中访问全局变量的方法为：USER. Variable1. CurrentValue = 2。

在 iFix 中使用调度后台运行的时候，需要启动 Fix Background Server 程序，而该程序实际上是启动了独立于 Workspace 的进程，所以在后台调度中不能直接访问全局变量。

6）User 工程。User 工程意为用户工程，在这个工程中用户可自定义自己的模块、公共过程和窗体。User 工程定义的公共过程（函数）和窗体能为整个工作台应用所访问，这在实际工程的开发中应用较多。

10.1.4 设备监控软件的开发过程

由于不同的工程具有不同的规模大小、设备种类与数量、监控对象等，智能化系统的软件特别是设备监控系统的软件是没有通用性的，也就是说不同工程之间的智能化系统软件不能相互照搬，因此在开发和实现每一个工程的智能化系统软件时，几乎都需要一切从头开始。软件的开发工作应在设备调试前进行，不能边开发边调试，这样会影响工程进度。

人防工程智能化系统监控软件的开发过程一般分为系统分析、建立测点数据库、创建组态软件实时数据库、开发监控画面、系统联调、运行系统配置等步骤。下面具体讨论。

（1）系统分析

系统分析主要是根据智能化系统设计图纸，明确智能化系统的组成要素，确认智能化系统的软件结构、通信接口（如OPC、API等）和系统集成通信协议（RS－232，RS－485，TCP/IP等），确定系统软件的组成种类，确定软件的实现技术。明确智能化系统监控对象的类型、数量，对监控的对象系统进行划分，对每个设备进行编码。

对设备进行编码能很好地为软件开发提供便利，开发者能根据具有实际意义的设备编码直接进行动画连接、同时也易于编程访问，不需要另外在测点数据库中查找测点编号和测点名的对应关系。设备编码有多种方法，以下是一种常用的编码规则：

设备编码由设备系统代码、类型代码、子类代码、设备序号几部分组成。

系统代码采用1位英文字母和2位数字组成，第一位英文字母表示大系统符号，后面2位数字表示子系统号，不足两位的加0补足。如新风系统X01，排风系统P 02等。

类型代码（即大类）采用1个英文字母组成，工程中所有的设备类型代码不能重复。上表只是一个示例，应先将不同的设备进行分析，再进行分类，该分类不必过细。

子类代码采用1位英文字母组成，如风机用F表示。

设备序号用2位数字来表示。如果序号的长度不足两位，前面加0补足。序号编排顺序按系统内介质流向来编排，在同一节点处如有多个分支时，分支上的设备序号按介质流向的房间号从小到大编排，如在同一房间内，则按介质流向从左到右、从上到下的顺序编排。两个系统共用一个设备的，该设备归在系统号小的系统内编码。

假如某工程有一个新风系统，该新风系统有两台新风机，则按照编码规则，这两台新风机的设备编码为X01FX01，X01FX02。

（2）建立测点数据库

建立测点数据库是指在设备编码的基础上，对整个智能化系统的监控点进行统计和汇总，并按规定格式存为数据库文件（一般存为可方便编程访问的Access数据库文件）。表10-1列出了进行测点统计的Access库中测点表的一般结构。

测点统计完后，可根据这些测点进行配置OPC Server等操作。

表10-1 测点数据库的一般结构

序号	字段名称	数据类型	备注
1	ID	数字	测点的序号，如1，2，…
2	FCNum	文本	区域控制器号，如果没有可不填写
3	BoardChannel	文本	通道号，如LM1002-01-I1
4	PointOrder	文本	测点编号，如J01KC01_ C1State
5	PointName	文本	测点名称，如除湿机压缩机1运行状态
6	SignalType	文本	信号类型，如ON/OFF或4～20mA
7	IOType	文本	I/O类型，如DI，AI，DO，AO等
8	RangeH	文本	量程上限
9	RangeL	文本	量程下限
10	Unit	文本	单位
11	Description	文本	描述
12	Position	文本	设备位置

（3）创建组态软件数据库

组态软件数据库是利用组态软件进行画面组态、控制策略生成等步骤的基础，在进行组态前必须完成对组态软件数据库的创建工作。对于 iFix 组态软件，全军国防工程智能化技术研究中心开发了专门的 iFix 数据库创建工具（CreateFixDatabase），这一工具能根据已统计 Access 测点数据库直接创建 iFix 数据库，大大节省了开发时间。

iFix 数据库创建完毕后，需要配置每个数据库块的 I/O 地址，实现数据块同现场数据的连接。当 I/O 驱动采用 OPC Server 时，需要在数据库块的 I/O 地址中指定 OPC 的地址。

（4）开发监控画面

开发监控画面是整个监控软件开发过程中非常重要的一个步骤，因为监控画面直接面向操作用户，监控画面的优劣直接影响到系统功能和用户对整个智能化系统的印象。开发智能化系统软件监控画面总的指导思想是运行可靠、操作简便、美观大方。监控画面需要重点把握下文所述的几个环节。

1）确定画面的框架和风格。良好的画面框架和风格能实现画面的合理布局和快速定位、切换，是人机友好的有效保证。

一般情况下，整个计算机监视画面由三部分组成：标题区，主画面区，命令菜单区。这三个区域分别是由三个独立的画面（Picture）构成。通过点击命令菜单区的画面切换按钮，调出相应的画面在主画面区进行显示。标题区主要显示当前主画面的名称、系统时间和Logo标志等。

2）制作画面时的细节问题。

①善用颜色。主要数据（过程值）需要以较为强烈的颜色表示；次级数据或支持数据（文本描述）就应当适当淡些或与背景色相似。报警数据必须易于识别，宜采用亮色，并根据不同的报警优先级，分别采用特定的颜色。

②尽量保证工艺流程的表示顺序是从左到右的，并尽可能地避免连线的弯曲和穿越。

③画面风格的一致性。保证细节上的一致性，如布局、符号和缩写等。

④主次分明。主要系统或流程以宽线或者其他突出显示的线条表示，从而易于区分出主要系统/过程或设备。

3）人防工程智能化系统的监控画面基本组成。人防工程智能化系统的监控画面主要可以分为总系统图画面、进排风系统画面、除湿空调机组监控画面、给排水监控画面、污水池（泵）监控画面、发电机组监控画面、变配电系统监控画面（主接线图）、三防控制画面、实时历史趋势画面、棒图监视画面、成组显示画面、操作事件显示画面、数据报表画面、实时报警画面等内容。

（5）系统联调

系统联调是整个智能化系统的软件和硬件的综合调试，通过联调来发现和纠正硬件安装、接线和软件开发过程中的问题。对于监控软件而言，主要解决画面中数据是否正确显示、控制命令是否正确发出、控制逻辑能否正常执行、设备能否正常动作等问题。调试过程中还要注意查看监控软件有无内存泄漏、CPU 负荷过重等问题，一般情况下监控系统投运后 CPU 的使用率不能超过 60%。系统调试完毕并连续正常运行 168h 后方能投入正式运行。

（6）系统配置

系统配置主要是对监控组态软件的运行环境进行配置，使之在投运后能满足实际运行需要。如对于 iFix 监控组态软件，正式投运前应在“用户首选项”中禁用操作系统的组合键如 ALT + CTRL + DEL 和 ALT + TAB 等，同时要在 SCU 中对安全进行设置，包括定义用户、对每个用户分配权限、自动登录等内容。

10.2 智能化系统的集成

人防工程智能化系统的集成就是通过计算机网络和控制网络技术，把构成智能化系统的各主要子系统的各个分离的设备、功能和信息等集成在一个相互关联的、统一的、协调的系统之中，使之达到充分的信息共享，以减少资源的浪费和硬件设备的重复投入，实现真正意义的统一、实用、高效、便利、可靠、低耗等目的。

10.2.1 系统集成的概念和原则要求

(1) 系统集成的基本概念

随着现代通信技术、计算机技术、控制技术的飞速发展，人防工程中的各个子系统向着规模化、分散控制、集中管理的方向发展，这对子系统间以及建筑物内外信息传递速率和共享程度提出了很高的要求。另外，由于语音、数据、视频及控制等各类信号的传输线缆大量、重复的敷设，给管理工作带来了极大的不便，所有这一切都对人防工程的发展提出了新的挑战。

智能建筑本身一般是由建筑物本身、建筑设备自动化系统（BA）、办公自动化系统（OA）、通信自动化系统（CA）等系统构成，只有利用系统集成方法，将现代计算机技术、现代通信技术和现代控制技术在人防工程建筑平台上实现有机的、一体化的系统集成，才能为人防工程的业务处理提供高效的手段。人防工程也才能因此而具有安全、高效、舒适、便利和灵活的建筑环境。那么系统集成又是什么概念呢？

所谓“系统集成”是指，将各自分散的、相互对立的系统，有机地集中于一个统一的环境之中，运行于同一个操作平台之下，高效率地完成规定的任务。集成后的系统不是原来各个系统的简单叠加，而是各系统的有机的组合，并且系统运行机制与结构、系统服务与管理等功能方面，将产生质的提高与飞跃。

通常系统集成的设计是按三级进行的，即设备级、子系统级和集成系统级。在这三级模式中，设备级的集成是设计的基点，子系统级是设计的关键过程，集成系统级是系统集成设计的最终目标。

在设备级设计过程中，其各类设备的选择，必须可独立使用并且具有标准化的通信与网络接口，可方便地与系统内其他设备相连接。

子系统级的设计要求是：

1）各子系统的运行宜在同一个系统平台（该系统平台包括开发环境和运行环境）。

2）各子系统要具备模块化结构，各子系统本身是一个具有一定功能的完整系统，又符合标准化的硬件软件接口，以满足可集成性（包括可扩充性、灵活性和兼容性）。

3）采用统一的管理和监控软件。

集成系统级的设计要求是：由中央管理系统进行统一控制和管理，并采用并行处理的分布式计算机网络结构，功能上达到完整，用户界面达到统一且友好。

集成后智能化系统的特征表现为：

1）对系统软件、硬件和多元化信息的流动，实行统一控制和管理。

2）适用于人防工程的智能化系统，不论从形式上看，抑或是从本质上看，都是一个完整的自动化和信息化的综合系统。

3）集成后的综合智能化系统，其功能不仅具备各个子系统的原有的主要功能，而且在这些功能的基础之上，派生出许多新的功能。

4）集成后的综合智能化系统，其用户界面统一化，系统操作简单、方便、友好。

（2）系统集成设计原则

人防工程智能化系统集成是一个复杂的集成系统工程，它将实现对多种信息的集成与综合处理，使人防工程具有全局事务处理的能力；高度的信息综合管理的能力；集成通信与网络的功能；流程自动化的功能；集中监视、控制与管理的功能。因此，在人防工程系统集成设计时，需要把握好以下原则。

1）综合性。人防工程智能化系统是多种技术的集成，是多门学科的综合。它由多个子系统构成，如设备自动控制系统、火灾自动报警系统、安全防范管理系统、智能卡综合管理系统、Internet/Intranet 网系统、办公自动化系统、通信自动化系统等。

人防工程智能化系统工程是设计、采购与制造、安装调试、维护保养、技术服务一体化的工程。目前我国人防工程智能化系统工程质量不高，系统开通率低下，主要原因并不是选用的设备不好而将整个智能化系统仅按单独设备系统进行考虑，把设计、采购与制造、安装调试、维护保养、技术服务分割开，造成许多协调上的困难。某些建设单位往往认为把每个最好的子系统堆砌在一起，自然整个系统也是最好的，忽视了各子系统集成还需要进行大量的“二次开发”和系统在设计、采购与制造、安装调试中大量的协调工作。

人防工程智能化系统工程设计是一项难度较大的工作，它是高新技术的产物，系统复杂，必须是具有这一领域综合知识的人，才能胜任此项工作。

人防工程智能化系统工程需要综合设计与统一管理。实行智能化系统工程总包有利于提高集成度，并能有效地解决各子系统之间的界面。

人防工程智能化系统工程设计要高度综合考虑各个子系统之间的界面问题，不但要考虑系统（软硬件）的界面问题，同时还要考虑集成系统与建筑内的机电设备之间的界面问题，如智能化系统与空调系统、变配电设备的界面，以及智能化系统与办公自动化的各种通信界面、智能化工程综合管理与土建工程的施工界面、智能化工程与装修工程的施工界面等。

在设备订货时，如果忽略了通信接口，设备到货后与智能化系统无法连接，若再要求设备供应商提供时，往往价格昂贵，而这些问题在订货时就提出，是可以低价甚至免费提供的。目前越来越多的设备自身的控制器已经电脑化了，可对外留有通信接口。因此建设单位在选用系统时，注意接口与工作界面，可以提高系统开通率。

2）开放性。开放式设计也可称为“互操作性”或“标准化”设计，由于采用了开放式设计，集成后的系统应该是一个开放系统。系统集成的过程主要是解决不同系统和产品间接口与协议的“标准化”，以便它们之间达到“互操作性”，这是当今各种产品和技术的发展趋势。开放式设计所遵循的标准，是国际标准化组织的开放系统互联参考模型。系统开放性的特征表现为：系统灵活性好且具有可扩展性、系统兼容性和应用软件可移植性强以及系统生命周期长且系统可维护性好。

3）可扩展性。系统应该严格遵照模块化结构方式进行开发，以满足系统应具有通用性和可替换性的要求，易于系统的扩充和设备的连接，以及今后功能的扩展。

4）互连性。在进行系统传输媒体的选择和结构化综合布线系统设计时，一定要考虑到系统传输设备与传输线路的互连性，诸如各种通信网（IEEE802.3 以太网、IEEE802.5 令牌网、光纤分布数据接口 FDDI 网等）和各种网络互联设备（桥、路由器等）的选择与设计。

5）可管理性。集成的智能化系统是一个非常复杂的计算机网络，随着其网络规模的扩大，网络管理将成为一个十分复杂而重要的问题。需要在设计时重点考虑它的可管理性，也就是说要选择好适用于网络管理的协议。

6）先进性。采用与技术发展潮流相吻合的产品，使系统保持相对的先进性，以保证前期工程与后期工程的可衔接性。

在选用系统时，向主流技术靠近，保证系统整体的先进性，而不是单单看重某个设备是否先进。特别是人防工程智能化系统都已计算机化，计算机的硬软件更新换代很快，但计算机每次更新换代不见得对整个系统功能有多大的改善。

7）经济性。经济成本核算是系统集成度能达到多高水平的一个关键因素，这就要求系统设计者从系统目标和用户需求出发，经过充分论证，设计出一个具有经济性的好方案。

8）可靠性。必须采取多种措施保证设计出的系统，具有高可靠性和高容错性；系统应具备不间断运行和有足够的延时来处理突发性事件。这是人防工程智能化系统的关键问题。在选择系统时，不能一味追求最先进，还要考虑它的成熟度。硬件设备与使用技术必须是成熟可靠的。

9）高效率。系统的高效率是指系统具备以下几个方面的特点与能力：①系统的实时响应和控制能力强；②具有良好的通信传输速率和带宽；③服务器每秒钟响应数据库请求的能力好；④计算机网络的吞吐能力满足用户的发展需求。

10）实用性。系统必须能够适应现代和未来技术的发展，着重解决人防工程的主要实际问题。要区分哪些功能是最重要的，哪些功能是今后可以加的，什么都自动化，也是不切合实际的。

11）规范性。智能化集成系统中涉及的子系统都有比较详细的设计规范。如通信、综合布线、保安、消防、广播等。因此，每个子系统都应遵循相应的规范。在此基础上，再根据规范进行整个智能化系统的集成设计。设计的规范性，无论在设计、施工还是维护环节中，都具有重要的影响和作用。

（3）系统集成的设计要求

为满足智能化人防工程功能、管理和信息共享的要求，宜根据人防工程的规模和重要程度对智能系统进行不同程度的集成设计。设计的一般要求如下：

1）系统应汇集人防工程内外各种信息，以设备自控系统为主兼顾消防和安防系统。

2）系统应对内部设备进行集中控制和管理，将运行情况归纳、分析，以文本、图形、表格等方式提供信息共享。

3）应具有集中监视功能，对内部设备自控系统的机电设备运行状态、故障报警进行监视。

4）系统应对除湿、给排水、进排风、变配电、照明等系统和设备进行检测和控制，实现优化控制、日程表管理、能源管理，可进行直接参数设定，按照规范及控制权限进行检测和控制。

5）根据系统和设备的不同特点及运行情况累计设备运行时间，自动生成运行及维护报告。

6）在集成自控系统上应完成对安全防范系统的检测和管理。

7）人防工程智能系统应留有与通信自动化系统的接口，确保通信自动化系统能够监视工程内部设备、消防报警及安全防范系统的运行状态和报警信号。

8）通过以太网接口，智能化系统应能向地面相关的管理房间中设置的工作站提供监控和管理信息。

10.2.2 系统集成的关键技术

智能化系统集成是计算机硬件与软件技术以及软件与软件之间的有机融合，硬件是基础，软件集成是关键，最后的目的是达到对各级子系统进行统一的监测、控制和管理；实现跨子系统的联动，提高人防工程的总体管理水平。

智能化系统的硬件集成是指将整个工程中需要集成的对象通过网络、总线互联，实现整个系统中设备间、子系统间、设备与子系统间的物理互通。智能化系统的硬件集成是整个智能化系统集成的基础，这种集成不是简单的硬件连接，而是基于统一的接口规范和协议的联网。同种接口协议可直接互联，异种协议的设备或网络互联需要协议转换设备或网关。

（1）数据库访问技术—ADO.NET

ADO.NET 是重要的应用程序级接口，用于在 Microsoft.NET 平台中提供数据访问服务。在 ADO.NET 中，可以使用新的 .NET Framework 数据提供程序来访问数据源。这些数据提供程序如 SQL Server.NET Framework 数据提供程序；OLE DB.NET Framework 数据提供程序等。

ADO.NET 是专为基于消息的 Web 应用程序而设计的，同时还能为其他应用程序结构提供较好的功能。通过支持对数据的松耦合访问，ADO.NET 减少了与数据库的活动连接数目（即减少了多个用户争用数据库服务器上的有限资源的可能性），从而实现了最大程度的数据共享。

ADO.NET 通过对分布式 ADO.NET 应用程序的基本对象“数据集”（Dataset）支持基于 XML 的持久性和传输格式，以此来实现最大程度的数据共享。数据集是一种关系数据结构，可使用 XML 进行读取、写入或序列化。ADO.NET 数据集使得生成要求应用程序层与多个 Web 站点之间进行松耦合数据交换的应用程序变得很方便。数据集的一个主要特性是可用两种方式访问和操作本地数据集内的数据：作为关系数据库中的表，数据集可以包含一个表或表的集合。数据集的一个重要特征是，它会跟踪其所包含的表之间的关系，就好像它是内存中的关系数据存储区。

基于 Web 的管理层软件采用最新的 .NET FrameWork 平台构架，运用 ADO.NET 数据访问技术访问数据库，实现管理软件同 SQL Server 数据库的数据交换。

（2）OPC 技术

“对象链接和嵌入（OLE，Object Linking and Embedding）”是美国微软公司提供的用于应用程序之间的数据交换及通信的协议，它允许应用程序链接到其他软件对象中。用于过程控制的 OEL，称作为 OPC（OLE for Process Control），即用于过程控制的对象链接和嵌入。OPC 是重点用来解决应用软件与过程控制设备之间的数据的读取和写入的标准化及数据传输问题，它提供信息管理域应用软件与实时控制域进行数据传输的方法。当设备通过 OPC 互联时，图形化应用软件、趋势分析应用软件、报警应用软件等均基于 OPC 标准。在统一的 OPC 环境下，各应用程序可以直接读取现场设备的数据，不需要一个一个地编制专用的接口程序，各现场设备也可以直接与不同应用之间互联。OPC 的重要作用在于，它使设备的软件标准化，从而实现不同网络平台，不同通信协议，不同厂家的产品方便地实现互联和互操作。OPC 技术的完善和推广应用，为人防工程智能化系统在实时控制域和信息管理域的全面集成创造了良好的软件环境。图 10-2 表示了多种 OPC 服务器应用示意。

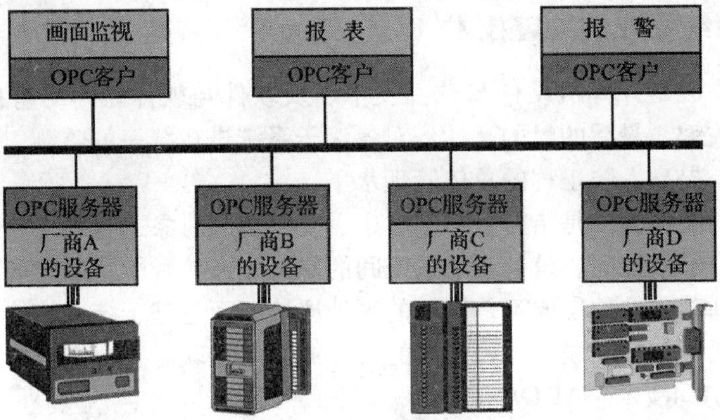

图 10-2 采用 OPC 技术的工业控制软件与硬件设备之间的接口

OPC 技术规范能为最终用户带来诸多好处。这包括用户培训费用、系统开发费用的降低，此外还可降低系统的长期维护费用。符合 OPC 规范的产品可无缝地集成在一个系统中，彻底解决了不同厂家设备之间的互操作性问题，从而用户可以有更多的选择，达到了系统功能最好、价格最低，用户可以选择不同厂家的产品集成在一起构成系统，而不必担心相互之间的不兼容。同样地，也不必担心将来系统维护、升级时的设备兼容性问题，从而降低了系统的长期维护费用。

对于硬件设备厂家来说，采用 OPC 技术意味着他们只需开发一个符合 OPC 规范的 OPC 服务器，该服务器可与所有的 OPC 客户程序通信，这些 OPC 客户程序可以是 DCS 或 SCADA 程序，也可以是其他的控制或 MIS 系统应用软件。硬件设备厂家不必再把时间花在如何与各种不同的软件进行通信上。此外，OPC 兼容的 I /O 硬件设备之间的互操作性问题得到了完全的解决，相对于采用专用接口的 I /O 设备，这是一个明显的优点，从而使其具有更好的应用前景。

对于控制系统软件厂家来说，采用了 OPC 技术他们就可以专注于其核心部分如 HMI、SCADA 及控制策略等的研究，而不必再为市场上多达几百种的 I/O 硬件测控设备编写设备驱动程序，因为只需提供标准的 OPC 客户接口，即可对各种 OPC 兼容的硬件设备进行操作，而且也可以方便地与 OPC 兼容的任何其他软件（如其他控制软件或 MIS 系统软件）进行通信，实现软件之间的互操作。

（3）ODBC

开放型数据库互联（ODBC，Open DataBase Connectivity）技术，是美国微软公司推出的一种应用程序访问数据库的标准接口技术；也是解决异种数据库之间互联的标准，该技术标准已被世界上大多数数据库厂商所接受。ODBC 适用于各种数据库，与 ODBC 兼容的应用软件，通过结构化查询语言（SQL，Structured Query Language），可查询、修改不同类型的数据库。这样，一个单独的应用程序，通过 ODBC 就可以访问许多个不同类型的数据库及不同格式的文件。因此，ODBC 向人们提供了一个开放的、从个人计算机、小型机、大型机数据库中存取数据的方法。系统开发者利用 ODBC 可开发出对于多个异种数据库进行并行访问的应用程序。现在，ODBC 已成为客户端访问服务器数据库的 API 标准；对于任何支持 ODBC 技术规范的数据库，无论其类型如何，均能进行信息交换。显然采用 ODBC 及其他开放式数据库技术实现系统集成，也是人防工程智能化系统实现集成的重要方式。由于目前市场上 OPC 技术比 ODBC 技术表现得更为成熟、产品也更多，所以如果将这两种技术进行融合与补充，将会使信息系统集成技术加快发展。一般来说，要想使人防工程智能化系统实现高度集成化，显然系统必须具备如下一些基本条件：即计算机网络的条件、计算机应用软件的条件、机电设备单机及子系统智能化的条件、系统集成技术的条件等。当系统具备了这些条件后，才有可能真正实现“人防工程智能化系统”。近年来，由于 Internet 的发展及千兆位以太网的成功应用，使人防工程智能化系统具备了计算机网络条件，由于单片机控制技术、现场总线技术的发展，使各种机电设备（或子系统）的智能化越来越高，为其参与系统集成创造了极好的条件。系统的管理层与系统的控制层之间的集成已成为大势所趋。随着 OPC 技术与 ODBC 技术的推广应用，这种集成将逐步达到所谓“无缝集成”的新高度。

10.2.3 子系统的系统集成

对于人防工程，子系统的集成有两个方面的意义：①系统间的联动与数据交换；②考虑到对于人防工程，在地面建筑或口部值班室进行监控具有重要的意义，所以应将安全技术防范和火灾自动报警系统进行集成，然后向地面的各种监控站提供统一的监控和信息管理服务。一般的人防工程中，只有安全技术防范和火灾自动报警 2 个子系统。

（1）安全技术防范系统的集成

安全技术防范系统的系统集成包含两个层面：安全技术防范的各子系统的集成及安全技术防范系统与设备监控系统的集成。

1）安全技术防范各子系统的集成。安全技术防范系统的发展，经历了一个由单机——成套设备——独立系统——综合（或集成）系统的发展过程，随着科学技术和社会需求的不断发展，特别是信息技术、通信技术、多媒体技术和计算机网络与集成技术的发展，目前的安全技术防范系统已由单一的独立系统进入到综合的集成发展阶段。

安全技术防范集成管理系统将原来分散的独立子系统集成一个综合的系统，其基本要求是通过统一的通信平台和管理软件，将各子系统联网，实现全系统的集中监控与管理，或自动化监控与管理。集成后的管理系统的基本功能要求如下：

①通过统一的通信平台和管理软件实现安全技术防范的各子系统设备的集成、功能的集成、软件的集成与网络的集成，达到信息集成与信息共享的一体化集成目的。

②子系统间是通过数据交换的方式而非通过硬线连接实现设备的联动。典型的如门禁与摄像机的联动，入侵报警与门禁和摄像机的联动。

③系统应能对各子系统的运行状态进行监测和控制，应能对系统运行状况和报警信息数据等进行记录和显示，为此，系统应设置必要的数据库。

④集成后的安全技术防范系统应能提供开放的数据接口（数据库或 OPC 等），以实现整个工程的智能化系统的更大规模集成。

2）安全技术防范与整个工程的智能化系统的集成。目前的安全技术防范系统更多地停留在安全技术防范各子系统的集成上，而整个工程的智能化系统应是设备自动化、火灾自动报警和安全技术防范系统的综合集成，所以集成各子系统功能的安全技术防范系统应具备进一步集成的通信接口。安全技术防范系统与智能化系统的集成应体现在：

①信息的集成。安全技术防范系统的各种设备状态信息、报警信息等应集成到智能化系统中，这样在管理层才能使用统一平台进行信息和工程的管理。

②系统间的设备联动。实现安全技术防范系统与智能化系统的集成后，才能在更高层面上实现安全子系统与其他子系统的联动，如设备自动化系统、火灾报警系统。例如发生火灾后，自动取消相关区域的门禁控制，这种控制是通过交换数据（命令数据和信息数据）来实现，而非传统的硬线连接，比如火灾报警强行切断门禁的电源。

（2）火灾自动报警系统的集成

火灾自动报警系统与设备监控系统、安全防范系统有着密不可分的关系。例如，火灾时，设备监控系统控制的新风机、空调机、排风机等均需要进行联动，同时，应该释放有关门禁系统，值班人员可通过摄像机确认现场的实际情况。目前这些都是通过系统的硬件或人工操作来完成。如果采用理想的系统集成，不同系统间的交叉联动，只需要通过高层的数据交换便可完成，也就不需要用一大堆硬件去实现了，这也是研究和发展火灾自动报警系统集成的意义。

在进行火灾自动报警系统集成的时候，有一点特别重要：根据国家的有关规定，火灾自动报警系统不能受到其他系统的控制，所以只能做到其他系统根据火灾自动报警系统提供的数据进行设备监控系统或安全技术防范系统的设备控制。

目前有多种方式实现火灾自动报警系统的集成，在这里，分析以下几种主要的集成方法：

1）基于局域网的工作站或服务器间的集成。火灾自动报警系统本身有一个工作站或服务器，用于管理和控制火灾报警系统的设备，显示、记录、查寻火灾自动报警信息。通过将火灾报警系统的主计算机连接到局域网上，通过局域网进行系统集成，简单可行，并且造价比较低。可通过访问火灾自动报警系统工作站上实时数据库的方式和 OPC 的方式，实现系统的集成。此集成模式，适用于火灾自动报警系统规模比较大的有主机系统的集成。

2）不同系统主机间的集成。此处消防系统的主机是指集中报警控制器或区域报警控制器，不同系统的主机遵从某种标准的协议（比如 LonWorks，BACNet，EIB），主机直接接驳系统总线，实现数据共享。这种方式在技术上比较先进，施工方便，但是造价相对比较高，目前支持此功能的消防控制器较少，而且要求消防控制器和进行集成的主机采用相同的协议，对设备选型有一定的限制。

3）利用控制器的串口进行集成。火灾自动报警控制器（集中或区域）一般有提供一个 RS232 或 RS485 的串行通信口，火灾自动报警控制器将侦测到的各种信息通过此通信口提供给其他系统。在人防工程中，如果工程规模不大时，而且火灾自动报警控制器支持此功能，可采用此方案进行集成，集成的成本比较低。

10.2.4 智能设备的系统集成

在新建的人防工程中，各种具有自动化功能的智能设备越来越多，比如自动化发电机组、单元式除湿空调机组、智能防护门、干式变压器等。智能设备本身是一个具有一定智能行为的自动化系统，与其相关的参数已经实现了数字化。智能设备的系统集成就是通过集成的方法来将这些独立的信息孤岛有机融进智能化系统中，实现远程监控的同时，通过监控层或管理层来实现这些独立的智能设备在全局范围内的运行最优化是今后的发展方向。

（1）智能设备的通信技术

智能设备在数字化的基础上，通常提供一个用于系统集成的通信口，这是智能设备能够进行系统集成的基本硬件条件，如果再提供一个通信协议，原则上任何智能设备都能实现集成。需要说明的是以上要求必须在相关设备的图纸中提出明确要求，否则该项功能有可能被供货厂商为节约成本而节省掉。

1）硬件接口。智能设备的硬件通信接口有各种标准：RS232、RS422/RS485、各种现场总线接口以及工业以太网接口。相比较而言，现场总线接口和以太网接口的成本比较高，所以在不做要求的情况下，厂家通常都会提供 RS232 和 RS485 接口，其中又由于 RS485 通信具有可以联网、传输距离远的特点，在许多的智能设备中得到了广泛的应用。所以人防工程的智能设备一般应要求提供 RS485 通信接口。

2）智能设备的通信协议。通常情况下，有了通信接口还必须提供通信协议才能实现智能设备的集成。即使是同样的硬件通信接口，通信协议也可能完全不同。智能设备的通信协议通常有两种情况：一种是厂家自定义的通信协议，基本上各种控制器厂家都有自己的通信协议；一种是采用标准的通信协议。一般中小厂家的自定义通信协议，由于应用范围小，能够找到的相关资源也比较少，还有些协议是不公开的，集成起来通常有一定的困难，故不提倡。当然，标准的通信协议也是由大的厂家来定义的，由于这些厂家的产品使用比较广泛，并且它的协议通常是开放的，得到了其他厂家的支持，故成为事实上的标准，比如 Modbus 协议。

Modbus 应用层协议由美国 Modicon 公司于 1979 年开发的，用于实现其 PLC 产品与上位机的通信。由于其简单易用，得到了广大工业自动化仪器仪表企业的采纳与支持，实际上已成为了业界标准，我国标准化委员会已将 Modbus 协议作为我国工业自动化的行业标准，分别制定了 GB/Z 19582.1—2004（Modbus 应用层协议），GB/Z 19582.2—2004（串行链路上的 Modbus）和 GB/Z 19582.3—2004（Modbus-TCP）三个标准。Modbus 应用层协议位于 OSI 模型中的第七层，将它嵌入到不同的低层协议中形成了三种具体的通信方式：Modbus 串行链路、Modbus-Plus 和 Modbus-TCP，三种通信网络上的设备可以通过网关来达到数据交换的目的。这些年来以太网的繁荣壮大使得将 Modbus 协议嵌入到 TCP/IP 协议中实现 Modbus 设备间的通信非常必要，鉴于此，1999 年施奈德电气发布了 Modbus-TCP 协议，使得以太网上的 Modbus 设备可以通过 502 端口进行通信。

还有一些通信协议，虽然协议本身未被厂家公开，但由于使用的广泛性，被很多人加以研究，集成起来也比较容易，比如西门子 PLC 的 PPI 协议。

3）通信距离和速率。RS－232－C 标准规定的数据传输速率为 50、75、100、150、300、600、1200、2400、4800、9600、19200bps，智能设备的通常的缺省波特率为 9600bps。

RS－232－C 标准规定，驱动器允许有 2500pF 的电容负载。通信距离将受此电容限制，例如，采用150pF/m的通信电缆时，最大通信距离为15m；若每米电缆的电容量减小，通信距离可以增加。传输距离短的另一原因是RS－232属电平信号传送，存在共地噪声和不能抑制共模干扰等问题，因此一般用于20m以内的通信。

RS－485是利用差分传输方式提高通信距离和可靠性的一种通信标准，它在发送端使用2根信号线发送同一信号（2根线的极性相反），在接收端对这两根线上的电压信号相减得到实际信号，这种方式可以有效的抗共模干扰，提高通信距离，最远可以传送1200m。

与RS232标准相比，RS－485标准在传输速率上并没有多少改进，通常的缺省传输速率还是9600bps，19200bps的传输速率也还可用。

基于现场总线的智能控制器的通信距离和速率依赖于所支持的现场总线的种类，工业以太网的传输速率和传输距离上与普通以太网相同，通常传输速率为10Mbps或100Mbps，传输距离依赖于传输介质。

（2）智能设备的集成方法

将智能设备中的各种数据集成到上位机中，有两种方法。一种方法是通过通信电缆直接连接计算机的通信口，简称为直接集成法；另一种方法为将智能设备的通信通过协议转换，接到标准的现场总线上。

1）直接集成法。直接集成法是上位机与智能设备直接通信的集成方法。根据智能设备所支持的通信标准不同，又可以构建不同的集成模式。

RS232接口的智能设备的集成必须采用一对一的方式，即一个RS232接口智能设备必须对应一个串口。通常情况下计算机缺省地提供两个RS232口，如果可用的串口不够时可增加多串口卡或串口服务器。其集成模式如图10-3所示。此方法的缺点是电缆多，而且只适用于通信距离小于15m的情况。超过15m时，也可以采用对每个RS232智能设备增加RS232/RS485转换器的方式，将智能设备转换成RS485进行集成，其集成模式类似于图10-4。

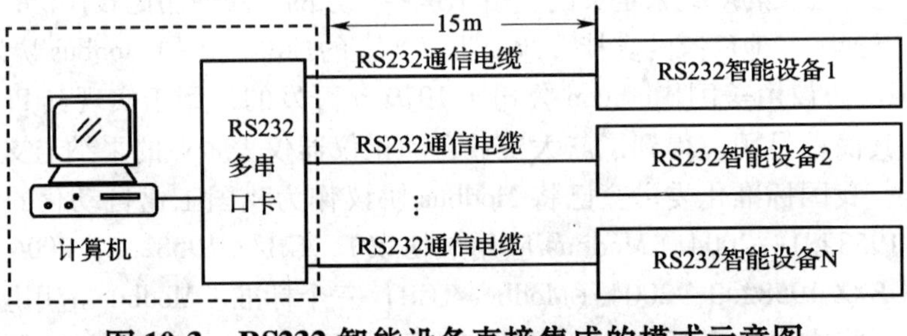

图10-3 RS232智能设备直接集成的模式示意图

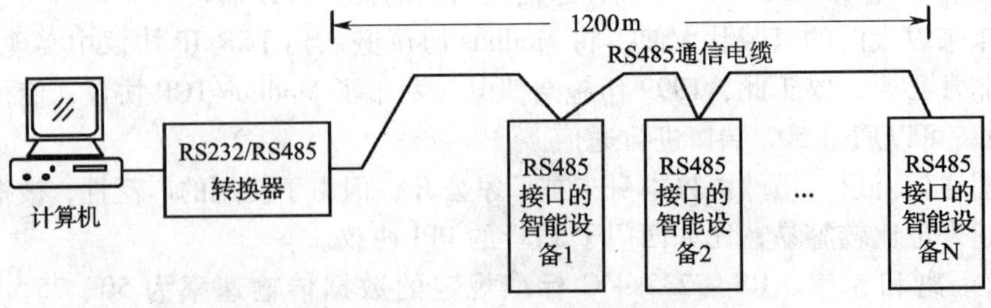

图10-4 RS485智能设备集成模式示意图

图 10-4 是 RS485 智能设备的集成模式示意图。RS485 通信比 RS232 的通信距离长，而且设备可以联网，但前提是这些联网的设备必须采用相同的通信协议。虽然都是 RS485 通信接口，协议不同的设备是不宜联网的，这一点应特别注意。如果工程中有多种 RS485 智能设备，则必须考虑采用图 10-5 的模式进行集成。在图 10-5 中，每一类 RS485 智能设备需单独形成一个 RS485 网络接入计算机，在计算机上需要提供多个 RS485 接口。

图 10-4、图 10-5 的集成模式只解决了同协议的 RS485 设备联网问题，当设备种类比较多时，接到控制主机的通信电缆还是比较多，而且 RS485 在远距离传输时的通信速率低的问题还不能得到解决。

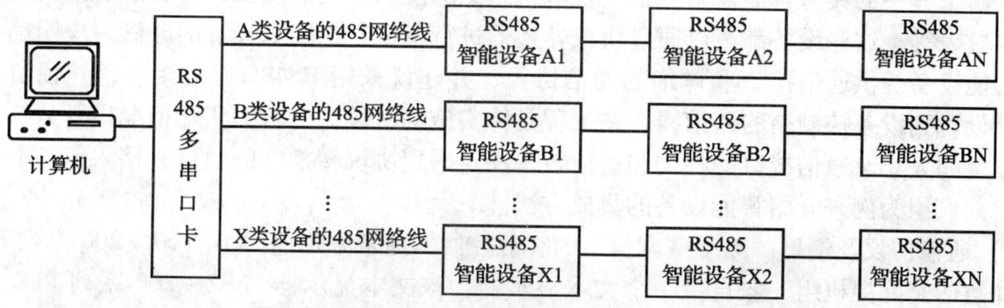

图 10-5　不同通信协议的 RS485 智能设备集成模式示意图

在实际的工程中，往往不可能指定不同的设备厂家采用一个相同的接口并且具有相同协议的智能控制器，所以要利用智能设备的 RS485 口进行集成，通常的不能很好地解决问题。

2）协议转换的集成方法。我们将通信接口不同或通信接口相同但通信协议不同的设备统称为异类通信智能设备。基于协议转换的集成方法就是充分利用工程中已经设计或施工的现场总线，将异类通信设备转换成标准的现场总线，并就近接入现场总线而实现集成的方法。图 10-6 是采用协议转换方法实现异类通信智能设备的集成模式示意图。

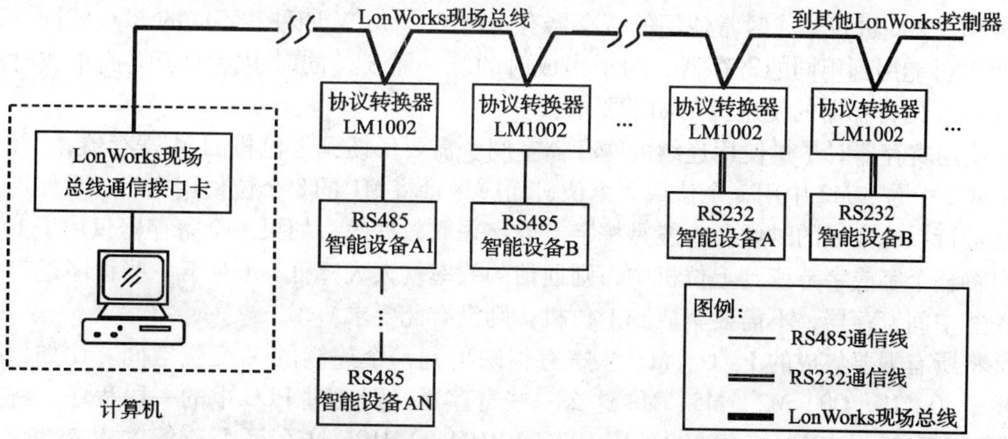

图 10-6　不同通信协议的 RS485 智能设备集成模式示意图

在图 10-6 中，不仅可以将 RS232 的智能设备经协议转换后接入现场总线网络，也可以将 RS485 的智能设备经协议转换后接入现场总线网络，而且具有相同 RS485 通信协议的智能设备还可以联网后经协议转换器接入现场总线网络。

采用协议转换进行智能设备的集成的优点体现为：

①智能设备经协议转换后就近接入现场总线网络，协议转换器可以安装在智能设备附近，与智能设备的通信距离短，即使 RS232 通信口，也不需要采用增加通信距离的措施。

②不管智能设备的通信接口和协议情况如何，到计算机网络线仍为现场总线，没有增加其他通信线。

③协议转换器实现双向的数据传输，在计算机一侧就犹如 IO 控制器一样，使用相同的 IO 驱动和 OPC 服务器进行数据交换，计算机上的程序结构简化。

（3）人防工程典型智能设备的集成

人防工程中的典型智能设备包括：发电机组、除湿空调机、变压器、智能防护门、各种电量参数表等，这些设备都可以通过协议转换器进行集成。在图纸设计的时候，应明确要求这些智能设备提供通信接口和详细的通信协议，并建议采用 RS485 通信接口，并预留好这些智能设备到设备控制箱的通信线。在工程具体实施的时候，应根据实际情况进行分析，包括数据量的大小、通信接口的种类和通信效率决定采用协议转换器的数量和接入点。下面以除湿空调机组为例来介绍智能设备的集成方法。

1）通信协议及端口。除湿空调机组的智能控制器通常采用西门子的 S7－200 系列 PLC，需要注意的是除湿机组一般自带一个文本显示器，该文本显示器与 S7－200 系列 PLC 进行通信的时候需要占用一个通信口，所以应用于人防工程的除湿空调机组的智能控制器至少应能提供两个通信接口，如 CPU224XP 和 CPU226。

S7－200 系统 PLC 提供的是 RS485 通信接口，缺省的通信协议是 PPI 协议。经过 PLC 中的程序配置，S7－200 也可以支持 Modbus 协议。但对协议转换器 LM1002，我们建议采用 PPI 协议进行集成，这样在 PLC 中就不需要额外的程序支持。

2）PLC 参数地址表。PLC 所控设备的参数、状态往往通过 PLC 的寄存器来反映，要在上位机中集成设备的参数和状态以及实现对设备的控制，就需要对 PLC 的寄存器进行读写操作。

对 S7－200 进行集成时常使用的寄存器有：I、Q、M、V 四种。不同的 PLC 或同一种型号的 PLC 可能用到不同的寄存器，为了集成时的统一需要，同时也是为了提高集成时的效率，对 PLC 的寄存器的使用提出如下要求：

①使用寄存器时尽量使用连续的寄存器空间。需要反馈到上位机的 M 寄存器，不能 M1 中用 1 或 2 个位，M2 中用 1 个位或 2 个位，而应尽量将 M1 的 8 个位使用完后，再使用 M2。因为在进行系统集成的时候，一般是按字节或字来取数据的，如果一个寄存器只用了 1 个位而需要将整个字或字节读到上位机中，则通信的效率就大大降低。（对于一些程序逻辑中使用的一些中间寄存器，不需要集成到上位机，则没有此要求）。

②将所有需要集成的 I、Q、M、V 寄存器映射到一个连续的 V 变量空间。比如，程序中使用了 I0、I1、Q0、M2、M5、M8 这么一些寄存器，则通过 PLC 中的一段程序，将其分别映射到 VB100、VB101、VB102、VB103、VB104、VB105 这么一个连续的 V 变量空间，采用这种方式，LM1002 通过一次操作就能将这些参数集成上位机中，大大提高效率。否则，LM1002 需要多次的操作才能将参数集成到 LM1002 中，上位机又要进行多次的操作才能将数据集成上去，效率非常低，系统反应就非常慢。

作为管理方便上的要求，应将 I、Q、M 映射在通信用 V 变量组的前面，其他在程序逻辑中用到的 V 变量映射到通信用 V 变量组的后面。

③提供 PLC 参数地址表。在以上工作的基础上，由设备厂家整理一份所提供设备的 PLC 地址表。该表应能反映 PLC 主要参数的参数名称、原地址、映射地址以及寄存器的值所代表的含义，如果是模拟量参数，还应提供该表的格式要求。

3）硬件连接。西门子 S7－200 系统 PLC 采用 RS485 通信接口，PLC 上可以进行地址设置，因此可以通过联网的方式再进行协议转换接入 LonWorks 网。具体针对人防工程的情况，由于每个空调机房一般有 1～2 台除湿空调机，因此可用 1 个 LM1002 进行两台空调机组的系统集成，再多的空调机组从理论上也可以实现，但效率会比较低。建议采用如图 10-7 所示的接头进行连接。

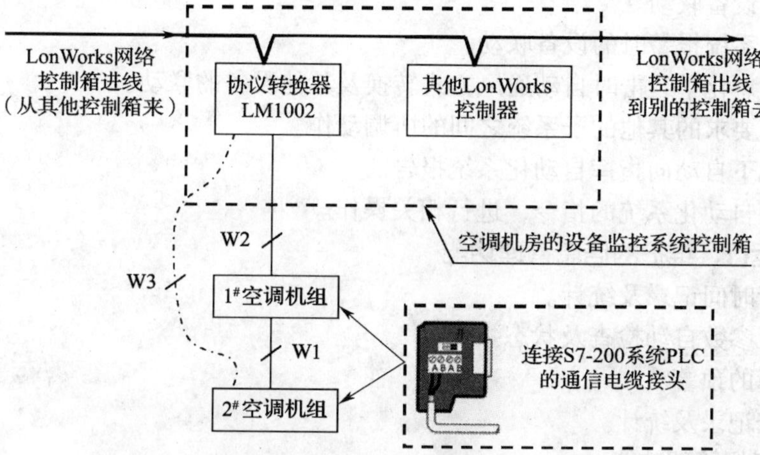

图 10-7　除湿空调机的 S7－200 PLC 集成连接图

在图 10-7 中，用 W1 和 W2 将两台空调机组手拉手串接起来接入 LM1002。对于 1 个 LM1002 只接两台除湿空调机组的情况，也可用 W2 和 W3 分别将两台空调机组接进控制箱，再在控制箱内将 W2 和 W3 并入 LM1002 的 RS485 接线端。

人防工程中的其他智能设备的集成原理基本上类似，但以下几点对人防工程的智能设备的集成具有一定的参考意义：

①发电机组：发电机组的参数比较多，一台发电机组采用 1 个 LM1002 进行集成。

②变压器：可用 1 个 LM1002 集成多个变压器温度控制器。

③综合电量表：1 个 LM1002 集成综合电量表的个数不宜超过 2 个。

④智能电动防护（密闭）门，即使在个进风通道上有三个智能门控制器（通常一个智能控制器控制二道门），也应采用一个 LM1002 进行集成。

10.3　智能化管理层软件

智能化系统各种监控任务的实现、各种功能的表达都是通过智能化系统软件实现的，智能化系统软件提供数据的采集与处理、控制命令的传送、人机交互等功能。

相对于人防工程智能化系统的管理层、监控层、现场层三层结构，相应的软件体系也划分为三个种类，即管理层软件、监控层软件、现场层软件，其中现场层软件是由专用的开发工具开发，运行于现场控制器中，一般不对用户开放，这里不再进行讨论。下文主要讨论管理层软件的功能和一般实现原理。

10.3.1 管理层软件功能

管理层软件实现整个工程各个子系统的一体化集成，对整个工程总体运行情况集中监视和系统优化运行指导，对工程内部设备的运行维护提供优化决策指导，从而大大改善工程内部环境的保障水平，并可达到节能及降低维护费用的目的。同时管理系统软件应提供多级的安全机制，对系统不同等级的操作应具有相应的操作权限，避免非授权人员对系统的操作。

（1）各子系统信息的综合集成与显示

①火灾时的设备联动。

②安全保卫系统报警时的设备联动。

③核、生物、化学袭击时自动通风方式转换及其他设备的联动。

④战术技术要求的其他的子系统之间的协调动作。

⑤紧急情况下自动向指挥自动化系统报告。

⑥接受指挥自动化系统的指令，进行相关操作。

（2）设备运行、维护的信息管理功能

①设备运行时间记录及统计。

②设备运行参数自动检查及状态报告。

③设备故障的预警。

④设备维修记录及统计。

（3）其他高级管理功能

①工程中各子系统之间的协调和综合优化运行。

②工程中空调系统的优化调度及经济运行。

③各子系统重要信息的综合处理、报表打印。

④全局及紧急事件的协调处理。

（4）提供与上一级管理网络的通信接口

10.3.2 管理层软件组成与结构

信息系统是建立在客观世界真实系统中的“神经”系统，它利用现代计算机技术和通信技术，对信息进行采集、处理、存储、管理、检索和传输。现代化的信息系统都是依靠规模大小不同的计算机来处理数据，计算机系统的发展、计算模式的变化，对信息系统的分析和设计也会带来许多新的方法和思路。网络的出现给计算机带来了一次重大的变革，为了适应网络环境下的数据库应用，人们依据计算机的应用特点和应用功能的划分方式，提出了一系列应用框架。从终端/主机模式到客户/服务器模式。虽然这种转变大大方便了用户、降低了网络流量以及加强了数据的安全性、完整性、共享性和获得了更高的系统处理速度，但是，这也带来了一系列的问题。一是所有客户机都需要安装、配置数据库客户端软件和应用软件，不利于升级、移植、扩展和维护；二是各种软件系统用户界面风格不一，限制了推广使用。因此一种既能简化和统一用户端的应用软件又能保证良好的用户接口和系统性能的计算模式就应运而生，这就是浏览器/服务器（Browser/Server，简称B/S）模式。

在人防工程智能化系统的管理层采用B/S结构来实现信息管理系统具有巨大的经济意义，这是因为B/S结构对客户端的配置要求很低，一般只需要浏览器即可，大量的信息都集中存储在服务器上，客户端只需要向服务器发出请求，就可以得到需要的信息。正是因为实现了信息的集中，所以系统的维护和升级非常方便，只需要在服务器上进行修改就可以完成系统的升级换代，从而可以节省大量的人力物力，节省运行成本。

Web由客户与服务器组成（图10-8）。客户一般是指Web浏览器；服务器一般由Web服务器加后台数据库服务器组成。浏览器和Web服务器用TCP/IP的HTTP（超文本传输协议）建立连接，使得客户与服务器两者的信息传输变得很容易。客户的请求通过Web服务器的CGI（公用网关接口）或者服务器端的脚本程序，可以很好地与后台的各种数据库建立连接。因此，Web平台是一个调度任务集中，以客户为中心的应用程序平台。

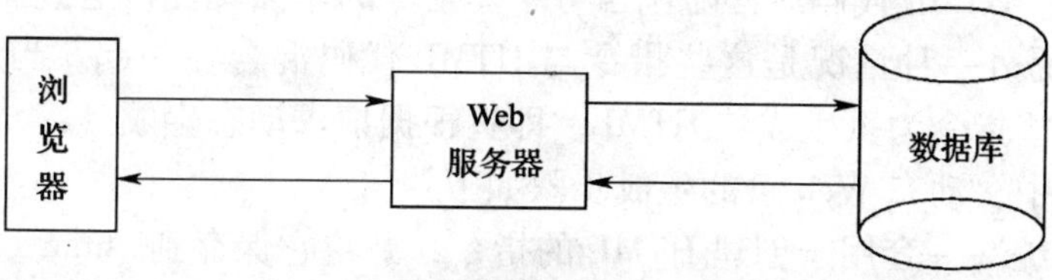

图10-8　B/S模式的构成原理

在Web结构中，事务层和数据逻辑层被放在中间组件层，使得Web结构具有下列优势：①客户端很瘦小，并且很容易在运行时自动升级；②事务层可在跨平台的客户端上共享；③不同逻辑组件的分离意味着图形设计人员，事务逻辑开发人员和数据库分析人员可以独立地设计他们各自的部分；④统一的、抽象的用户界面可使用户更容易地从同一数据源中抽取数据；⑤这种结构可更有效地在Intranet、Internet上运行。

中间组件层充当一个服务器，这就是通常所说的应用服务器。目前常用的组件模型有三种：ActiveX，JavaBeans和CORBA，每一种模型有自己的通信协议，ActiveX用COM/DCOM，JavaBeans和CORBA用IIOP。

Web是一个开放的环境，应用复用组件集成，通过标准语言汇编，采用跨平台的统一协议发布，由标准用户界面显示，与硬件平台和操作系统无关。

10.3.3　管理层软件的实现技术

B/S模式出现以来，其支持技术不断改进，使基于B/S模式的信息系统的实现方式也多种多样，从最初的CGI（Common Gateway Interface）技术、ISAP技术（Internet Server Application Programming Interface）、ASP（Active Server Page）技术等发展到现在的ASP. net等技术。

（1）静态Web页技术

静态Web页就是Web面内容由一些HTML代码组成的页，且这些代码可以直接通过文本编辑器输入，并保存为.htm或.html文件。因此在用户访问静态Web页之前，Web页的作者已经用HTML完全确定了页的具体内容。

HTML（Hypertext Markup Language）是一种超文本识别语言，文件通过这种格式可以在互联网上传送浏览，用户只要使用网页浏览工具就可以浏览这些文件，目前主要浏览工具是

Microsoft Internet Explorer。由于 HTML 文件都是由标签（Tag）组成的，因此它比较适合制作静态网页，另外，由于先天上的限制，HTML 是无法直接读取数据库的，所以存取数据库的工作大都是依靠 CGI 来处理。

静态 Web 页的处理速度非常快，但由于 HTML 不具备个性化 Web 页的功能，即所使用的每一个 Web 页对各个用户是一样的，安全性差，任何人都可以浏览 HTML 代码，因此有很大的局限性。

(2) 动态 Web 页技术

动态 Web 页是为了完成静态 Web 页所无法实现的功能而提出的，即可以使页面具有动态效果。动态 Web 页的实现方法有两种：客户端动态 Web 页和服务器端动态 Web 页。

1）客户端动态 Web 页。在客户端模型中，附加到浏览器上的模块（即插件）完成创建动态页的全部工作。HTML 代码通常随包含有一套指令的单独文件传送到浏览器，该文件在 HTML 页中引用。另外一种情况是这些指令与 HTML 代码混合在一起。当用户请求 Web 页时，浏览器利用这些指令为页生成纯 HTML，即页根据请求动态生成。

在客户端模型中，动态 Web 页的生成步骤如下：

①Web 开发者编写一套用于创建 HTML 的指令，并将它保存到 . htm 文件中；

②用户在浏览器中输入了 Web 页请求，且该请求从浏览器传递到 Web 服务器；

③Web 服务器确定 . htm 页的位置，可能还需要确定包含有指令的第二个文件的位置；

④Web 服务器将 HTML 流与指令通过网络传回到浏览器；

⑤位于浏览器中的模块处理指令并将指令以 HTML 形式返回；

⑥最后，浏览器处理 HTML 并显示 Web 页。

客户端动态 Web 页的实现技术是脚本语言，控件以及功能完善的编程语言的综合。主要包括：JavaScript 脚本语言，VBScript 脚本语言，ActiveX 控件，Java 小应用程序，Curl 语言等。

客户端技术近年来已不再受到欢迎，原因如下：此技术需要长时间的下载，特别是当下载带有一套单独指令的第二个文件时，下载时间较长；每一种浏览器以不同的方式解释指令，因此无法保证 IE、Netscape 等浏览器都能理解它们；客户端脚本的所有代码将完全公开，安全性较差。

2）服务器端动态 Web 页。与客户端动态 Web 页不同的是：服务器端动态 Web 页在页返回到浏览器之前，所有处理在服务器上完成。因此只有描述最终页的 HTML 代码才能实际传到浏览器，这意味着页的逻辑隐藏在服务器中，而且可以保证大多数浏览器能够显示该页。

在服务器端模型中，动态 Web 页的生成步骤如下：

①Web 开发者编写一套用于创建 HTML 的指令，并将这些指令保存到文件中；

②用户在浏览器中输入了 Web 页请求，且该请求从浏览器传递到 Web 服务器，Web 服务器确定指令文件的位置；

③Web 服务器根据指令创建 HTML 流；

④Web 服务器将 HTML 流通过网络传回浏览器；

⑤最后，浏览器处理 HTML 并显示 Web 页。

提供动态内容的服务器端技术都依赖于添加到 Web 服务器而不是浏览器的模块附件。

目前流行的服务器端技术主要有：CGI，ASP，JSP，PHP，ASP. NET 等。

CGI（Common Gateway Interface）是 HTTP 服务器与你的或其他机器上的应用程序进行“交谈”的一种工具，其程序必须运行在网络服务器上。绝大多数的 CGI 程序被用来解释处理来自表单的输入信息，并在服务器产生相应的处理，或将相应的信息反馈给浏览器，CGI 程序使网页具有交互功能。CGI 程序在执行时通过 Internet/Intranet 把用户请求送到服务器，服务器接收用户请求并交给 CGI 程序处理，CGI 程序把处理结果传送给服务器，最后服务器把结果送回到用户。

但 CGI 有以下缺点：其一，初学者不容易掌握如何编写这样的程序模块。其二，CGI 需要许多服务器资源，特别是在多用户情况下更是如此。其三，给创建动态内容的服务端模型增加了额外的创建步骤：在服务器上处理之前，需要运行 CGI 程序来创建动态页。

ASP（Active Server Pages）、JSP（Java Server Pages）和 PHP（Hypertext Preprocessor）是目前广泛使用的动态网页技术，三者都提供在 HTML 代码中混合某种程序代码、由语言引擎解释执行程序代码的能力，但 JSP 代码被编译成 Servlet 并由 Java 虚拟机解释执行，且这种编译操作仅在对 JSP 页面的第一次请求时发生。在 ASP、JSP、PHP 环境下，HTML 代码主要负责描述信息的显示样式，而程序代码则用来描述处理逻辑。普通的 HTML 页面只依赖于 Web 服务器，而 ASP、JSP、PHP 页面需要附加语言引擎才能分析和执行程序代码。程序代码的执行结果被重新嵌入到 HTML 代码中，然后一起发送给浏览器。三者都是面向 Web 服务器的技术，客户端浏览器不需要任何附加的软件支持。

ASP. NET 是 Microsoft. NET（包括 Visual Studio. NET、ASP. NET 和 . NET Framework）的核心元素之一，是一种新的功能强大的服务器端技术，它将传统的 ASP 技术和最新的 . NET 技术有机地结合起来，提供对异常强大的新开发环境 . NET 的基于 Web 的访问。

ASP. NET 不仅仅是普通 ASP 版本的简单升级，它是统一的 Web 开发平台，用来提供开发人员生成企业级 Web 应用程序所需的各种服务。ASP. NET 的语法在很大程度上与 ASP 兼容，同时它还提供一种新的编程模型和结构，用于生成更安全、可伸缩和稳定的应用程序。与 ASP 相比，ASP. NET 对象模型变化显著，它更为结构化并且面向对象，但这也意味着 ASP. NET 不是完全向后兼容的，几乎所有现有的 ASP 页都必须经过一定程度的修改后才可以在 ASP. NET 环境下运行。

ASP. NET 和其他服务器端技术相比，有以下几个优点：

①所有 ASP. NET 代码都是编译的而不是解释的，这就允许对本机代码采用早期绑定、强类型处理以及实时编译。

②ASP. NET 代码还可方便地分解，即开发人员可以移除那些与他们开发的应用程序不相关的模块（例如，会话模块）。

③ASP. NET 提供丰富的缓存服务（包括内置服务和缓存 API 两种）。

④ASP. NET 还提供性能计数器，开发人员和系统管理员可以监视这些性能计数器，以测试新的应用程序。

人防工程智能化系统管理层软件的开发，不能将以上开发技术完全分割开来，而是综合利用以上开发技术的过程，在充分利用服务器端技术强大功能的同时，也要兼顾客户端技术以获得较好的执行效率。

(3) 管理层软件的开发平台

大型 Web 系统的开发需要相应的开发平台支持，Microsoft. NET 与 J2EE 是目前 Web 开发中两个最重要的应用框架（Application Framework），它们针对 N 层应用的设计、集成、性能、安全性和可靠性等多方面为用户提供总体的指南和规范，同时基于这些指南和规范，也提供相应的平台、工具和编程环境。在具体的应用框架中，包括了针对具体应用的表现层服务、服务器端进程、会话管理、商业逻辑框架、应用数据缓存、持久化性、事务、安全和日志服务等。表 10-2 列出了这两个开发平台的主要区别。

表 10-2 .NET 框架与 J2EE 框架的比较

类别	. NET 框架	J2EE 框架
基本设计和对 Web Services 的支持和实现	Web Service 直接构建在平台中，. NET 框架提供完整的服务标准如 SOAP，WS-DL 和 UDDI	通过一组 API 包对 Web Service 提供支持
价格	比基于 J2EE 的应用服务器便宜得多	与 Microsoft 的 . NET 相比，花费较高
工具和服务器	Microsoft 进行 Web 开发的基础开发工具是 Visual Studio. NET，使用 Visual Studio 能够确保产品的强壮性和易用性； Microsoft 同时提供了对 Web 服务器软件的支持，如 IIS6. 0	有多家公司已经构建了基于 J2EE 的集成开发环境和应用服务器，支持 Web 创建、部署和运行
企业支持	所有的工具、服务器和技术都是由 Microsoft 一家公司控制，没有竞争、技术的提供和推动也许不是最好的，不过 Microsoft 已在其网站上提供了 . NET 的核心 CLI 的源码下载，是一个好的开端	多个独立的公司，包括 IBM、BEA、Oracle、HP、SUN 等，在它们的基于 J2EE 的 Web 开发工具和应用服务器，当在这个技术领域中有多个竞争产品时，就意味着没有单个公司的垄断
平台的成熟度	. NET 从 Windows DNA 体系框架中继承了大量的特征，但是它仍然较新	在过去的几年中，J2EE 已经被证明是一个稳定的、可扩展的、成熟的平台

附录A 智能化系统设计常用符号

A.1 标注方法

序号	标注内容	标注方式	说明
1	电力设备的标注方法	L1	交流电源第一相
		L2	交流电源第二相
		L3	交流电源第三相
		U	交流设备端第一相
		V	交流设备端第二相
		W	交流设备端第三相
2		N	中性线
3		PE	保护线
4		PEN	保护和中性线共用线
5	线路敷设方式的标注方法	SC	穿焊接钢管敷设
6		MT	穿电线管敷设
7		PC	穿硬塑料管敷设
8		FPC	穿阻燃半硬聚氯乙烯管敷设
9		CT	电缆桥架敷设
10		MR	金属线槽敷设
11		PR	塑料线槽敷设
12		M	用钢索敷设
13		KPC	穿聚氯乙烯塑料波纹电线管敷设
14		CP	穿金属软管敷设
15		DB	直接埋设
16		TC	电缆沟敷设
17		CE	混凝土排管敷设
18	导线敷设部位的标注	AB	沿或跨梁（屋架）敷设
19		BC	暗敷在梁内
20		AC	沿或跨柱敷设

续表

序号	标注内容	标注方式	说　明
21	导线敷设部位的标注	CLC	暗敷设在柱内
22		WS	沿墙面敷设
23		WC	暗敷设在墙内
24		CE	沿天棚或顶板面敷设
25		CC	暗敷设在屋面或顶板内
26		SCE	吊顶内敷设
27		F	地板或地面下敷设

A.2　供电条件用的文字符号

序　号	标注文字符号	名　称	单　位
1	U_n	系统标称电压	V
2	U_r	设备的额定电压	V
3	I_r	额定电流	A
4	f	频率	Hz
5	P_N	设备的安装功率	kW
6	P	计算有功功率	kW
7	Q	计算无功功率	kvar
8	S	计算视在功率	kVA
9	S_r	额定视在功率	kVA
10	I_c	计算电流	A
11	I_{st}	启动电流	A

A.3　项目种类的字母代码

序　号	种　类	设备、装置和元件名称	基本文字符号	备　注
1	组件及部件	电能计量柜	AM	
2		高压开关柜	AH	
3		交流配电屏（柜）	AA	
4		直流配电屏	AD	
5		电力配电箱	AP	
6		应急电力配电箱	APE	

续表

序号	种类	设备、装置和元件名称	基本文字符号	备注
7	组件及部件	照明配电箱	AL	
8		应急照明配电箱	ALE	
9		电源自动切换箱（柜）	AT	
10		并联电容器屏（柜、箱）	ACC	
11		控制箱（屏，柜，台，柱，站）	AC	
12		信号箱（屏）	AS	
13		接线端子箱	AXT	
14		电度表箱	AW	
15		火灾报警控制器	AFC	
16		建筑自动化控制器	ABC	
17	非电量到电量变换器或电量到非电量变换器	压力变换器	BP	
18		温度变换器	BT	
19		速度变换器	BV	
20	其他元器件	空气调节器	EV	
21		电加热器	EE	
22	发电机、电源	同步发电机	GS	
23		异步发电机	GA	
24		柴油发动机	GD	
25		不间断电源	GU	
26	信号器件	声响指示器	HA	
27		光指示器	HL	
28		指示灯	HL	
29		电铃	HA	
30		蜂鸣器	HA	
31		红色指示灯	HR	
32		绿色指示灯	HG	
33		黄色指示灯	HY	
34		蓝色指示灯	HB	
35		白色指示灯	HW	
36	继电器	瞬时接触继电器	KA	
37		延时有或无继电器	KT	时间继电器

续表

序 号	种 类	设备、装置和元件名称	基本文字符号	备 注
38	电动机	电动机	M	
39	测量设备 试验设备	电流表	PA	
40		电压表	PV	
41	电力电路的 开关器件	断路器	QF	
42		电动机保护开关	QW	
43		隔离开关	QS	
44		负荷开关	Q	QL
45		接触器	QC	
46		启动器	QST	
47		星-三角启动器	QSD	
48		自耦减压启动器	QTS	
49	控制、记忆、信号 电路的开关 器件选择器	控制开关	SA	
50		选择开关	SA	
51		按钮开关	SB	
52	变压器	电流互感器	TA	
53		控制电路电源用变压器	TC	
54		电力变压器	TM	
55	传输通道	导线	W	
56		电力线路	WP	
57		照明线路	WL	
58		应急电力线路	WPE	
59		应急照明线路	WLE	
60		控制线路	WC	
61		信号线路	WS	
62	电气操作的 机械器件	电磁阀	YV	
63		电动阀	YM	
64		防火阀	YF	

A.4 信号灯、按钮及导线的颜色标记

序号	种类	名称	颜色标记
1	信号灯	事故跳闸、危险	红色
2		异常报警指示	黄色
3		开关闭合状态、运行	白色
4		开关断开状态、停运	绿色
5		电动机启动过程	蓝色
6	按钮	正常分闸及停止按钮	黑色（允许用红色）
7		事故紧急操作按钮	红色
8		正常停止、事故紧急操作合用按钮	红色
9		合闸按钮、开机按钮、启动按钮	白色（允许用灰色）
10	导线（母线）	交流线路 L1 相	黄色
11		交流线路 L2 相	绿色
12		交流线路 L3 相	红色
13		交流线路零线或中性线	淡蓝色
14		PE 线	黄/绿双色
15		直流电路的正极	棕色
16		直流电路的负极	蓝色
17		直流电路的接地中线	淡蓝色

附录B 智能化系统设计图例

B.1 建筑电气工程设计常用图形和文字符号

序号	名称	图例	说明
1	直流		
2	交流	～	
3	交流，三相带中性线，400V，50Hz	3/N～400/230V 50Hz	相线和中性线间的电压为230V
4	正极	+	
5	负极	−	
6	中性（中性线）	N	
7	接地		
8	连线、连接、连线组	——	
9	三根导线	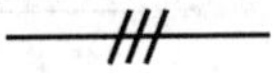	
10	三根导线	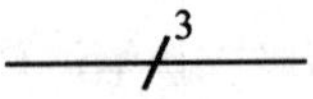	
11	端子	○	
12	端子板	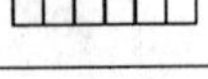	
13	隔离开关		
14	负荷开关		负荷隔离开关
15	断路器		

续表

序　号	名　称	图　例	说　明
16	接触器	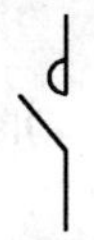	常开类型
17	接触器		常闭类型
18	熔断器一般符号	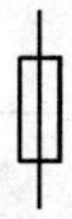	
19	动合（常开）触点开关的一般符号	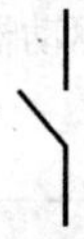	
20	动断（常闭）触点	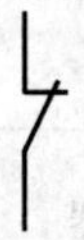	
21	具有动合触点且自动复位的按钮开关	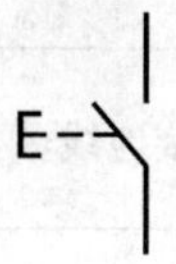	
22	具有动合触点但无自动复位的旋转开关	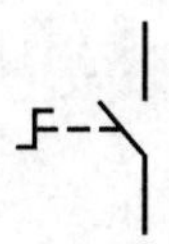	
23	位置开关，动合触点		
24	位置开关，动断触点		
25	热继电器，动断触点	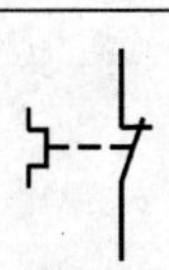	
26	液位控制开关，动合触点	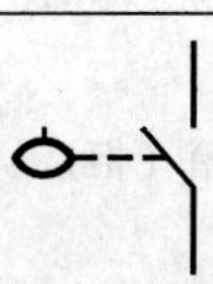	

续表

序号	名称	图例	说明
27	液位控制开关，动断触点	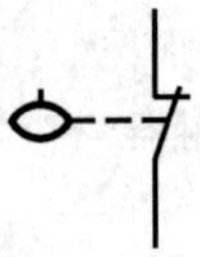	
28	操作器件一般符号继电器线圈一般符号	形式 1 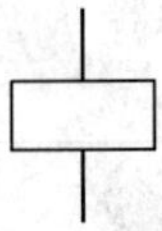	形式 2 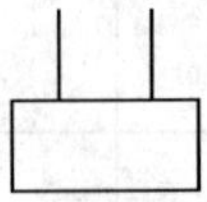
29	热继电器的驱动器件	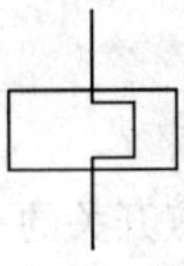	
30	电铃		
31	蜂鸣器		
32	保护接地线		
33	电气箱（柜）	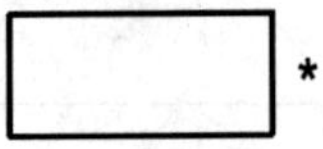	轮廓外就近标注种类代号“*”，表示电气箱（柜）：AC 表示控制箱；AFC 为火灾报警控制箱；ABC 为建筑自动化控制器；ACP 为并联电容器箱；AD 为直流电源箱；AE 为励磁柜；AF 为熔断器式开关，开关熔断器组；AS 为信号箱；AT 为电源自动切换箱；AW 为电度表箱；AX 为插座箱
34	电气箱（柜）	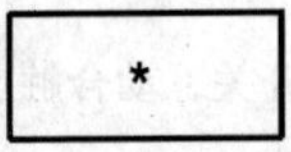	轮廓内用位置代号“*”，表示电气柜（屏）箱、台

续表

序　号	名　称	图　例	说　明
35	按钮		根据需要“*”用下述文字：2－二个按钮单元组成的按钮盒；3－三个按钮单元组成的按钮盒；EX－防爆型按钮；EN－密闭型按钮
36	按钮		带有指示灯的按钮
37	电动机		
38	发电机		
39	电动阀	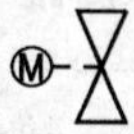	
40	电磁阀	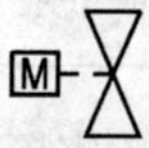	
41	风机盘管		

B.2　火灾报警与消防控制系统常用图形和文字符号

序　号	名　称	图　例	说　明
1	报警装置	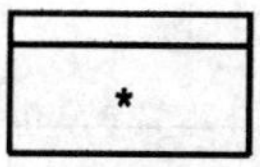	“*”的含义：C－集中型火灾报警控制器；Z－区域型；G－通用型；S－可燃气体
2	报警装置	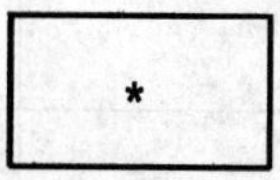	“*”的含义：RS 防火卷帘门控制器；RD 防火门磁释放器；I/O 输入/输出模块；I 输入模块；O 输出模块；P 电源模块；T 电信模块；SI 断路隔离器；M 模块箱；SB 安全栅；D 火灾显示盘；FI 楼层显示盘；CRT 火灾计算机图形显示系统；FPA 火灾广播系统；MT 对讲电话主机

续表

序号	名称	图例	说明
3	缆式线型定温探测器		
4	感温探测器		
5	感温探测器		非地址码型
6	感烟探测器		
7	感烟探测器		防爆型
8	感光火灾探测器（点式）		
9	气体火灾探测器		
10	复合式感烟感温探测器		
11	复合式感烟感温火灾探测器		
12	点型复合式感烟感温火灾探测器		
13	手动火灾报警按钮		
14	消火栓起泵按钮		
15	水流指示器		
16	压力开关		
17	带监视信号的检修阀		
18	报警阀		
19	防火阀		70℃熔断关闭
20	防火阀	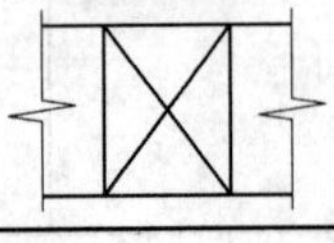	需表示风管的平面图用

续表

序号	名称	图例	说明
21	防烟防火阀		24V 控制，70℃熔断关闭
22	防火阀		280℃熔断关闭
23	防烟防火阀		24V 控制，280℃熔断关闭
24	火灾报警电话机		对讲电话机
25	火灾电话插孔	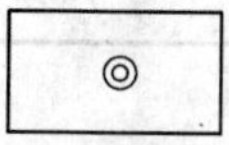	对讲电话插孔
26	带手动报警按钮的火灾电话插孔		
27	火警电铃		
28	报警发声器		
29	火灾光报警器	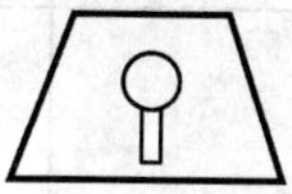	
30	火灾声、光报警器		
31	火灾报警扬声器	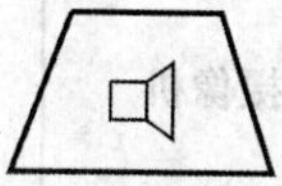	
32	消防联动控制装置	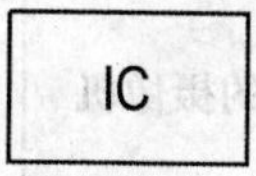	
33	自动消防设备控制装置	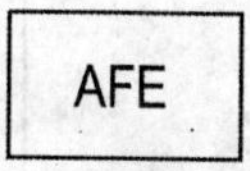	
34	应急疏散指示标志灯	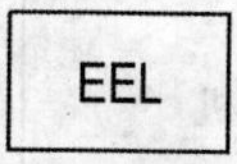	

续表

序　号	名　称	图　例	说　明
35	应急疏散指示标志灯		向右
36	应急疏散指示标志灯		向左
37	应急疏散照明灯	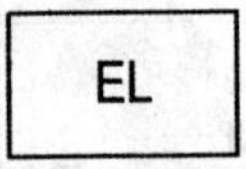	
38	消火栓		

B.3　安全技术防范系统常用图形和文字符号

序　号	名　称	图　例	说　明
1	电视摄像机	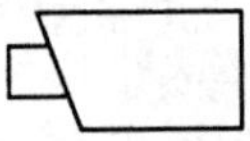	
2	带云台的电视摄像机	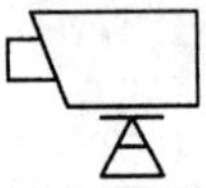	
3	球形摄像机	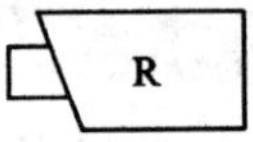	
4	带云台的球形摄像机	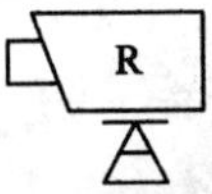	
5	有室外防护罩的电视摄像机		
6	有室外防护罩的带云台的摄像机	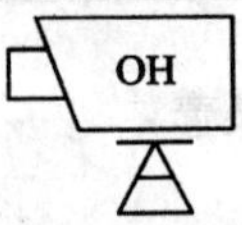	
7	彩色电视摄像机	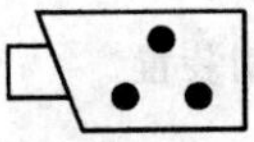	
8	带云台的彩色摄像机		

续表

序号	名称	图例	说明
9	电视监视器		
10	彩色电视监视器		
11	保安巡逻打卡器	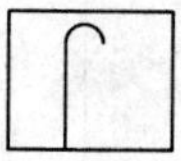	
12	门磁开关		
13	压敏探测器	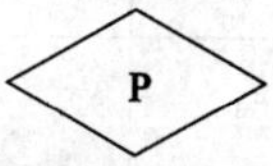	
14	被动红外入侵探测器		
15	微波入侵探测器	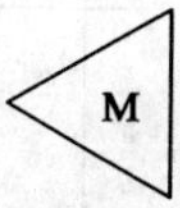	
16	被动红外/微波双技术探测器		
17	主动红外入侵探测器	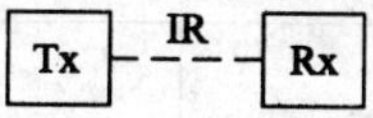	Tx、Rx分别为发射、接收
18	遮挡式微波探测器	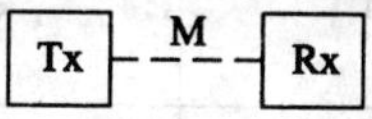	Tx、Rx分别为发射、接收
19	电控锁		
20	解码器	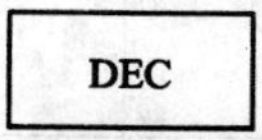	
21	视频分配器	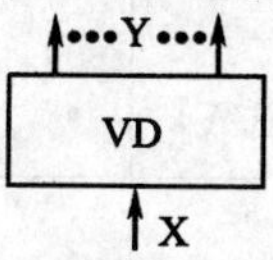	X代表输入、Y代表输出
22	监视立柜	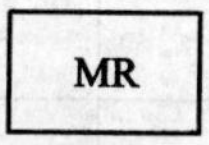	
23	监视墙屏	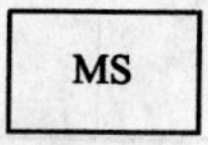	

B.4 建筑设备自动化系统常用图形和文字符号

序 号	名 称	图 例	说 明
1	温度传感元件温度传感器		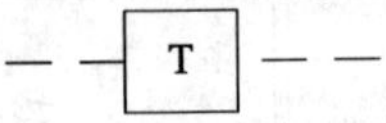
2	压力传感元件	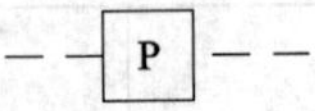	
3	一般检测器		
4	压差传感器	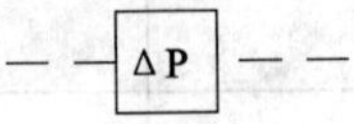	
5	二氧化碳浓度传感器		
6	流量传感元件		
7	湿度传感元件	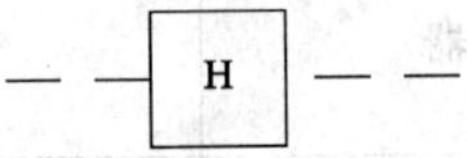	
8	室外温度传感器	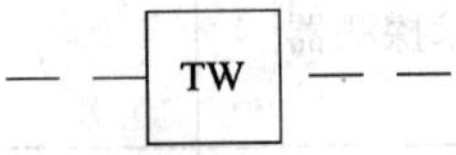	
9	液位传感元件	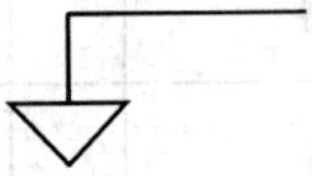	
10	流量测量元件		“＊”代表位号
11	流量变送器		“＊”代表位号
12	液位变送器		“＊”代表位号
13	压力变送器		“＊”代表位号
14	温度变送器		“＊”代表位号

续表

序 号	名 称	图 例	说 明
15	湿度变送器	MT *	“ * ”代表位号
16	速率变送器	ST *	“ * ”代表位号
17	压差变送器	PdT *	“ * ”代表位号
18	电流变送器	IT *	“ * ”代表位号
19	电压变送器	XT *	“ * ”代表位号
20	相对湿度控制	%H_2O	
21	建筑自动化控制器	BAC	
22	直接数字控制器	DDC	
23	紧急按钮开关	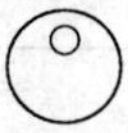	
24	操作键盘	KY	
25	玻璃破碎探测器	B	
26	输入模块	I	
27	输出模块	O	
28	输入/输出模块	I/O	
29	天线		
30	匹配终端	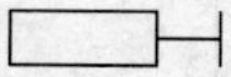	

续表

序号	名称	图例	说明
31	电度表		
32	加湿器	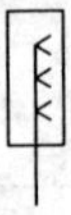	
33	电动二通阀		
34	气流开关		
35	水流开关	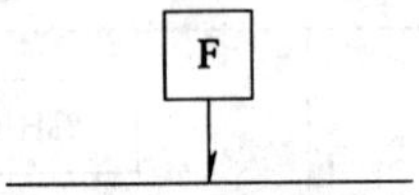	
36	泵		
37	空气过滤器	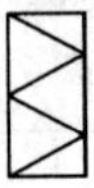	
38	空气加热器		
39	空气冷却器	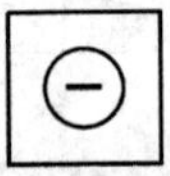	
40	电动对开多叶调节阀	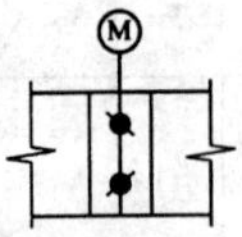	
41	电动蝶阀	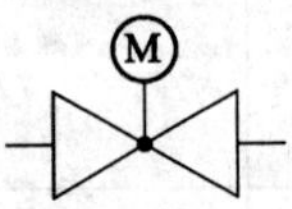	
42	风机		
43	冷却塔	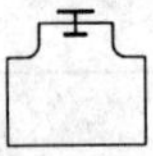	

续表

序　号	名　称	图　例	说　明
44	冷水机组	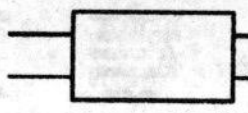	
45	电话线路或电话电路		
46	数据传输线路	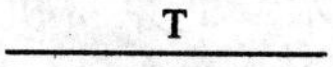	
47	视频通路（电视）	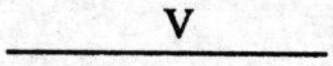	
48	光纤或光缆一般符号		
49	计算机		
50	集线器或交换机		
51	光发射机	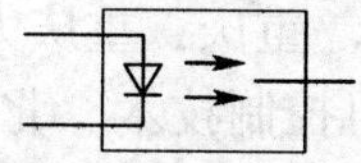	
52	光接收机	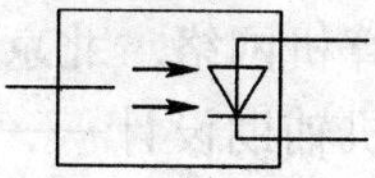	
53	光连接器		

参考文献

[1] 杨绍胤. 智能建筑实用技术. 北京：机械工业出版社，2002

[2] 建设部科学技术委员会智能建筑技术开发推广中心. 智能建筑技术与应用. 北京：中国建筑工业出版社，2001

[3] 王再英，韩养社，高虎贤. 楼宇自动化系统原理与应用. 北京：电子工业出版社，2005

[4] 刘玲. 楼宇智能化工程技术专业概论. 北京：中国建筑工业出版社，2005

[5] 王波. 智能建筑导论. 北京：高等教育出版社，2003

[6] 刘悦耕，朱忠吉，陈志龙. 防护工程建筑学. 北京：军事科学出版社，1993

[7] 于海生，等. 微型计算机控制技术. 北京：清华大学出版社，1999

[8] 马飞虹. 建筑智能化系统——工程设计与监理. 北京：机械工业出版社，2003

[9] 卿晓霞. 建筑设备自动化. 重庆：重庆大学出版社，2002

[10] 潘新民，等. 微型计算机控制技术. 北京：高等教育出版社，2001

[11] 刘国林. 建筑物自动化系统. 北京：机械工业出版社，2002

[12] 吴秋峰. 自动化系统计算机网络. 北京：清华大学出版社，2001

[13] 薛定宇. 控制系统计算机辅助设计——MATLAB 语言及应用. 北京：清华大学出版社，1996

[14] 秦兆海. 智能楼宇技术设计与施工. 北京：清华大学出版社，2003

[15] 刘健. 智能建筑弱电系统. 重庆：重庆大学出版社，2002

[16] 马少华. 楼宇设备自动控制. 北京：中国水利水电出版社，2004

[17] 赖广显，等. 新型柴油发电机组. 北京：人民邮电出版社，1999

[18] 陈龙. 安全防范系统工程. 北京：清华大学出版社，1999

[19] 杨英. 安全防范技术基础. 北京：群众出版社，2003

[20] 中华人民共和国人民防空法

[21] 人民防空地下室设计规范 GB 50038—2005

[22] 人民防空工程设计防火规范. 2001 年版. GB 50098—98

[23] 汽车库、修车库、停车场设计防火规范 GB 50067—97

[24] 火灾自动报警系统设计规范 GB 50116—98

[25] 建筑照明设计标准 GB 50034—2004

[26] 人民防空地下室设计规范图示（电气专业）—05SFD10

[27] 汽车库建筑设计规范 JGJ 100—98

[28] 民用建筑电气设计规范 JGJ/T 16—92

[29] 李建忠，程绍仁. 工事超压试验方法. 防化杂志，1984，(3)：38 ~ 39.